Bonusprogramme

Thomas Lauer

Bonusprogramme

Rabattsysteme für Kunden erfolgreich gestalten

Zweite, überarbeitete und erweiterte Auflage

Springer

Prof. Dr. Thomas Lauer
Hochschule Aschaffenburg
Fakultät Wirtschaft und Recht
Würzburger Str. 45
63743 Aschaffenburg
Deutschland
thomas.lauer@h-ab-.de

ISBN 978-3-642-19117-6 e-ISBN 978-3-642-19118-3
DOI 10.1007/978-3-642-19118-3
Springer Heidelberg Dordrecht London New York

Die Deutsche Nationalbibliothek verzeichnet diese Publikation in der Deutschen Nationalbibliografie; detaillierte bibliografische Daten sind im Internet über http://dnb.d-nb.de abrufbar.

Einbandentwurf: WMXDesign GmbH, Heidelberg

Gedruckt auf säurefreiem Papier

Springer ist Teil der Fachverlagsgruppe Springer Science+Business Media (www.springer.com)

Vorwort zur 2. Auflage

Mit der ersten Auflage sollte ein Werk veröffentlicht werden, welches strukturiert alle Aspekte abhandelt, die bei Gestaltung, Implementierung, Betrieb und Optimierung von Bonusprogrammen zu berücksichtigen sind. Die zahlreiche Response, die ich erhalten habe, hat mich bestärkt, dieses Ziel auch für die 2. Auflage weiter zu verfolgen. Nachdem seit Erscheinen der 1. Aufl. gut 6 Jahre vergangen sind, waren dazu einige Aktualisierungen, aber auch zahlreiche Ergänzungen notwendig. Diese betreffen vor allem:

- Angaben über die heutige Verbreitung von Programmen bei Unternehmen, Branchen und vor allem Kundengruppen.
- Eine Zusammenfassung der empirischen Forschung zu Bonusprogrammen im deutschsprachigen Raum.
- Die Aufnahme eines Kapitels zu den psychologischen Aspekten des Sammelns.
- Der Überblick zu aktuellen Rechtsfragen rund um Bonusprogramme, insbesondere solchen des Wettbewerbsrechts und Datenschutzes.
- Die Aktualisierung und Erweiterung der betrachteten Fallstudien, insbesondere auch internationaler Case Studies.

Gerade zu dem letztgenannten Punkt war ich auf das tatkräftige Mitwirken der entsprechenden Unternehmen angewiesen. Namentlich ganz herzlich bedanken möchte ich mich bei Frau Sandra Bildz (DeutschlandCard), Frau Isabelle Ewald (OTTOCard), Frau Julia Immich (PAYBACK), Frau Katja Pinato (UBS KeyClub) sowie Herrn Jan Kempin (Shell ClubSmart). Ein gleich großer Dank geht an Frau Christiane Lang, die vor Ort die Recherchen zum Dunas Club durchgeführt hat sowie an Herrn Mikko Salovaara für die Erhebung der Informationen zur finnischen S-Etukortti. Darüber hinaus gilt mein Dank auch allen Lesern der ersten Auflage, die mich mit Hinweisen zu Fehlern oder weiterführenden Informationen versorgt haben.

Aschaffenburg, im Dezember 2010 Thomas Lauer

Inhaltsverzeichnis

Abkürzungsverzeichnis

BAFin	Bundesanstalt für Finanzdienstleistungsaufsicht
BDSG	Bundesdatenschutzgesetz
CHF	Schweizer Franken
CI	Corporate Identity
CLV	Customer Lifetime Value (dt. Kundenwert)
CRM	Customer Relationship Management
CSC	Customer Service Center
DWH	Data-Warehouse
GWB	Gesetz gegen Wettbewerbsbeschränkungen
KWG	Kreditwesengesetz
OLAP	Online Analytical Processing
PIN	Personal Identification Number
PoS	Point of Sale
PR	Public Relations (zu Dt. Öffentlichkeitsarbeit)
QFD	Quality Function Deployment
RFID	Radio-Frequency Identification
UWG	Gesetz gegen den unlauteren Wettbewerb

Abbildungsverzeichnis

Tabellenverzeichnis

Teil I
Bonusprogramme

Kapitel 1
Die Welt der Bonusprogramme

Vor fast neun Jahren, ich war zum damaligen Zeitpunkt als Unternehmensberater für einen großen deutschen Konzern tätig, der sich auf den Weg machte, ein unternehmensübergreifendes Bonusprogramm auf den Markt zu bringen, erlebte ich die folgende Szene:

> An einem sonnigen Freitagnachmittag verließ ich nach Beendigung des letzten Projektmeetings für diese Woche die Konzernzentrale, um in der nicht weit entfernten Innenstadt noch schnell ein Geburtstagsgeschenk zu erwerben. Da ich nicht viel Zeit hatte und – ausnahmsweise – genau wusste, was ich suchte, steuerte ich direkt das größte Kaufhaus am Platz an. Beim Eintritt ins Warenreich kam mir sogleich ein junges Paar entgegen, welches offensichtlich gerade dort eingekauft hatte. Ich erhaschte zufällig ein paar Wortfetzen ihres Dialoges, der in etwa folgenden Inhalt besaß:
>
> Er: „Jetzt brauche ich nur noch 100 Punkte, um die Prämie zu erhalten!"
> Sie: „Dann tanken wir doch die nächsten Male bei XYZ!"
>
> Ich betrat das Kaufhaus und lief an der ersten Kasse vorbei. Wiederum schnappte ich zufällig Wortfetzen eines Dialoges auf. Eine Frau fragte gerade die Kassiererin, ob man bei ihr Anmeldeformulare für das Bonusprogramm **PAYBACK** bekäme.
> Ich erhielt das anvisierte Geburtstagsgeschenk übrigens bei der Konkurrenz. Was mir aber vom Kaufhausbesuch blieb, war das Gefühl, nicht an irgendeinem abstrakten Projekt zu arbeiten, sondern an einem Thema, welches hochaktuell war (und ist!) und die Wirklichkeit schon weit durchdrungen hatte.

Diese kleine Anekdote hat seitdem nichts an Aktualität eingebüßt, ganz im Gegenteil. Wer heute ein Einkaufscenter betritt, kann kaum noch einen Shop aufsuchen, bei dem es kein Bonusprogramm oder zumindest eine Kundenkarte gibt. Aber nicht nur der stationäre Handel, auch Versorgungsunternehmen, Banken und Finanzdienstleister und sogar Krankenkassen haben dieses Thema für sich entdeckt.

Aus alldem resultieren eine Reihe von Fragen: Warum interessieren sich so viele Kunden für Bonusprogramme? Warum und unter welchen Bedin-

T. Lauer, *Bonusprogramme*,
DOI 10.1007/978-3-642-19118-3_1, © Springer-Verlag Berlin Heidelberg 2011

gungen funktionieren sie? Haben die teilnehmenden Unternehmen tatsächlich etwas davon, und wenn ja, was? Gibt es Gründe, warum dieses Thema gerade jetzt so aktuell ist?

Die folgenden Seiten und Kapitel werden versuchen, Antworten auf diese und noch weitere Fragen zu geben.

1.1 Das Wesen von Bonusprogrammen

Bevor auf die Aktualität des Themas und die Gründe dafür einzugehen sein wird, ist es erforderlich, kurz zu erläutern, was im Folgenden unter dem Begriff Bonusprogramm verstanden wird und welche Komponenten er umfasst.

1.1.1 Begriff und Begriffsabgrenzung

Bonusprogramm, Rabattsystem, Kundenclub oder Kundenkarte werden fälschlicherweise oft synonym verwendet.[1] Im Folgenden soll demgegenüber aber nur dann von einem Bonusprogramm gesprochen werden, wenn *ein systematisches Angebot von Unternehmen an Kunden gegeben ist, für bestimmte Verhaltensweisen spezifisch kreierte Werteinheiten (Bonuspunkte) zu sammeln, die ab einer bestimmten Größenordnung (Einlöseschwelle) in Vorteile (Boni) umgewandelt werden können.*[2] Entscheidend für die Abgrenzung zu verwandten Begriffen ist somit die Koppelung der Bonusvergabe an Verhaltensweisen sowie ein Belohnungsaufschub, durch Definition einer Mindesteinlösegrenze.

Bonusprogramme basieren häufig auf *Kundenkarten*, jedoch sind diese aus Sicht des Programms in erster Linie Sammelmedien, welche alternativ zum in früheren Zeiten verwendeten Rabattmarken-Sammelheft zum Einsatz kommen. *Rabattsysteme* wiederum beinhalten häufig nicht das Element des Belohnungsaufschubs, hierunter kann sich z. B. auch eine systematische Mengenrabatt-Staffel verbergen, wie sie im Business-to-Business-Bereich üblich ist. Der *Kundenclub* schließlich beinhaltet in seiner klassischen Form zwar zahlreiche Boni, jedoch wird ihre Vergabe in der Regel nicht an Verhaltensweisen, wie etwa den Kauf eines Produktes, gekoppelt. Das einzige

---

[1] Vgl. Ploss (2001, S. 16).

[2] Eine Übersicht alternativer Definitionen findet sich in Fassnacht und Winkelmann (2006, S. 457).

Verhalten, welches hier vorausgesetzt wird, ist die Mitgliedschaft, der Eintritt in den Club, welcher – im Gegensatz zur typischen Bonusprogramm-Mitgliedschaft – häufig gegen Gebühr erfolgt.

1.1.2 Die Grundmechanik von Bonusprogrammen

Die Grundmechanik eines Bonusprogramms wird aus Abb. 1.1 ersichtlich.[3]

Am Anfang der Wirkungskette von Bonusprogrammen steht ein wie auch immer geartetes *Kundenverhalten*, welches sich dadurch auszeichnet, dass es vom Programmbetreiber gewünscht ist. Oftmals handelt es sich hier um den Kauf eines Produktes, es kann aber auch jedes andere Verhalten umfassen, welches dem wirtschaftlichen Wohl des Unternehmens dient, etwa die Anwerbung eines weiteren Kunden. Für die Ausführung des Verhaltens erhält der Kunde *Bonuspunkte*. Nicht selten definieren Programme hier eine eigene „Währung", die zum Corporate Design des Programms passt: Meilen bei *Miles & More* oder einstmals Digits bei *HappyDigits*. Diese Bonuspunkte können je nach Programm in zweifacher Form auftreten als Rabatt- oder Statuspunkte. *Rabattpunkte* werden angespart, um eine einmalig lieferbare

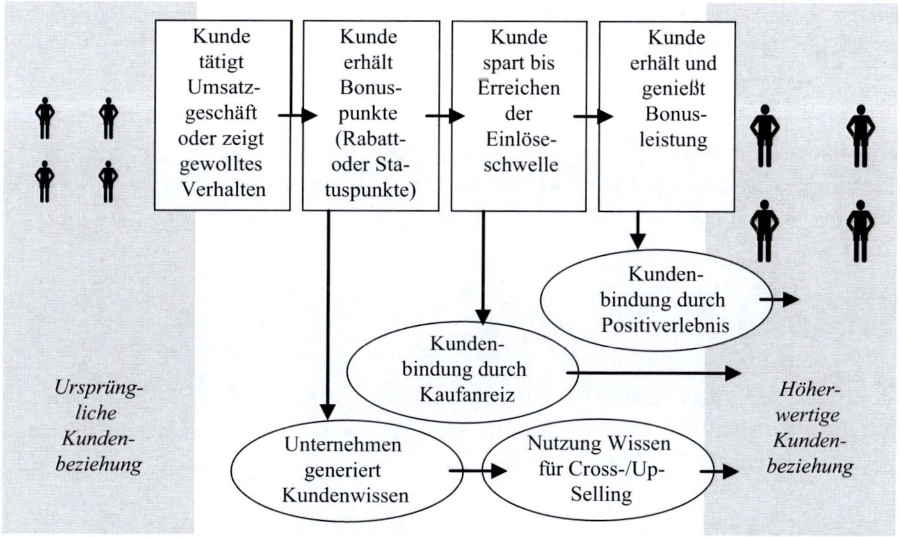

Abb. 1.1 Die Grundmechanik von Bonusprogrammen. (Nach Lauer 2002, S. 99)

[3] Vgl. Lauer (2002, S. 99).

Prämie in Form von Geld, eines Produktes oder einer Dienstleistung zu erhalten. Das Sammeln von *Statuspunkten*, beliebt vor allem bei Vielfliegerprogrammen (z. B. *Miles & More* der *Lufthansa*), dient der Erlangung eines besonderen Kundenstatus (z. B. Frequent Traveller bei *Miles & More*), der für einen definierten Zeitraum Zusatzservices in Form einer exklusiven Kundenbetreuung umfasst. Die Regeln, nach denen Punkte vergeben werden, sollen im Folgenden als *Incentivierungsmechanik* bezeichnet werden, ihre nähere Untersuchung erfolgt in Kap. 7. Das Unternehmen kann an dieser Stelle bereits von einem Bonusprogramm profitieren, da es in aller Regel die Kauf- und Verhaltensdaten seiner Kunden erhält, die der Incentivierung zu Grunde liegen. Diese Daten, welche häufig in sogenannten Data-Warehouses gespeichert werden (s. Kap. 2.2.3.2), können für gezielte Vertriebs- und Marketingaktivitäten genutzt werden.

Die Kunden sammeln durch wiederholte Käufe oder andere Verhaltensweisen Bonuspunkte bis zum Erreichen einer definierten *Einlöseschwelle.* Diese Einlöseschwellen werden für jedes Produkt oder jeden Statuslevel individuell definiert, wobei aber bezüglich der generellen Mindestschwellen eine bestimmte Strategie verfolgt werden kann. Entscheidungen, die ein Unternehmen hierzu trifft, sollen im Folgenden als *Einlösemechanik* bezeichnet und in Kap. 8 näher erörtert werden. Die Einlöseschwelle ist in der Programmmechanik dafür verantwortlich, dass der Kunde einen zusätzlichen Anreiz erhält, umfangreicher oder häufiger bei dem Programm betreibenden Unternehmen zu kaufen.

Als Belohnung für das Erreichen der Schwellen erhält der Kunde eine *Bonusleistung*. Boni können unterschiedlichster Natur sein, materiell als Produkte oder Geld genauso wie immateriell in Form von Erlebnissen. Auch hier zahlt das Unternehmen nicht nur, sondern profitiert vielmehr ein drittes Mal. Denn entspricht die Bonusleistung den Wünschen des Kunden, so wird er über dieses positive Erlebnis eine vorteilhafte Einstellung zum Unternehmen gewinnen oder verstärken. Kundenbindung oder gar aktive Werbung für das Unternehmen sind die Folge.[4]

Haben die einzelnen Schritte funktioniert, so ist aus der ursprünglichen Kundenbeziehung insofern eine höherwertige geworden, als dass durch Wiederholungs- oder Mehrkauf das langfristige Umsatzpotenzial der teilnehmenden Kunden für das Programm betreibende Unternehmen erhöht

[4] Nach einer aktuellen Studie von Eggert und Hahn ist nicht Kundenzufriedenheit der eigentliche Grund für positives Weiterempfehlungsverhalten, sondern Verbundenheit, d. h. die emotionale Bindung eines Kunden an ein Unternehmen oder Produkt (vgl. Eggert und Helm 2002). Für ein Bonusprogramm bedeutet dies, dass gerade die Auslösung positive Emotionen bei Kunden besonders wichtig sein kann.

wurde. Aus welchen Komponenten sich dieser „Upgrade" zusammensetzt, soll in Kap. 2.2 erörtert werden.

1.1.3 Funktionsbestandteile

Damit ein Bonusprogramm funktioniert, sind eine Reihe von Bestandteilen erforderlich, die sich typischerweise in der praktischen Umsetzung wiederfinden. Im Wesentlichen lassen sich diese Bestandteile zu zwei Komponenten zusammenfassen: Kommunikation und Infrastruktur.

Die Kommunikation prägt das Erscheinungsbild des Programms beim Kunden. Typische Bestandteile – die nicht immer allesamt enthalten sein müssen – sind hier:

- Die *Programmwerbung*, die dazu dient, potenzielle Teilnehmer auf das Programm aufmerksam zu machen. Die Werbung kann dabei in Form von eher ungerichteter klassischer Werbung, wie TV oder Hörfunk, erfolgen oder aber als Direktmarketing, etwa durch personifizierte Mailings.
- Die *Anmeldekommunikation*, sie umfasst jene Kommunikationsmedien und Prozesse, die als Voraussetzung einer Teilnahme genutzt werden müssen. Die Anmeldung kann auf rein telefonischem oder elektronischem Wege erfolgen oder aber durch Zusendung ausgefüllter und im Rahmen der Programmwerbung distribuierter Anmeldeformulare, häufig als Enrolment-Kits bezeichnet.
- Ein *Internetauftritt*, er ist mittlerweile die zentrale Plattform der meisten Programme. Dieser Auftritt ist zumeist ein Gemisch aus Information (ähnlich dem Kundenmagazin) und Interaktion. Interaktion bedeutet, dass hier auch Geschäftsvorfalle wie Anmeldung, Abfrage des Punktestandes oder die Einlösung von Prämien abgewickelt werden können. Der Internetauftritt entlastet damit die nächste und oftmals neben dem Web zentrale Kommunikationskomponente
- das *Kunden-Service-Center*,[5] es ist das „Exekutivorgan" des Programms und für einen reibungslosen Ablauf des Programmalltags verantwortlich.[6] Hier werden alle vom Kunden ausgehenden Geschäftsvorfälle (die sogenannte Inbound-Kommunikation), wie allgemeine Informationen zum Programm, Anmeldung, Punktestandsabfrage, Prämieneinlösung etc. gebündelt und in der Regel über verschiedenste Kommunikations-

[5] Häufig auch als Customer-Service-Center oder Customer-Interaction-Center bezeichnet.

[6] Vgl. Butscher (1998, S. 306).

kanäle wie Telefon, Internet oder Schriftverkehr abgewickelt. Daneben erfolgt häufig an gleicher Stelle auch die Steuerung und/oder Durchführung der durch das Unternehmen initiierten Kundenkontakte, wie Kundenwerbung, Versand von Kundenmagazinen, Kontoauszügen oder sonstigen Mailings (die so genannte Outbound-Kommunikation).
- Der *Kontoauszug*, er zeigt den Kunden den Stand der bislang angesparten Bonuspunkte an, sofern dieser nicht anders – z. B. beim Sammeln mit Rabattmarkenheften – permanent ersichtlich ist. Der Kontoauszug kann dabei per Post, E-Mail oder SMS aktiv versendet werden oder aber er wird an Terminals im stationären Handel oder im Internet durch die Kunden abgerufen.
- Das *Kundenmagazin*, welches ein speziell für die Programmteilnehmer erstelltes und periodisch versendetes Informationsmedium ist, das zu Programmneuerungen oder Produkten informiert, aber auch rein redaktionelle Beiträge ohne Unternehmensbezug beinhalten kann.

Die Ausgestaltung der kommunikativen Funktionsbestandteile wird Thema von Kap. 10 sein.

Auf infrastruktureller Seite sind folgende Bestandteile von zentraler Bedeutung:

- Ein *Medium zur Sammlung der Bonuspunkte*. Dies ist häufig eine Plastikkarte, kann aber auch ein herkömmliches Rabattheft sein. Das Medium bestimmt die Infrastruktur, die erforderlich ist, um die Informationen über erworbene Punkte an eine zentrale Stelle zu transportieren. Hier sind gegebenenfalls Kartenlesegeräte an den Point of Sales (PoS) mitsamt der elektronischen Übertragungswege zu installieren oder an die hinzukommenden Anforderungen anzupassen.
- Spezifische *Datenbanksysteme* zur Sammlung von Kundeninformationen, wie demographischen Daten, Kaufdaten, Kontaktdaten etc., aber auch zur Abwicklung der Punktekonten mit Ein- und Auszahlungsvorgängen.

Mit dem Thema Infrastruktur wird sich vor allem das Kap. 6 auseinandersetzen.

1.2 Bonusprogramme – die aktuelle Landschaft

Bonusprogramme in der in 1.1 beschriebenen Form bevölkern nun schon seit über 10 Jahren in größerem Umfang den deutschen Markt. Die folgenden Abschnitte geben einen Überblick bzgl. ihrer aktuellen Verbreitung (1.2.1), den für das Punktesammeln besonders affinen oder weniger affinen Kundengruppen (1.2.2), den Branchenschwerpunkten ihrer Ausbreitung (1.2.3) sowie abschließend künftigen Herausforderungen, denen sich vor allem die etablierten Programme stellen müssen (1.2.4).

1.2.1 Verbreitung

Spätestens seit dem Fall des Rabattgesetzes wurde in Deutschland eine Lawine losgetreten und eine Bonusprogramm-Landschaft entstand, die für Kunden und Unternehmen nur noch schwer zu überblicken ist. Seitdem spielt in der Fachliteratur weniger der Kundenclub,[7] als vielmehr verstärkt das Bonusprogramm nach Definition von Kap. 1.1.1 die dominierende Rolle. Kundenclubs, von denen es 1998 bereits ca. 300 in Deutschland gab,[8] darunter so bekannte Beispiele wie der Steiff-Club, der Dr. Oetker-Back-Club oder der IKEA-Family-Club, können als Vorläufer der Bonusprogramme in Deutschland gesehen werden. Mitglieder von Kundenclubs erhalten in aller Regel Leistungen unabhängig von ihrem Verhalten, insbesondere unabhängig vom getätigten Kaufvolumen. Dafür ist aber zumeist ein Mitgliedsbeitrag fällig.[9] Der Kundenclub ist so eher eine kommunikative Einheit von Personen, bei der die den Club betreibenden Unternehmen mit ihren Mitgliedern in regelmäßigem, direktem Kontakt stehen, mit dem Ziel, eine emotionale Bindung herzustellen oder diese auszubauen.

In direkter Nachbarschaft zu den Kundenclubs wuchs, einhergehend mit den neuen technologischen Angeboten, der Gewohnheit der Kartennutzung im Zahlungsverkehr sowie der Lockerung der Rabattgesetzgebung die Zahl der Kundenkarten an.[10] Solche Kundenkarten besitzen dabei eine vielfältige Gestalt, etwa als:[11]

- Kundenkarten ohne Zahlungsfunktion, also z. B. als reiner Mitgliedsausweis in einem Kundenclub.
- Kundenkarten mit Zahlungsfunktion; hier erhält der Kunde bspw. ein Zahlungsziel, das ausgebende Unternehmen im Gegenzug Informationen über das Kaufverhalten seiner Kunden.

---

[7] Vgl. hierzu die umfassenden und grundlegenden Werke von Butscher (1998), Diller (1996), Wiencke und Koke (1994) sowie Wittbrodt (1995).

[8] Vgl. Butscher (1998, S. 44).

[9] Vgl. Butscher (1998, S. 55).

[10] So kamen nach einer aktuellen Studie von ACNielsen schon Ende 2001 in bereits 43 % der Selbstbedienungs-Warenhäuser Kundenkarten zum Einsatz (vgl. ACNielsen 2001, S. 24).

[11] Vgl. Raab und Lorbacher (2002, S. 100).

- Kundenkarten mit Kreditgewährung.
- Kundenkarten mit Rabattfunktion; hier bekommt der Kunde bei Vorlage einer Karte einen Sofortrabatt.
- Kundenkarten mit Bonusfunktion; bei denen der Kunde z. B. bei Kauf eines Produktes Bonuspunkte erhält, die er ab einer bestimmten Schwelle in eine Prämie umwandeln kann.

Diese Kartenfunktionen treten in der Praxis einzeln oder in beliebiger Kombination auf, aber nur bei der letzteren handelt es sich eindeutig um Kundenkarten im Rahmen eines Bonusprogramms.[12]

Die heutige Situation bezüglich der Bonusprogramme stellt sich gemessen an teilnehmenden Unternehmen und Kunden wie folgt dar:

- *Anzahl der Programme:* Eine zuverlässige Zahl, wie viele Bonusprogramme in Deutschland existieren, ist kaum zu ermitteln, da diese vom bundesweiten Multipartner-Programm bis hin zu Stempelkarten in kleinen Bäckereien reichen. Müller hat 2006 dazu bei 1.670 in der renommierten Hoppenstedt-Datenbank aufgeführten Handels- und Dienstleistungsunternehmen ausgewählter Wirtschaftszweige eine Recherche mittels Internet und Telefonbefragung durchgeführt, wobei er sich auf Unternehmen mit über 50 Mio. € Umsatz konzentrierte. Von diesen boten knapp 400 und damit ca. ein Viertel Bonusprogramme an.[13]
- *Teilnehmende Kunden:* Laut einer aktuellen Studie des Marktforschungsinstituts TNS emnid haben Kunden im Durchschnitt 4,2 Karten in ihrem Geldbeutel.[14] Dabei besitzen nur 7 % keine Plastikkarten, 6 % sogar 10 oder mehr. Das bedeutet gleichzeitig, dass über 90 % der Deutschen an Kartenprogrammen teilnehmen. Allerdings sind hier Bank- und Versicherungskarten eingeschlossen. Auf spezifischere und nicht ganz so hohe Werte kommt Allensbach in einer ebenfalls 2010 durchgeführten Befragung.[15] Demnach nehmen 45 % aller Befragten an Bonusprogrammen teil, für immerhin 38 % kommt dies laut eigener Auskunft jedoch nicht infrage.

---

[12] Hier soll bereits erwähnt werden, dass Bonusprogramme zwar häufig mit Kundenkarten arbeiten, dass dies aber, wie Kap. 4 aufzeigen wird, keineswegs Voraussetzung ist.

[13] Vgl. Müller (2006, S. 32 ff.).

[14] Vgl. TNS emnid (2010, S. 3).

[15] Vgl. Allensbach (2010): Allensbacher Markt- und Werbeträgeranalyse 2010.

1.2.2 Typische Kunden

Bezüglich der teilnehmenden Kunden ist es im Verlauf der vergangenen Jahre durchaus zu einer Änderung hinsichtlich der Altersstruktur gekommen. Beklagte ***PAYBACK***-Gründer Alexander Rittweger vor 8 Jahren noch, dass entgegen der eigenen Planungen eher ältere Menschen zu den Programmnutzern zählten, vermutlich weil diese noch die Rabatthefte der Nachkriegszeit kannten, so dominiert heute eindeutig die jüngere Generation. Entsprechend zeigt die 2010 durch TNS emnid durchgeführte Studie, dass die Einstellung zu Loyalitätsprogrammen vor allem bei unter 30 Jährigen positiv ist, kritischer zeigen sich hingegen Midager (vgl. Abb. 1.2)

In seinen Untersuchungen bei Bonusprogramm-Kunden eines SB-Warenhauses als auch eines Supermarktes konnte dies auch Müller (2006) bestätigen. Er stellte eine signifikante Abhängigkeit zwischen Alter und Mitgliedschaft fest, und zwar wiederum dergestalt, dass Jüngere eher Mitglied werden. Keine Signifikanz konnte hingegen bezüglich Mitgliedschaft und Nettoeinkommen der befragten Kunden nachgewiesen werden, dies scheint auch für Bildungsgrad und Haushaltsgröße zu gelten.[16]

Eine schon 2005 durchgeführte Studie des Marktforschungsinstituts IMAS bestätigt ebenfalls die Programmaffinität Jüngerer und nennt zugleich Frauen als weitere Zielgruppe, die überproportional vertreten ist.[17]

Interessant ist aber auch die Frage, welche Kunden eher nicht teilnehmen und warum. Untersuchungen mit Fokusgruppen haben gezeigt, dass

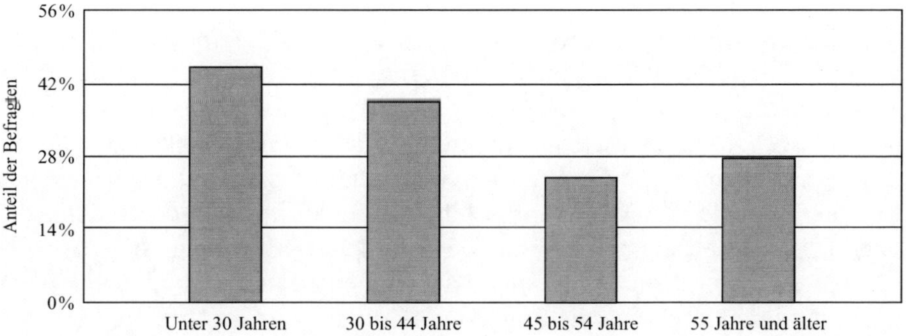

Abb. 1.2 Einstellung zu Loyalitätsprogrammen. (TNS emnid, 2010 nach statista.com) (Frage: „Ich finde Bonusprogramme grundsätzlich gut, da ich dadurch sparen kann.“)

[16] Vgl. Müller (2006, S. 193).

[17] Vgl. o.V. (2005a).

nicht alle Kundengruppen positiv auf finanzielle Anreize wie Boni reagieren. Hier können neben soziodemographischen Merkmalen auch Persönlichkeitsmerkmale und Einstellungen eine Rolle spielen. Zuvörderst ist eine mögliche Aversion gegen persönliche Nähe in Geschäftsbeziehungen zu nennen, aber auch der Zeitverlust durch den Extra-Einsatz der Karte an der Kasse wird angeführt.[18] Daneben können folgende Gründe eine Rolle spielen:[19]

- Nicht-Kenntnis von Programm und Vorteilen
- Zu geringe eigene Kaufumsätze zur Erlangung von Prämien
- Eine zu hohe Anzahl an Kundenkarten im Portemonnaie
- Unattraktivität der Prämien bezüglich Art und/oder Werthaltigkeit
- Befürchtungen zum mangelnden Datenschutz.

1.2.3 Typische Branchen

Waren es ursprünglich die Airlines, bei denen ein Bonusprogramm aus Kundensicht quasi obligatorischen Charakter besaß, so hat sich diese Entwicklung mittlerweile auch auf andere Branchen ausgeweitet. Dazugezählt werden müssen auf jeden Fall Tankstellen, Kreditkartenunternehmen und mit gewissen Abstrichen auch der Lebensmitteleinzelhandel. Bei letzterem sind aus ökonomischer Sicht natürlich die Discountmärkte auszunehmen, bei denen der Betrieb eines Bonusprogramms vor dem Hintergrund möglichst geringer Betriebskosten als auch hinsichtlich des Preisimages kontraproduktiv wäre. Ansonsten haben sich die großen Lebensmittel-Ketten in Deutschland entweder einem Programm angeschlossen (real bei ***PAYBACK***, *EDEKA* bei der ***DeutschlandCard***), waren Teilnehmer (Tengelmann bei *HappyDigits*) oder bieten fast kontinuierlich Sammelmarken an (*Rewe*).

Wenn Bonusprogramme zum obligatorischen Bestandteil des Angebotes in einer Branche werden, dann besteht die Gefahr, dass dadurch aktiv die Bindung an Unternehmen kaum noch gefördert werden kann, da jeder diesen Vorteil bietet. Bonusprogramme als Branchenstandard können sich vor allem dort etablieren, wo die folgenden Bedingungen anzutreffen sind:

- Die räumliche Nähe von Wettbewerbsangeboten bei Produkten, die in der Regel im stationären Handel erworben werden. Dies ermöglicht dem Kunden ein stetes Hin-und-Her-Springen. Die Vergabe von Boni kann

[18] Vgl. Gröppel-Klein et al. (2010, S. 67).

[19] Vgl. Musiol und Kühling (2009, S. 122).

deshalb als Mittel der Verhaltenslenkung sehr wirksam sein, weswegen diese Möglichkeit von vielen Anbietern genutzt wird und eine Patt-Situation resultiert.

- Das Nicht-Vorhandensein einer vertraglichen Beziehung. Auch dadurch hat der Kunde große Freiheiten bei der Wahl des Anbieters und ein Bonus kann wirksam sein.
- Der Vertrieb von Produkten oder Dienstleistungen, die relativ homogen sind. Durch diesen Umstand wird der Preis das entscheidende Kriterium für den Kunden und damit auch ein möglicher Rabatt.
- Der Vertrieb von Produkten, die wenig Service benötigen. Hierdurch kommt eine Bindung des Kunden über z. B. bessere Beratung und größere Freundlichkeit des Personals wenig in Betracht.

Bei Betrachtung dieser Kriterien verwundert es nicht, dass Tankstellen und der Lebensmitteleinzelhandel zu den betroffenen Branchen gehören, denn diese erfüllen alle vier Voraussetzungen. Auffällig ist, dass auch Banken zunehmend Bonusprogramme anbieten, so etwa die *Sparkassen* mit *S-Points* bzw. als Partner von ***PAYBACK***, *Volks- und Raiffeisenbanken* mit regionalen Programmen oder aber auch die bundesweit tätige *Deutsche Bank* als Mitgliedsunternehmen der ***DeutschlandCard***. Eine Vertragsbeziehung als auch grundsätzlich existenter Beratungsbedarf sprechen hier dafür, dass eine Bindung in erster Linie über andere Faktoren erfolgen könnte. Allerdings ist die Wechselbereitschaft im Bankensektor deutlich größer geworden und Banken, vor allem Direktbanken, unterbreiten zunehmend attraktiv klingende Angebote für einen Institutswechsel, die nicht selten mit einem Einmalbonus belohnt werden. Dies und die im Vergleich zum Lebensmittelhandel und den Tankstellen höheren Gewinnspannen, die einen großzügigeren Bonus erlauben, dürften für die Entwicklung verantwortlich sein.

In anderen Branchen finden sich sporadisch oder vermehrt Bonusprogramme. Hier sind in erster Linie Handelsunternehmen von sogenannten Shopping Goods, also Konsumgütern, die nicht täglich gekauft werden, wie etwa Kleidung, Möbel, Sportgeräte, Unterhaltungselektronik etc., zu subsumieren. Bei diesen Produkten kann die Markenbindung eine größere Rolle spielen und typischerweise kommt es auch zu ausgeprägten Such- und Entscheidungsprozessen, so dass ein Bonus im Sinne des geldwerten Vorteils allein vermutlich nicht ausschlaggebend ist. Der Bonus dient hier entsprechend weniger der reinen Kundenbindung, als vielmehr zum Anreiz für Ergänzungskäufe oder zur Steigerung des Aufmerksamkeitswertes von Werbebotschaften. Weitere Beispiele für einen sporadischen Einsatz von Bonusprogrammen sind Energieversorger, eine Branche, in der der Wettbewerb nach der Deregulierung nur langsam zunimmt, und außerdem Autowerkstätten und Automobilhersteller sowie Versicherungen. Eine Sonderstellung bei der letzten Gruppe nehmen gesetzliche Krankenversicherungen ein, die das Instrument Bonusprogramm zur Verhaltenssteuerung Richtung Vorbeugung nutzen.

1.2.4 Künftige Herausforderungen

Beim Blick auf die in den obigen Abschnitten geschilderte Bonusprogramm-Landschaft wird deutlich, dass künftig eine Reihe neuer Herausforderungen auf die Betreiber zukommt. Drei Aspekte erscheinen hier von besonderer Bedeutung:

1. Durch die hohe Anzahl an Angeboten herrscht eine zunehmende Konkurrenz zwischen den Programmen um die Kunden, vor allem vor dem Hintergrund, dass diese in der Regel nur an einer begrenzten Anzahl aktiv teilnehmen möchten. Die ersten Programme, wie etwa ***PAYBACK***, haben hier einen sogenannten First-Mover-Advantage aufgebaut, der sich in verschiedenerlei Hinsicht äußert:
    - Es konnten große Teile der Kundschaft gewonnen werden, die sich generell für Bonusprogramme interessiert.
    - Der Aufbau eines Markennamens und damit einhergehend eines hohen Bekanntheitsgrades wurden erleichtert.
        - Es konnten einige der attraktivsten Programmpartner aus den wichtigsten Branchen hinsichtlich des Share-of-Wallet gewonnen werden. Je später man mit einem Programm startet, umso kleiner wird entsprechend das Angebot an möglichen Programmpartnern.

    Programme, die heute neu starten wollen, stehen dementsprechend vor der Herausforderung, sich gegenüber den bestehenden Angeboten so zu differenzieren, dass Kunden einen Vorteil wahrnehmen. Dies ist kaum mehr über das Partnerspektrum oder ein breites Prämienangebot zu ereichen. Hier ist vielmehr Phantasie gefragt und zudem die Notwendigkeit des Erzeugens einer stärker emotionalen Bindung.

2. Bonusprogramme haben – neben den Airlines – ihren Ursprung hauptsächlich im Handel, wenn auch heute Banken, Versicherungen oder Energieversorger beteiligt sind. Der Handel durchlebt aber eine extreme Umwälzung und dies nicht nur durch das Entstehen von überregionalen Ketten in immer mehr Bereichen (z. B. bei Apotheken oder Bäckereien), die eher förderlich für die Installation eines Programms sind. Vor allem die Verlagerung vom stationären hin zum Online-Handel stellt hier eine

große Herausforderung dar, denn damit wurden neue Möglichkeiten geschaffen, Kunden im Web zu incentivieren. Die sogenannten Cashback-Portale, wie z. B. *andasa.de*, *yingiz.com* oder *rabattfuchser.de*, nutzen dies. Diese Portale fungieren im Prinzip als Kaufvermittler im Netz. Wer hier Mitglied ist und über die Portale bei angeschlossenen Online-Händlern bestellt, bekommt Gutschriften, die er wie in einem Bonusprogramm sammeln und sich auszahlen lassen kann. Bonusprogramme im eigentlichen Sinne stellen sie jedoch nicht dar, da hier Kundenbindung an die Online-Händler keine Rolle spielt. Die Cashback-Portale leben vielmehr von Vermittlerprovisionen, die sie von den Händlern erhalten und dann mit den Kunden teilen. Für Kunden jedoch, bei denen der monetäre Vorteil im Fokus ist, stellen diese Portale zu den herkömmlichen Bonusprogrammen eine echte Konkurrenz dar, da hier oft wesentlich mehr Unternehmen angeschlossen sind und somit wegen der größeren Abdeckung des Share-of-Wallet mehr Guthaben angespart werden kann. Die angeschlossenen Unternehmen haben gegenüber einem Bonusprogramm aber den Nachteil, dass kaum Branchenexklusivität herrscht und somit keine wirklichen Anreize zur Bindung an das jeweilige Unternehmen geschaffen werden. Zum Teil wird sogar versucht, Preisdruck auf die Händler auszuüben, indem gewaltige Einkaufsgemeinschaften in Form von Online-Communities gebildet werden.[20]

3. Durch ihre Verbreitung sind Bonusprogramme in den letzten Jahren stärker in den Fokus der Daten- und Verbraucherschützer geraten. Dies zeigt sich etwa darin, dass sich die Stiftung Warentest dieses Themas wiederholt angenommen hat. So wurden in der ihr zugehörigen Zeitschrift *Finanztest* in der Ausgabe vom August 2010 die größten Programme kritisch unter die Lupe genommen. Die Studie kommt dabei zum Urteil, dass die regelmäßigen Rabatte bescheiden seien und der Datenschutz nicht immer gewährleistet ist.[21] Daneben gingen Rechtsstreitigkeiten zum Thema Datenschutz bei Bonusprogrammen, etwa zwischen dem Bundesverband der Verbraucherzentralen und *Happy Digits*,[22] durch die Presse und haben so die Aufmerksamkeit der Masse für dieses Thema geschärft. In Kap. 4.2 wird deshalb gesondert auf die Thematik Datenschutz eingegangen werden.

[20] Vgl. o.V. (2008).

[21] Vgl. o.V. (2010a, b).

[22] Vgl. BGH, Aktenzeichen VIII ZR 12/08.

1.3 Bonusprogramme und Customer Relationship Management

1.3.1 Grundlagen des Customer Relationship Managements

Customer Relationship Management (kurz CRM) ist sicherlich ein Modewort des Managements, welches allzu häufig zu einem IT-getriebenen Aktionismus führt, anstatt in eine wirkliche strategische Neuausrichtung des Unternehmens zu münden.[23] CRM bedeutet vom Grundsatz her, den Kunden in den Mittelpunkt des unternehmerischen Handelns zu stellen, um dauerhaft profitable Kundenbeziehungen zu generieren.[24] Wenn auch der Begriff zu den Modeerscheinungen der betriebswirtschaftlichen Praxis gehört, so verbirgt sich hinter der Forderung nach CRM doch ein sehr langfristiger und stabiler Trend der Veränderung im Marktumfeld, die Vollendung des Wechsels vom Verkäufer- zum Käufermarkt. Anzeichen eines solchen Wandels sind die deutliche Wettbewerbsverschärfung in nahezu allen Branchen, gesättigte Märkte, austauschbare Produkte mit immer kürzeren Produktlebenszyklen,[25] ständig steigende Ansprüche der Kunden hinsichtlich Qualität, Service und Preis sowie ein verbessertes Informationsangebot für die Verbraucher, welches gelegentlich sogar die Schwelle der Transparenz zur Informationsüberflutung überschreitet.[26] In diesem Rahmen wird der Produktabsatz zum Engpass Nr. 1 auf den Märkten.

Eine gestiegene Dynamik im Umfeld erfordert in Anlehnung an zeitgemäße Konzepte der Unternehmensführung stabile Umweltbeziehungen als Gegenpol.[27] Dies hat in vielen Bereichen der Wertschöpfungskette von Unternehmen dazu geführt, auf Stabilität als Gegenmittel zu setzen. Im Beschaffungsbereich finden wir so etwa Konzepte des partnerschaftlichen Einkaufs als Gegenbild zum durch Gegnerschaft geprägten traditionellen Verhalten zwischen Lieferant und Abnehmer.[28] Am anderen Ende der Wert-

---

[23] Vgl. Homburg und Sieben (2000, S. 475).

[24] Vgl. Raab und Lorbacher (2002, S. 11).

[25] Vgl. dazu Backhaus und Bonus (1994).

[26] Vgl. Raab und Lorbacher (2002, S. 11).

[27] Vgl. hierzu z. B. das Konzept der schwachen Signale von Ansoff (1976), welches etwa Langzeitkontrakte als Gegenmittel zu drohenden Strukturbrüchen im Markt betrachtet.

[28] Vgl. Hentze et al. (2001, S. 273).

schöpfungskette, im Absatzbereich, setzt man auf langfristige partnerschaftliche Kundenbeziehungen, auch mit Endkunden, eben CRM.

Die Umsetzung von CRM beinhaltet die Beachtung folgender Prinzipien:[29]

- *Kundenorientierung* in Form der Ausrichtung aller Unternehmens-aktivitäten auf die Bedürfnisse der Kunden. Dies betrifft nicht nur den eigentlichen Kundenservice, sondern beginnt bereits bei der Produktentwicklung, indem Kundenwünsche bei der Gestaltung von Innovationen gezielt berücksichtigt werden.[30]
- *Wirtschaftlichkeitsorientierung* in Form der Beachtung des langfristigen Gewinnpotenzials von Kunden für Unternehmen. Kern ist eine Orientierung an einem sogenannten Kundenwert (vgl. Kap. 2.1), der in irgendeiner Form die zukünftigen, abdiskontierten Investitionen in den Kunden mit den Einnahmen durch diesen Kunden vergleicht. Wirtschaftlichkeitsorientierung bedeutet somit eine gewisse Einschränkung der Kundenorientierung, die dadurch nicht zum Selbstzweck wird.
- *Systematisierung* in Form einer über die Zeit hinweg und individuell geplanten Betreuung von Kunden, zumeist mit Unterstützung moderner Informationstechnologien. Dies bedeutet in praktischer Konsequenz, dass die Betreuung von Kunden nicht zufällig geschieht und auch nicht rein reaktiv, d. h. nur dann, wenn der Kunde auf das Unternehmen zukommt. Vielmehr definiert das Unternehmen, wann, welche Kunden, aus welchem Anlass angesprochen werden. So würde man beispielsweise einen Neuwagenkäufer nach ca. 2–3 Jahren proaktiv ansprechen, da die meisten Kunden nach dieser Zeitspanne erneut ein Fahrzeug anschaffen.

Schlüssel für diesen kundenorientierten, wirtschaftlichkeitsorientierten und systematisierten Prozess sind Kundeninformationen. Nur anhand des Wissens über Kundenbedürfnisse, Kaufverhalten oder die Soziodemographie von Kunden (wie Alter, Einkommen etc.) können geeignete Kontaktzeitpunkte und individuelle Angebote ermittelt oder die Frage nach der Rentabilität von Aktionen im Vorfeld entschieden werden.

---

[29] Vgl. Homburg und Sieben (2000, S. 475 f.).

[30] Man spricht in diesem Zusammenhang von Quality Function Deployment (QFD), bei dem Kundenwünsche systematisch abgefragt und in Produkteigenschaften übersetzt werden (vgl. Raab und Lorbacher 2002, S. 61 ff. sowie Bürgel, Haller und Binder (1996, S. 117)).

1.3.2 Der Beitrag von Bonusprogrammen zum CRM

Bonusprogramme sind nun augenscheinlich geeignete Instrumente, genau diesen Prozess zu unterstützen und das aus mehreren Gründen:

- Bonusprogramme sind auf Dauer angelegt, oft wird die Dauerhaftigkeit der Kundenbeziehung bewusst belohnt.
- Bonusprogramme zielen darauf, wie der Name schon sagt, Kunden einen Bonus zu geben. Sie sind von daher eo ipso kundenorientiert.
- Bonusprogramme belohnen vom Grundsatz her den Kunden, der Gutes für das Unternehmen tut. Sind sie richtig ausgestaltet, dienen sie automatisch der Wirtschaftlichkeit.
- Bonusprogramme systematisieren die Kundenkontakte durch eine Reihe definierter Anlässe und Zeitpunkte. Dies kann die Versendung von Kundenmagazinen oder Kontoauszügen über den Punktestand genauso betreffen wie den persönlichen Geburtstagsglückwunsch.
- Bonusprogramme bieten eine als eher unaufdringlich empfundene Kontaktplattform, auf Basis derer Kunden nicht nur ihre Wünsche und Anforderungen, sondern auch Wissen über sich selbst preisgeben.

Daneben gibt es noch einen ganz besonderen Umstand, der dazu geführt hat, dass Bonusprogramme die in den 90er Jahren in großer Anzahl entstandenen Kundenclubs in Anzahl und Bedeutung weit überholt haben.[31]

Im Jahre 1996 untersuchte der namhafte Marketingwissenschaftler Prof. Dr. Diller von der Universität Nürnberg-Erlangen einen klassischen Kundenclub im Bereich Motorrad-Fachhandel im Hinblick auf seinen Nutzenbeitrag für das Unternehmen.[32] Dieser Club bot seinen Mitgliedern eine Reihe von Leistungen, beginnend mit eher emotionalen Komponenten, wie Clubtreffen, bis hin zu wirtschaftlichen Vorteilen, wie etwa einem 3 %-Rabatt auf Zubehör. Eine Bonuskomponente, im Sinne der verhaltensbedingten Vergabe von Boni sowie ihres Ansammelns bis hin zu einer Erlösschwelle, existierte jedoch nicht. Anders, als Diller es zunächst erwartet hatte, entdeckte er, dass durch den Club keine positiven

[31] Hier soll nicht der Eindruck entstehen, ein Kundenclub sei in jedem Fall gegenüber einem Bonusprogramm von Nachteil. Die Einrichtung eines Clubs macht besonders dann Sinn, wenn eine „Alleinstellungsfähigkeit" oder „Exklusivität" des Produktes vorliegt (vgl. Wittbrodt 1995, S. 27). Dabei ist zu berücksichtigen, dass ein geschlossener Club nur dann gebildet werden sollte, wenn: 1) die Zielpersonen auch in der Realität eine homogene Gruppe bilden und 2) die Ansprache der Zielgruppe über einheitliche Werbekampagnen erfolgen kann (vgl. Wittbrodt 1995, S. 30 f.).

[32] Vgl. Diller (1996).

Kundenbindungseffekte nachweisbar waren, auch wurden kaum direkte Erlössteigerungen erzielt, sondern lediglich eine günstige Plattform zur Erschließung attraktiver Umsatzpotenziale bei den Mitgliedern erzeugt, da die Kunden wegen des nun erhöhten Kundenwissens gezielter angesprochen werden konnten und die Bereitschaft zur Aufnahme von Produktwerbung im Rahmen der Programmkommunikation erhöht war.[33] Ursache für die nicht vorhandenen zusätzlichen Bindungseffekte war für Diller in erster Linie die Tatsache, dass der Club ohnehin die bereits affinen Kunden anzieht, deren hohe Bindung an das Unternehmen kaum noch steigerungsfähig ist. Auf Kunden der Konkurrenz hatte der Club hingegen keine anziehende Wirkung.

Mit Hilfe neuerer Forschungen zum Kundenverhalten kann man noch einen weiteren Aspekt erkennen, der die Kundenbindung im reinen Club einschränkt. Demnach ist grundsätzlich zu unterscheiden, ob ein Kunde in einer Beziehung bleiben will (emotionale Bindung) oder muss (faktische Bindung).[34] Emotionale Kundenbindung entsteht so etwa durch Zufriedenheit, Vertrauen, innere Verpflichtung oder Sammeltrieb. Faktische Kundenbindung beruht hingegen auf vertraglichen Verpflichtungen oder Wechselkosten, aber auch auf ökonomischen Anreizen wie eben dem Sammeln von Bonuspunkten. Im Beispiel des klassischen Kundenclubs, wie etwa dem oben beschriebenen Motorrad-Club, bleibt der Kunde aus freien Stücken in der „Fan-Position", kann aber ohne Inkaufnahme von Nachteilen wechseln, wenn er seine Präferenzen künftig ändert. Die Bindung ist hier ausschließlich emotional. In der sogenannten „Ausbeutungs-Position", die rein auf faktische Bindung, etwa durch Vertragslaufzeit (so bei vielen Mobilfunkanbietern) oder technologische Nicht-Kompatibilität mit Wettbewerbsprodukten (z. B. bei Druckerpatronen), setzt, ist der Kunde demgegenüber gezwungen, bei einem gewählten Anbieter zu bleiben. Auch dieser Fall ist auf Dauer für Unternehmen nicht vorteilhaft, denn es besteht die Gefahr sogenannter Reaktanz.[35] Reaktanz bedeutet in diesem Fall, der Kunde wird quasi zum „Trotz" jede sich bietende Chance nutzen, gewonnene Freiheit zur Abkehr vom bisherigen Anbieter zu nutzen. Um als Unternehmen aus diesem Dilemma der willkürlichen Kundenloyalität im Falle der rein emotionalen Bindung sowie der Gefahr von Reaktanz bei der technologischen Bindung zu entkommen, wird die sogenannte „Soll"-Position empfohlen,[36]

[33] Vgl. Diller (1996, S. 64–67).

[34] Vgl. Tomczak und Dittrich (2000a, S. 108 ff.).

[35] Vgl. Stahl (2000, S. 93 f.).

[36] Vgl. Tomczak und Dittrich (2000a, S. 110).

bei der sowohl eine freiwillige, emotionale Kundenbindung besteht, als auch eine faktische. Die emotionale Bindung bewirkt dabei sozusagen eine Art Gegengift, welches die Frustrationen aus der faktischen Abhängigkeit eindämmt.[37]

Vor diesem Hintergrund wird nun aber deutlich, warum Bonusprogramme diese Soll-Position in ganz besonderer Weise zu erfüllen vermögen. Dadurch, dass faktische Bindung hier auf einem belohnenden Aspekt, d. h. der Erwartung einer Gegenleistung in Form einer Prämie, beruht und nicht auf der tatsächlichen oder impliziten Androhung von „Strafe", wie bei der vertraglichen oder technologischen Bindung, wird die Gefahr von Reaktanz besonders klein. Damit erhöht sich aber nicht nur die Bindung teilnehmender Kunden, sondern es entsteht auch ein Attraktivitätspotenzial für die Nicht-Teilnehmer, welches sowohl Kundenclub als auch „harte" Wechselbarrieren nicht zu leisten vermögen.[38]

Fassen wir also zusammen: Bonusprogramme bieten gegenüber den reinen Kundenclubs den Vorteil,

- dass nicht nur bereits affine Kunden angesprochen werden, sondern auch solche, die bislang keine direkten Produkt- oder Markenpräferenzen hatten,[39]
- und gleichzeitig die durch besondere Serviceleistungen ausgelöste emotionale Kundenbindung durch die Möglichkeit des Ansammelns von Punkten bis hin zu einer Erlösschwelle durch eine faktische Kundenbindung unterstützt wird.

Diese besondere Kombination aus Bindung und Gebundenheit, ist vor allem dann wichtig, wenn die Zielgruppen eines Programms heterogen sind[40] und das Involvement bezüglich eines Produktes gering ist, so dass eine einfache Markenloyalität nicht mehr hergestellt werden kann.

---

[37] Vgl. hierzu auch Gröppel-Klein et al. (2010, S. 50).

[38] Ploss (2001, S. 9) schreibt hierzu: „Wie der Name schon vermuten lässt, sind Wechselbarrieren eben Barrieren, Hindernisse. Sie fördern nicht ein bestimmtes Verhalten des Verbrauchers, sondern verhindern ein anderes. Das führt dazu, dass Wechselbarrieren – abgesehen von Monopolsituationen – langfristig nicht sonderlich gut funktionieren."

[39] Vgl. hierzu auch Fassnacht und Winkelmann (2006, S. 436 ff.).

[40] Vgl. Tomczak et al. (2010, S. 391).

1.4 Ziele und Struktur des Buches

1.4.1 Ziele des Buches

Nachdem nun deutlich wurde, was Bonusprogramme sind und welche Aktualität sie besitzen, können die Zielsetzungen des vorliegenden Buchs präzisiert werden.

- Primäres Ziel ist das *Thema Bonusprogramme systematisch und umfassend aufzuarbeiten.* Hierzu existieren im deutschsprachigen Raum eher kurze Abhandlungen[41] oder Bücher mit thematischem Schwerpunkt. Auch die eher deskriptive Darstellung von Fallstudien ist anzutreffen, die hier trotz der angestrebten Systematik aber ebenfalls nicht zu kurz kommen sollen.
- Neben dem Bemühen um Systematik ist es ein Anliegen des Buches, *konkrete und praktische Hinweise zur Gestaltung von Bonusprogrammen* zu geben. Hierzu dienen im Folgenden eine ganze Anzahl von *Checklisten* als auch die *Illustration über Fallstudien* zu bereits existierenden Programmen. Die Fallstudien wurden dabei so ausgewählt, dass die bedeutendsten Programme neueren Datums im deutschsprachigen Raum enthalten sind und gleichzeitig eine gewisse Vielfalt an Branchen und Gestaltungsmöglichkeiten berücksichtigt wurde. Der Schwerpunkt zu den praktischen Gestaltungshinweisen wird auf betriebswirtschaftliche *Entscheidungen* gelegt, die im Rahmen der Einführung und des Betriebs von Programmen zu fällen sind. Damit wird die für den grundsätzlichen Programmerfolg entscheidende strategische Komponente betont und nicht die konkrete Prozessausgestaltung, die letztlich nur sehr individuell von Unternehmen zu Unternehmen festgelegt werden kann.

Bei der gesamten inhaltlichen Gestaltung zielt das Buch darauf aufzuzeigen, dass es nicht *die* eine richtige Strategie zur Implementierung von Bonusprogrammen gibt. Vielmehr ist es entscheidend, die jeweils unternehmensindividuell richtige Strategie abzuleiten, auch das wird durch die unterschiedlichen Fallbeispiele deutlich. Damit soll zugleich einer in der Praxis anzutreffenden Gefahr begegnet werden: Erfolgreiches bei anderen Unternehmen quasi blind zu übernehmen. Genau dies wurde auch im Hinblick auf Bonusprogramme in der Vergangenheit kritisiert.[42]

[41] Z. B. Ploss (2001), Lauer (2000, 2002).

[42] Vgl. Dowling und Uncles (1997, S. 71, 73) sowie Lauer (2002, S. 98).

1.4.2 Struktur des Buches

Das Buch gliedert sich insgesamt in drei Teile. *Teil I* beschäftigt sich mit dem grundsätzlichen Wesen von Bonusprogrammen und den Gründen für seine Aktualität (Kap. 1) sowie dem Nutzen, der durch Einführung solcher Programme für Unternehmen erzeugt wird (Kap. 2). Darüber hinaus werden die Rahmenbedingungen zur Programmgestaltung aus psychologischer Sicht (Kap. 3) und aus rechtlicher Sicht (Kap. 4) abgesteckt.

In *Teil II* wird die Ausgestaltung von Bonusprogrammen behandelt, also alle Fragen, die mit einem erfolgreichen Design eines Programms verbunden sind. Hier findet der Leser Entscheidungshilfen zu Fragen des optimalen Angebots an Bonusleistungen (Kap. 5), der Ausgestaltung der Infrastruktur (Kap. 6), zu optimalen Strategien hinsichtlich der Punkte- und Prämienvergabe (Kap. 7 und 8), der Frage, ob das Programm allein oder in Kooperation betrieben werden sollte (Kap. 9) sowie der adäquaten Ausgestaltung der Programmkommunikation (Kap. 10). Die Gestaltungshinweise werden, soweit möglich, mit Beispielen aus der Praxis verdeutlicht und zu Checklisten zusammengefasst.

Damit auch die praktische Umsetzung der Programmkonzepte ein Erfolg wird, beschäftigt sich *Teil III* mit der Einführung und wirtschaftlichen Steuerung von Bonusprogrammen. Hierzu gehört eine Wirtschaftlichkeitsanalyse (Kap. 11) genauso wie praktische Tipps zur Implementierung (Kap. 12) und zur Optimierung des im Betrieb befindlichen Programms (Kap. 13).

Um dem Leser einen schnellen und kompakten Zugriff auf die im Text verwendeten Fallstudien zu ermöglichen, sind diese als „Steckbriefe“ in Kap. 14 zusammengestellt. Die in diesem Kapitel behandelten Programme werden im Text der restlichen Kapitel durch Kursiv- und Fettdruck hervorgehoben.

Kapitel 2
Der Nutzen von Bonusprogrammen

Zwar liegen Bonusprogramme im Trend, dies allein ist jedoch kein guter Ratgeber, der eine Einführung begründet. Und so sind es in der Praxis schließlich vielfach auch die Finanz- und Controlling-Bereiche, die den Nutzen von Programmen angesichts bedeutender Vorab-Investitionen anzweifeln. Ein Grund dafür ist darin zu sehen, dass häufig Bonusprogramme mit reinen Kundenbindungsprogrammen gleich gesetzt und folglich ausschließlich Kundenbindung als Nutzendimension betrachtet wird. Diese zweifellos wichtige Komponente von Bonusprogrammen besitzt dabei den Nachteil, dass sich ihre Nutzen nur mittel- bis langfristig entfalten und nicht so ohne weiteres messbar sind. Ein Gutteil Glaube an das einzuführende Programm muss gegeben sein, um auch hartnäckige Controller zu überzeugen. Leichter wird diese Aufgabe, wenn man sich die Vielfalt der Nutzendimensionen vergegenwärtigt und erkennt, dass nicht nur Kundenbindung, sondern auch Mehrverkauf und sogar kurzfristig wirksame Prozesskostensenkungen möglich sind. Dies sind Argumente, denen gegenüber sich auch Controlling-Bereiche leichter öffnen.

2.1 Zielgröße Kundenwert

Um die Vielfalt des Nutzens von Bonusprogrammen zu verstehen, soll eine Rückschau auf die Ausführungen zum Thema CRM aus Kap. 1.3.1 erfolgen. Dort wurde dargelegt, dass die Situation im heutigen Marktumfeld die Konzentration auf langfristig profitable Kundenbeziehungen nahe legt.[1] Diese langfristige Profitabilität wird nun in aller Regel durch eine Größe zum Ausdruck gebracht, die im Deutschen als Kundenwert, im englischen Sprachge-

[1] Vgl. auch Bruhn et al. (2010, S. 705).

DOI 10.1007/978-3-642-19118-3_2,

brauch vielleicht noch treffender als Customer Lifetime Value (CLV), also „Kundenlebenszeitwert" bezeichnet wird.

2.1.1 Das Konzept Kundenwert

Der Kundenwert ist allgemein ein Maß für den langfristigen Wert einer Kundenbeziehung. Wie aus der Formel in Abb. 2.1 ersichtlich, überträgt das Konstrukt allgemein Prinzipien der Investitionsrechnung auf die Kundenbeziehung, in dem es den Kapitalbarwert einer Kundenbeziehung berechnet.[2]

Demnach berechnet sich der Wert des Investitionsobjekts Kunde aus den abdiskontierten, dem Kunden direkt zurechenbaren Ein- und Auszahlungsströmen während der gesamten künftigen Dauer der Kundenbeziehung.[3] Der Kundenwert variiert im Wesentlichen also durch:

- die künftigen Absatzpotenziale beim Kunden
- die Dauer der Kundenbeziehung
- die speziellen Betreuungs- oder Marketingkosten, die für den Kunden aufgewendet werden

Kunden und Kundenbeziehungen können neben diesen direkten Nutzenkomponenten aber noch weitere, eher indirekte Vorteile für ein Unternehmen erbringen. Um auch diese zu berücksichtigen, wurden eine ganze Reihe erweiterter Kundenwertmodelle kreiert.[4] Hier finden sich etwa separate Bestandteile wie:

$$V_{Kunde} = \sum_{t=0}^{T} (x_t (p-k) - M_t) / (1+r)^t$$

V_{Kunde}=Kundenwert
T, t=Zeitindex
x_t=Menge eines Gutes
p=Preis des Gutes
k=Herstellungskosten des Gutes
M_t=kundenspezifischer Marketingaufwand
r=Zinssatz

Abb. 2.1 Das Grundkonzept des Kundenwerts. (Nach Link und Hildebrand 1993, S. 54 f.)

[2] Vgl. Link und Hildebrand (1997b, S. 164).

[3] Vgl. Link und Hildebrand (1997b, S. 164). Die Summe aller Kundenwerte eines Unternehmens wird auch als Customer Equity bezeichnet (vgl. Scheer und Witza 2007, S. 101).

[4] Vgl. Foscht (2002, S. 149 f.); Stahl et al. (2000, S. 191 ff.); Gierl und Kurbel (1997, S. 177).

- *Mund-zu-Mund-Werbung*, auch als akquisitorischer Kundenwert oder Referenzpotenzial bezeichnet. In diese Komponente kann neben der Kundenakquisition auch die Verhinderung von Kundenabwanderung einbezogen werden.
- *Wert der vom Kunden überlassenen Informationen*, z. B. über Produktverbesserungsmöglichkeiten. Diese Komponente wird auch als informatorischer Kundenwert oder Lernpotenzial bezeichnet.

Auch die erweiterten Bestandteile bzw. Wertkomponenten müssen entsprechend der in Abb. 2.1 dargestellten Logik pro Kunde für die Zukunft geschätzt und entsprechend abdiskontiert werden.

2.1.2 Stellschrauben zur Erhöhung des Kundenwerts

Aus den Ausführungen zum einfachen und erweiterten Modell des Kundenwerts lassen sich nun verschiedene Stellschrauben ableiten, die Unternehmen zur Beeinflussung der Wertigkeit ihrer Kunden besitzen. Die wesentlichen Bestandteile im Überblick sind:

- Kundenbindung
- Cross- und Up-Selling
- die Senkung der Kundenbetreuungskosten
- sonstige Wertsteigerungspotenziale, wie etwa Weiterempfehlungsverhalten

Im Folgenden sollen diese Bestandteile näher betrachtet werden.

2.1.2.1 Kundenbindung

Schätzungen gehen davon aus, dass die Pflege aktueller Kundenpotenziale lediglich 15 bis 20 % der Aufwendungen erfordert, die für Kundenneuakquisition aufgewendet werden müssen.[5] Dementsprechend wird betont, dass Kundenbindung zwar auch erheblicher Aufwendungen bedarf, sich letztlich aber lohnt.

Was aber genau ist Kundenbindung. Neuere Arbeiten der Marketingforschung haben deutlich aufzeigen können, dass die beobachtbare Tatsache des Wiederholungskaufs durch einen Kunden nicht zwangsläufig mit Kun-

[5] Vgl. Tomczak und Dittrich (2000, S. 107). Diese Tatsache wird allerdings immer wieder angezweifelt, ihre Höhe ist sicherlich auch von der jeweiligen Branche abhängig und davon, ob es sich um Business-to-Business oder Business-to-Consumer-Geschäfte handelt (vgl. auch Reinartz und Kumar 2003).

denbindung gleichgesetzt werden darf. Für den Wiederholungskauf können andere Komponenten als die Güte des Angebots ausschlaggebend sein, z. B. mangelnde Alternativen. Deshalb hat sich mittlerweile eine Unterteilung in echte Loyalität, dies ist die zum Wiederkauf führende positive Einstellung zu Produkt oder Anbieter, und Pseudoloyalität, etwa der Wiederkauf aus Bequemlichkeit, eingebürgert.[6] Um Kunden wirklich dauerhaft zu halten, sollten Unternehmen echte Loyalität anstreben.

Kundenbindung hat neben den eingesparten Akquisitionskosten einen weiteren positiven Aspekt wirtschaftlicher Natur. Wie in einer im Jahre 2000 veröffentlichten Studie zu 100 Dienstleistungsunternehmen aufgezeigt werden konnte, steigt der Gewinn dieser Unternehmen mit zunehmender Dauer ihrer Kundenbeziehungen an.[7] Eine Rolle dürfte dabei neben den gesparten Akquisitionskosten der Umstand spielen, dass die Kundenkaufkraft im Rahmen des Lebenszyklus in aller Regel zunimmt.[8] Der „arme Student" von heute kann zum reichen Vorstandsvorsitzenden von morgen mutieren.

2.1.2.2 Cross- und Up-Selling

Der Kundenwert steigt natürlich nicht nur mit der durch Kundenbindung erzeugten Dauer der Kundenbeziehung, sondern ist auch vom Ausmaß bzw. der Menge der gekauften Güter abhängig. Bei der Steigerung des Ausmaßes werden zwei Komponenten unterschieden:

- *Cross-Selling*:[9] Hiermit wird ein Kaufverhalten bezeichnet, bei dem der Kunde nicht nur ein einzelnes Produkt, sondern mehrere Produkte, möglicherweise aus unterschiedlichen Produktkategorien von ein und demselben Unternehmen bezieht. So entscheidet sich ein Kunde, der mit einem Fernsehapparat und dem zugehörigen Service zufrieden ist, auch bezüglich der HiFi-Anlage möglicherweise für den gleichen Hersteller und Händler oder er kauft künftig auch Fleischwaren im Supermarkt und nicht beim Metzger. Die Cross-Selling-Potenziale variieren natürlich von Unternehmen zu Unternehmen, je nachdem, wie breit die Produktpalette ist. Ziel aus Sicht der Anbieter bleibt aber, das Cross-Buying-Verhalten der Kunden zu fördern und möglichst das komplette Set der angebotenen Produkte abzusetzen und zwar unabhängig davon, ob ein Kunde dafür

[6] Vgl. Foscht (2002, S. 44 ff.); Stahl (2000, S. 86 ff.).

[7] Vgl. Herrmann et al. (2000, S. 51).

[8] Vgl. auch Ploss (2001, S. 47).

[9] Aus Sicht der Kunden auch als Cross-Buying-Verhalten bezeichnet (vgl. Foscht 2002, S. 58 ff.).

von der Konkurrenz abgeworben werden muss oder gänzlich neu für ein Produkt zu werben ist.
- *Up-Selling*: Im Gegensatz zum Cross-Selling bedeutet Up-Selling, dass der Kunde nicht etwa künftig mehr Produkte von einem Anbieter bezieht, sondern stattdessen vielmehr höherwertige. Im PKW-Handel ist diese Verkaufsstrategie besonders gut zu beobachten. In aller Regel versuchen Händler, Kauf für Kauf ihre Kunden in Richtung größerer Automobilklassen als auch besserer Ausstattung zu entwickeln. Der Kleinwagenkäufer von heute (bspw. ein Student) kann so zum Oberklasse-Käufer von morgen (z. B. als Geschäftsführer einer Unternehmung) werden. Daneben kann Up-Selling aber auch die Erhöhung der Kauffrequenz bezeichnen.[10] Hier würde der Kunde im Verlaufe einer Zeitperiode nun das Produkt öfter nutzen und damit auch erwerben. Auch das Up-Selling-Potenzial ist natürlich wiederum von der Produktpalette eines Unternehmens abhängig. Setzt ein Anbieter ganz auf Discountprodukte, so bieten sich hier Chancen zur Ausdehnung des Kundenwerts allenfalls über die Erhöhung der Kauffrequenz.

Die Steigerung des Kundenwerts durch Cross- und Up-Selling beruht aber keinesfalls nur auf dem direkten Umsatzeffekt, der dadurch erzeugt wird. Vielmehr ergibt sich die Profitabilität von Cross- und Up-Selling auch dadurch, dass nicht für jeden Kauf neu akquiriert werden muss und somit Synergien in der Kundenadministration und -kommunikation (z. B. bei der Zusendung von Werbematerialien) genutzt werden können.[11]

2.1.2.3 Senkung der Kundenbetreuungskosten

Der Profitabilitätsvorteil von Cross- und Up-Selling führt uns direkt zur dritten Stellschraube der Erhöhung des Kundenwerts, der Senkung der Kundenbetreuungskosten. Oftmals wird übersehen, dass auch auf der Kos-tenseite Chancen zur Steigerung des Kundenwerts liegen. Der Kundenwert ist damit eben kein rein absatzfokussiertes Instrument, sondern beleuchtet auch die Wirtschaftlichkeit der kundenspezifischen Prozesse in Unternehmen. Bei den Kundenbetreuungskosten kann die gesamte Kette des Kundenlebenszyklus eine Rolle spielen, als da sind:[12]

- Kundeninformation
- Vertragsabschluss

[10] Vgl. Bruhn et al. (2010, S. 707).

[11] Vgl. Foscht (2002, S. 58 f.).

[12] Vgl. dazu das Konzept der Utility-Map von Chan und Mauborgne (2001).

- Lieferung
- Nutzung
- Wartung
- Entsorgung

Das Problem der Senkung der Kundenbetreuungskosten ist, dass diese in teilweisem Widerspruch zu den beiden erstgenannten Stellschrauben, der Kundenbindung sowie dem Cross- und Up-Selling stehen. Natürlich ist es ein Einfaches, Prozesskosten zu senken, sofern die Qualität der Prozesse außer Acht gelassen wird. Der Kundenwert als Ganzes kann sich aber nur dann erhöhen, wenn die Kostensenkung nicht durch Umsatzverluste kompensiert oder gar überkompensiert wird. Der Schlüssel zur Auffindung solcher Chancen ist ein zweifacher:

- Erstens gilt es, Prozessoptimierungspotenziale zu finden. Häufig besitzen Kundenbetreuungsprozesse Prozessschritte, die letztlich überflüssig sind. Etwa dann, wenn sie auf historischen oder unternehmenspolitischen Gegebenheiten beruhen, dem Kunden selbst aber keinen oder sogar einen negativen Nutzen stiften. Dies sind in der Praxis häufig etwa Prüfroutinen, mit denen eine missbräuchliche Vergabe von Kulanzen oder Gewährleistung ausgeschlossen werden soll, die aber in der Anwendung mehr Kosten verursachen als der verhinderte Missbrauch und zudem als kundenunfreundlich empfunden werden.
- Zweitens gilt es, bei der Ausgestaltung von Prozessen bereits das Umsatzpotenzial von Kunden zu berücksichtigen. Das bedeutet, dass Prozesse dort einen höheren Standard, z. B. eine größere Bequemlichkeit für den Kunden, aufweisen sollten, wo letztlich auch viel Geld zu verdienen ist und umgekehrt Prozesse vereinfacht werden können oder gar auf Kunden selbst übertragen, wo der Umsatz begrenzt ist. Das Prozessdesign selbst sollte also bereits kundenwertorientiert vorgenommen werden, indem das Verhältnis der Prozesskosten zum direkt zurechenbaren Umsatz berücksichtigt wird. Kunden akzeptieren dies. Allerdings bedeutet das nicht, dass die eigentliche Prozessqualität im Sinne der Fehlerfreiheit leiden darf. Auch ein einfacher Prozess sollte fehlerfrei ausgeführt werden, denn sonst droht Kundenunzufriedenheit, die nicht nur zur Abwanderung der umsatzschwachen Kunden führt, sondern durch Mund-zu-Mund-Propaganda oder schlechte Presse möglicherweise auch die Schlüsselkunden abschreckt.

2.1.2.4 Sonstige Wertsteigerungspotenziale

Aus den erweiterten Modellen des Kundenwerts wurde ersichtlich, dass auch eher indirekte Wertsteigerungskomponenten existieren. Die sogenannte

Diffusionsforschung,[13] die sich mit der Ausbreitung neuer Produkte unter Konsumenten beschäftigt, zeigt auf, dass sich das Kaufverhalten von Kunden nach dem Verhalten von Meinungsführern aus dem jeweiligen sozialen Umfeld richtet. Diese Tatsache bringt es mit sich, dass ein Kunde potenziell für weitaus mehr als den eigenen Umsatz steht. Seine Rolle als Beeinflusser für andere ist aber ambivalent. Ist er mit einem Produkt oder Angebot zufrieden oder gar begeistert, so tritt er in aller Regel als kostenlos Werbetreibender für das Unternehmen auf. Ist er unzufrieden, kommt es zum genauen Gegenteil. Leider existiert hier aus Sicht der Unternehmen eine Wirkungsasymmetrie: So empfiehlt ein zufriedener Kunde im Schnitt ein Unternehmen dreimal weiter, ein unzufriedener hingegen äußert seine Unzufriedenheit bei durchschnittlich zwölf Kontakten mit anderen Kunden.[14] Es gibt also gute Gründe, Kunden zufriedenzustellen oder gar zu begeistern und Unzufriedenheit zu vermeiden.

2.1.3 Die Bestimmung des Kundenwerts

Wie gesehen, ist der Kundenwert ein verhältnismäßig komplexes und quantitativ angelegtes Konstrukt. Seine Bedeutung für die Praxis wird deswegen bisweilen angezweifelt. Tatsächlich ist der Wert eines Kunden in der Praxis kaum messbar, schon allein deshalb, weil für jeden einzelnen Kunden Umsatzprognosen erarbeitet werden müssten. Ist der Kundenwert deshalb aber nur ein gedankliches Modell, welches aufzeigt, wo die Stellschrauben zur Kundenwert- und damit letztlich Unternehmenswertsteigerung liegen? Wenn dem so wäre, hätte das Kundenwertmodell kaum eine solche Bedeutung erlangt. Vielmehr ist sein Gehalt zweifach in die Praxis übertragbar.

Zum einen führt er dazu, dass die richtigen Fragen in Bezug auf Marketing- und Vertriebsaktivitäten gestellt werden:[15]

- Gegenwartsbezogen: Wie groß ist das Potenzial des Kunden heute?
- Prospektiv: Welches Erfolgspotenzial hat er in der Zukunft?
- Und in Bezug auf indirekte Effekte: Wie groß ist der sonstige Beitrag eines Kunden zur Erreichung der Unternehmensziele?

Damit werden aber strategisch die entscheidenden Weichen gestellt und Unternehmen erlangen eine klare Orientierung für ihr Handeln, insbeson-

[13] Vgl. Rogers (1983).

[14] Vgl. Wittbrodt (1995, S. 24).

[15] Vgl. Foscht (2002, S. 151).

dere in Bezug darauf, ob es sich lohnt, in einen Kunden zu investieren oder nicht.

Zum anderen kann man versuchen, den Kundenwert über Indikatoren zu schätzen. In einem solchen Fall erhält man dann nicht eine finanzwirtschaftliche Größe, die als Gegenwartswert zukünftiger Gewinne interpretierbar ist, der ermittelte Wert hilft aber dennoch, die oben gestellten Fragen zu beantworten. Beliebt sind in diesem Zusammenhang sogenannte Scoring-Modelle, die versuchen, das Kundenpotenzial über die Vergabe von Punktbewertungen zu einzelnen Kriterien zu beurteilen.[16] Hier spielen etwa die bisherige Kaufhistorie, also in welchen Abständen Kunden was und wieviel gekauft haben, oder aber das Haushaltsnettoeinkommen (sofern bekannt oder schätzbar) eine Rolle. Mit Hilfe moderner Kundendatenbanken und in Verbindung mit statistischen Analysemethoden lassen sich so oftmals zuverlässige Indikatoren finden, die eine individuelle, kundenwertorientierte Betreuung auch im Massenmarkt ermöglichen.

2.2 Die Erhöhung des Kundenwerts durch Bonusprogramme

Nachdem erläutert wurde, warum kundenwertorientierte Unternehmensführung (bzw. CRM) von Vorteil ist und welche Stellschrauben Unternehmen besitzen, diesen Kundenwert zu beeinflussen, soll nun wieder konkret das Thema Bonusprogramme im Mittelpunkt stehen. Zu untersuchen ist, ob mit Hilfe dieses Instruments eben genau jene Stellschrauben des Kundenwerts positiv beeinflusst werden können. Wie im Folgenden aufgezeigt werden wird, können Bonusprogramme tatsächlich zu allen oben erläuterten Nutzendimensionen substanziell beitragen, so dass sie als ein Kerninstrument des CRM angesehen werden dürfen.

2.2.1 Kundenbindung

Um die Wirkung von Bonusprogrammen auf Kundenbindung zu untersuchen, empfiehlt es sich, zunächst genauer nachzufragen, wodurch Kunden eigentlich an Produkte oder Unternehmen gebunden werden.

---

[16] Vgl. Link und Hildebrand (1997b, S. 166 f.).

Allgemein geht man davon aus, dass nicht digital in Bindung und Nicht-Bindung unterteilt werden kann, sondern stattdessen eine im Laufe der Zeit schrittweise stärkere Bindung entsteht.[17] Ältere Forschungen vermuteten, Kundenzufriedenheit sei der maßgebliche Faktor für Kundenbindung. Eine Reihe neuerer Untersuchungen hat aber gezeigt, dass Kundenzufriedenheit eine notwendige, aber keinesfalls hinreichende Bedingung ist,[18] vielmehr ist auch so etwas wie Begeisterung erforderlich.

Nach dem sogenannten Kano-Modell der Kundenzufriedenheit[19] existieren drei hierarchische, d. h. aufeinander aufbauende Faktoren, um Kundenzufriedenheit und resultierende Kundenbindung zu erzeugen:

- *Basisfaktoren*: Sie bezeichnen die grundlegenden Merkmale eines Produktes. Ihr Fehlen erzeugt Unzufriedenheit, das Vorhandensein aber nicht aktiv Zufriedenheit, da es als selbstverständlich erachtet wird. Basisfaktoren finden sich häufig auf der Produktebene, etwa bei Ausstattungselementen, Haltbarkeit, Komfort etc.
- *Leistungsfaktoren*: Dies sind Produkteigenschaften, die sowohl aktiv Zufriedenheit stiften können, und zwar dann, wenn Sie über Erwarten erfüllt werden, als auch Unzufriedenheit, wenn ihr Angebot nicht dem Anspruchsniveau der Kunden genügt. Leistungsfaktoren finden sich häufig auf der Serviceebene, z. B. in Bezug auf Zustellung, Installation, Kundenberatung oder Instandhaltung.
- *Begeisterungsfaktoren*: Dies sind Faktoren, die von Kunden nicht erwartet werden und somit bei Fehlen keine Unzufriedenheit auslösen. Ihr Angebot erzeugt aber sehr wohl aktiv Zufriedenheit. Begeisterungsfaktoren sind oftmals auf der Beziehungsebene anzutreffen, etwa Vertrauenswürdigkeit, Freundlichkeit, Kommunikation etc.

Nun könnte man zu dem Schluss gelangen, aktive Zufriedenheit und somit hohe Kundenbindung ließe sich am einfachsten erzeugen, indem man die Kunden befragt, was sie begeistern könnte. Es hat sich aber gezeigt, dass Begeisterungsfaktoren häufig solche Produkteigenschaften sind, die bei einer Kundenbefragung als weniger wichtig eingestuft werden, bei denen dann aber empirisch nachgewiesen werden kann, dass sie das tatsächliche Verhalten der Kunden nachhaltig beeinflussen.[20] Man sollte sich bei der

---

[17] Vgl. z. B. Ploss (2001, Abb. 1, S. 6).

[18] Vgl. etwa Giering (2000, S. 196 ff.). Auf alle Fälle besteht aber ein positiver Zusammenhang (vgl. Homburg et al. 2010, S. 123).

[19] Vgl. Kano et al. (1994); Stahl et al. (2000, S. 180 ff.); Meyer und Blümelhuber (2000, S. 180 f.).

[20] Vgl. Matzler et al. (2000, S. 265 ff.).

Auswahl solcher Faktoren also nicht unbedingt nur von abgefragten Kundeneinstellungen leiten lassen, sondern im Zweifelsfall lieber experimentieren oder aus der kritischen Selbstbeobachtung Ideen generieren.

Bonusprogramme eignen sich von ihrer Grundnatur her sehr gut, solche Begeisterung hervorzurufen. Sie dienen über verstärkte und persönlichere Kommunikation dem Aufbau einer persönlichen Beziehung und damit von Vertrauenswürdigkeit und sie sind in der Lage, über Belohnungen Zusatznutzen zu stiften, der ebenfalls zur Begeisterung und damit echter Loyalität in Form emotionaler Bindung beitragen kann.[21] Wie bereits in Kap. 1.3.2 aufgezeigt wurde, kombinieren Bonusprogramme damit aber in besonderer Art und Weise eine auf Emotionalität beruhende Bindung mit einer ökonomisch inspirierten in Form der Erwartung einer Belohnung für bestimmte Verhaltensweisen.

2.2.2 *Cross- und Up-Selling*

Wie bereits erwähnt, sind entgegen der landläufigen Meinung Bonusprogramme keine reinen Kundenbindungsprogramme, vielmehr spielt das Ziel, den Umsatz mit bestehenden und neuen Kunden zu steigern, oftmals eine weitaus größere Rolle.

Der besondere Wert der Bonusprogramme für Cross- und Up-Selling-Erfolge ergibt sich aus der einmaligen Kombination von drei Komponenten.

- *Die Informationshoheit in der Kommunikation*: Mit der Vielzahl der kommunikativen Instrumente, wie sie in Kap. 1.1.3 dargestellt wurden, bieten Bonusprogramme eine breite Informationsplattform. Die Quantität der Kommunikationsakte ist jedoch alles andere als ein Garant für die Erzielung von Informationshoheit. Ganz im Gegenteil, die hohe Flut an Werbebotschaften erweist sich oftmals sogar als kontraproduktiv und führt als sogenannter Informations-Overflow im Extremfall sogar zu Kaufunlust.[22] Gerade hier aber wird der Vorteil der Kommunikation im Rahmen eines Bonusprogramms deutlich. Zum einen hat der Kunde mit der aktiv vollzogenen Beteiligung am Programm für sich selbst eine Einwilligung abgegeben, d. h. er empfindet die eingehende Kommunikation als selbst ausgewählte, quasi bestellte und wird ihr im Rahmen der Informationsüberflutung mehr Raum gegenüber anderen Botschaften einräumen. Zum anderen gibt es ein ganz direktes Interesse an Information, und zwar an

[21] Vgl. Ploss (2001, S. 10).

[22] Vgl. Rudolph und Schweizer (2003, S. 22 ff.).

der Mitteilung über den eigenen Bonus-Punktestand. Diese „Kontoauszüge“ (vgl. Kap. 1.1.3 und 10.2) haben einen extrem hohen Aufmerksamkeitswert. In ihrem Rahmen wird es möglich, auch gezielt und individualisiert werbliche Botschaften zu platzieren. So erachten laut einer Studie von TNS emnid 69 % der Befragten Infopost von Bonusprogrammen, bei denen sie Mitglied sind, als hilfreiche Informationsquelle.[23]

- *Die gezielte Nutzung von Kundenwissen*: Noch gegen Ende der neunziger Jahre wurde der Kenntnisstand deutscher Unternehmen hinsichtlich ihrer Kundenstruktur als desaströs bezeichnet.[24] Auf der anderen Seite hatte im Rahmen der Wertepluralisierung längst eine zunehmende Individualisierung von Kundenpräferenzen eingesetzt, die für Absatzerfolge eben genau dieses Wissen über Präferenzen vorausgesetzt hätte. Kleine Unternehmen, mit direktem Kundenbezug, nutzen dieses Wissen zumeist instinktiv, im Großunternehmen, mit Hunderttausenden oder gar Millionen an Kunden, ist dies nicht möglich. Um dem zu entgegnen, wurde durch das Zusammenspiel der technischen Möglichkeiten individualisierter Massenproduktion sowie der Entwicklung leistungsfähiger Kundendatenbanken der Ansatz des „Individual-Marketings“ geboren.[25] Technisch realisiert wird dieser neue Ansatz durch Database-Marketing, einer datenbankgestützten Kundenansprache mit dem Ziel, dem richtigen Kunden, zum richtigen Zeitpunkt, mit den richtigen Argumenten ein maßgeschneidertes Angebot zu unterbreiten.[26] Vor diesem Hintergrund wird das Generieren von Kundenwissen oftmals sogar selbst das wichtigste Ziel von Bonusprogrammen.[27] Bereits im Rahmen der „Kundenclubwelle“ zeigte sich dieser Effekt. Laut einer Untersuchung von Holz und Tomczak unter Kundenclub betreibenden Unternehmen gaben 26 % der Befragten an, Aufbau und Pflege einer Kundendatenbank seien das dominierende Ziel des Clubs, für weitere 36 % war es zumindest ein wichtiges Ziel.[28] Gerade für Unternehmen, die durch den normalen Geschäftsprozess keine Kundendaten bekommen (z. B. im Einzelhandel), stellt ein Bonusprogramm den Schlüssel dazu dar, Kunden überhaupt kennenzulernen.[29] Der spezielle Beitrag von Bonusprogrammen zur Erlangung von Kundenwissen liegt nun darin begründet, dass Kunden im

---

[23] Vgl. TNS emnid (2010).

[24] Vgl. Stahl (2000, S. 88).

[25] Vgl. O’Brien und Jones (1995, S. 99) sowie Link und Hildebrand (1997a, S. 16 f.).

[26] Vgl. Link und Hildebrand (1997a, S. 19).

[27] Vgl. Holz (1997, S. 291).

[28] Vgl. Holz und Tomczak (1996, S. 32).

[29] Vgl. Dowling und Uncles (1997, S. 72).

Rahmen von Bonusprogrammen ihr Wissen in aller Regel freiwillig oder gegen ein Incentive in Form von Bonuspunkten preisgeben. Verstärkt wird dieser Effekt dadurch, dass die Datenqualität zumeist höher als bei sonstigen Befragungen ist, weil Fragebögen ernsthafter ausgefüllt werden und durch permanente Kommunikation mit dem Kunden im Rahmen des Programms Datenänderungen (z. B. Adressänderungen) nachgehalten werden können.[30]
- *Die Vergabe von Incentives*: Die Vergabe von Incentives in Form von Bonuspunkten umfasst den eigentlichen Mechanismus von Bonusprogrammen, wie er in Kap. 1.1.1 herausgestellt wurde. Die Möglichkeit Produkt-Upgrades, also das Kaufen höherwertiger Produkte, oder aber Cross-Sales, d. h. den Erwerb von anderen Produkten, bewusst mit Bonuspunkten zu belohnen, bewirkt Aufmerksamkeit und Kaufanreiz zugleich. Kapitel 7 wird näher beleuchten, wie diese Verhaltenssteuerung zu bewerkstelligen ist. Auf jeden Fall unterstützt sie die Wahrscheinlichkeit eines zusätzlichen Absatzerfolges nachhaltig.
- *Herabsetzung der Preissensitivität*: Der Kundenwert kann durch Bonusprogramme auch dadurch gesteigert werden, dass insgesamt die Sensitivität der Preiswahrnehmung sinkt. Erzielt wird dies zweifach. Zum einen durch eine Steigerung der Kundenzufriedenheit[31] durch Belohnung und gegebenenfalls Extra-Services aus dem Programm. Zum anderen wiederum durch die Informationshoheit, die die Rezeption anderer werblicher Infos verringert.

2.2.3 Senkung der Kundenbetreuungskosten

Während Cross- und Up-Selling und erstrecht Kundenbindung auf künftige Absatzpotenziale zielen, können Bonusprogramme auch dafür genutzt werden, kurzfristig die Kosten der Kundenbetreuung zu senken. Hierfür bieten sich vor allem zwei Ansatzpunkte:

- die Belohnung kostensparenden Verhaltens durch die Kunden über Bonuspunkte,
- die Erhöhung der Erfolgswahrscheinlichkeit werblicher Kommunikation durch Nutzung von Kundenwissen.

---

[30] Vgl. in Bezug auf Kundenclubs auch Butscher (1998, S. 335).

[31] Zum Zusammenhang zwischen Preisbereitschaft und Kundenzufriedenheit vgl. Bruhn und Georgi (2010, S. 649).

2.2.3.1 Incentivierung kostensparenden Kundenverhaltens

Innerhalb der Kundenbetreuungsprozesse existieren zumeist Kostenoptimierungspotenziale, die der Mithilfe der Kunden bedürfen. Oftmals entstehen für die Kunden durch Nutzung dieser Potenziale keine nennenswerten Nachteile, das ein oder andere Mal sogar Vorteile. In vielen Fällen bedarf es lediglich eines kleinen Anschubs, einer Zusatz-Motivation, um einen dauerhaften Verhaltenswechsel herbeizuführen, der ansonsten aus Bequemlichkeitsgründen unterbleibt. Beispiele für solches „Kooperationsverhalten", d. h. die Übernahme von Tätigkeiten im Rahmen der Wertschöpfungskette[32] durch Kunden, sind:

- die Umstellung der Kundenrechnung vom Papierweg auf E-Mail,
- der Wechsel von Barzahlung zu Lastschrift,
- die Umstellung von telefonischer Bestellung via Call-Center auf elektronische Bestellung per Internet,
- Die Nutzung anderer, weniger frequentierter Zeiten für den Einkauf.

Bonusprogramme können in diesem Rahmen in besonderer Weise die benötigte Motivation zur Verhaltensänderung erzeugen. Durch die Informationshoheit, die sie beim Kunden genießen, wird der Kunde auf die Möglichkeiten der Verhaltensänderung mit höherer Glaubwürdigkeit hingewiesen und ihm in Form von Sonderbonuspunkten auch die nötige Motivation mitgegeben, die neue Verhaltensweise tatsächlich zu realisieren. Da diese neuen Verhaltensweisen für den Kunden in aller Regel nutzenneutral sind oder gar eine höhere Bequemlichkeit mit sich bringen (etwa Lastschrift statt Barzahlung), kann der Gegenwert der gewährten Sonderbonuspunkte zumeist deutlich unter dem kurzfristig zu realisierenden Kostensenkungspotenzial für das Unternehmen angesetzt werden. Eine zügige Amortisation dieser speziellen Investition in den Kunden wird somit ermöglicht.

Ein schönes Beispiel für Verhaltenssteuerung durch Bonusprogramme stellt das Programm *Bonitos* des Touristikkonzerns TUI dar. Mit diesem Programm belohnt TUI bewusst Kunden mit Extra-Punkten, um die Auslastung von gebuchten Hotel- und Flugkontingenten zu verbessern oder die Buchung außerhalb von Schulferien zu forcieren.[33]

2.2.3.2 Nutzung von Kundenwissen

Unter der Überschrift Cross- und Up-Selling (s. Kap. 2.2.2) wurde bereits auf die Bedeutung von Kundenwissen in den heutigen, zunehmend indi-

---

[32] Vgl. Foscht (2002, S. 138).

[33] Vgl. o.V. (2005c).

vidualisierten Märkten hingewiesen. Mit Hilfe von Kundenwissen wird es möglich, Geld im Kundenbetreuungsprozess, genauer gesagt im Bereich der Kaufanbahnung, zu sparen. Sind Präferenzen in Form von Kaufgewohnheiten als auch Kaufwahrscheinlichkeiten, etwa über das Wissen der Nettoeinkommen, gut schätzbar, so ermöglicht dies zweifach Ersparnisse:

- *Direkt,* indem nur noch solche Kunden angesprochen werden, bei denen eine hinreichende Wahrscheinlichkeit für den Kauf von Gütern besteht. Im Gegensatz zur weitgehend wahllos gestreuten Postwurfsendung wird hier die Menge an ausgesendeten Materialien bewusst auf die Kunden mit Kaufwahrscheinlichkeit begrenzt.[34] Eingesparte Druck- und Portokosten können dabei schnell in den sechs- bis siebenstelligen Euro-Bereich gelangen.
- *Indirekt* erfolgt eine Ersparnis dadurch, dass die Erfolgsquote der ausgesendeten Werbematerialien erhöht wird. Rechnet man üblicherweise bei einem ungerichteten Massenmailing mit ca. 0,5 % Erfolgsquote, so können mit Hilfe vorheriger Kaufwahrscheinlickeitsbestimmung Erfolgsquoten von bis zu 25 % erreicht werden. Basis für eine solch gezielte Kampagne sind sogenannte Kundenprofile, d. h. Schätzungen von Kundenpräferenzen und damit Kaufwahrscheinlichkeiten aus vorhandenen Kundendaten heraus.

Direkter und indirekter Nutzeneffekt stehen in einem gewissen Konfliktverhältnis zueinander. Abbildung 2.2 möchte diesen Zusammenhang verdeutlichen. Die Menge der Kunden, die ein beworbenes Produkt tatsächlich kaufen würden, sei in der Abbildung mit *K* bezeichnet. Diese Menge ist dem werbenden Unternehmen natürlich vorab nicht genau bekannt, es kann aber versuchen, aus den Kundendaten unter allen Kunden, $=A$, auf *K* zu schließen. Je nachdem, wie streng man die Kriterien nun an diese Kunden anlegt, gelingt es z. B. fast ausschließlich Kunden zu selektieren, die tatsächlich kaufen werden (in der Abbildung ist das die Menge *T*). In diesem Fall spart man an Werbeproduktions- und Versandkosten, denn es werden nur wenige Mailings versendet, zudem ist die Erfolgswahrscheinlichkeit jedes versendeten Werbebriefes sehr hoch. Auf der anderen Seite bleibt die absolute Anzahl der Verkäufe jedoch gering. Fasst man die Kriterien hingegen weiter, so könnte etwa die Kundenmenge *W* selektiert werden. *W* deckt nun weitaus mehr kaufwillige Kunden ab, d. h. die Schnittmenge mit den tatsächlichen Käufern *K* ist flächenmäßig größer, allerdings um den Preis gestiegener Versand- und Produktionskosten im werblichen Bereich. Wo das Optimum

[34] Man spricht heutzutage in diesem Zusammenhang von Permission Marketing (vgl. Schwarz 2001).

Abb. 2.2 Trade-off zwischen gezielter Kommunikation und Anzahl absoluter Käufe

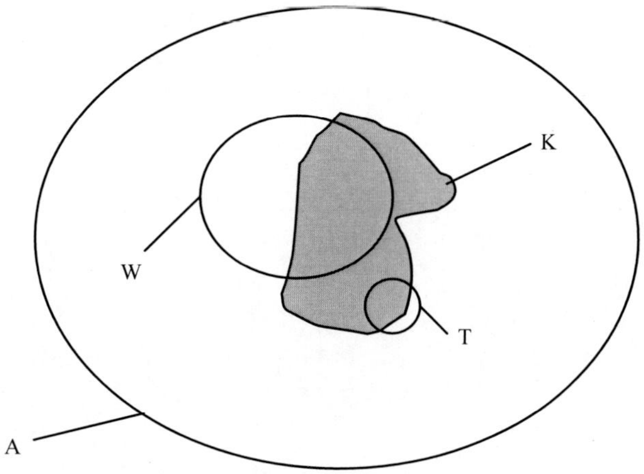

A = Alle Kunden
K = Käufer
W = Beworbene bei weiter Werbemittel-Streuung
T = Beworbene bei zielgenauer Auswahl

genau liegt, ist natürlich von den tatsächlichen Kosten und Umsätzen, die mit einer Aktion verbunden sind, abhängig. Der aufgezeigte Trade-off sollte jedoch bei der Dimensionierung von Aktionen nie außer Acht gelassen werden.

Die effiziente Nutzung der Ersparnispotenziale mit Hilfe von Kundenprofilen setzt allerdings einiges an Infrastruktur voraus. Kernbestandteil dabei ist die Schaffung eines Kunden-Data-Warehouses (DWH), d. h. die nach bestimmten Kategorien strukturierte und nach Zeitpunkten sortierte Speicherung der wichtigsten verfügbaren Kundendaten.[35] Ein DWH speist sich sowohl aus Daten operativer Systeme (etwa einem Auftragsmanagementsystem oder einem Produktionsplanungssystem) als auch unternehmensexternen Quellen (z. B. Daten von Marktforschungsinstituten oder amtlichen sozidemographischen Daten).[36] Das DWH eines Unternehmens, welches ein Bonusprogramm betreibt, bezieht seine Kundendaten, etwa Daten darüber, wer, wann, was gekauft hat, vor allem aus diesem Programm. Abbildung 2.3 zeigt übliche Dimensionen von Daten, die in einem Kunden-DWH gespeichert werden.

---

[35] „Unter einem Data Warehouse versteht man eine integrierte, nach Sachzusammenhängen geordnete, mehrere Jahre umfassende Sammlung ganz unterschiedlicher Datenbestände" (Hamm 1997, S. 104). Ein DWH dient vor allem der Informationsbereitstellung und Entscheidungsunterstützung in Unternehmen, die den Kunden in den Vordergrund stellen (vgl. Hummeltenberg 1998).

[36] Vgl. Hamm (1997, S. 104 f.).

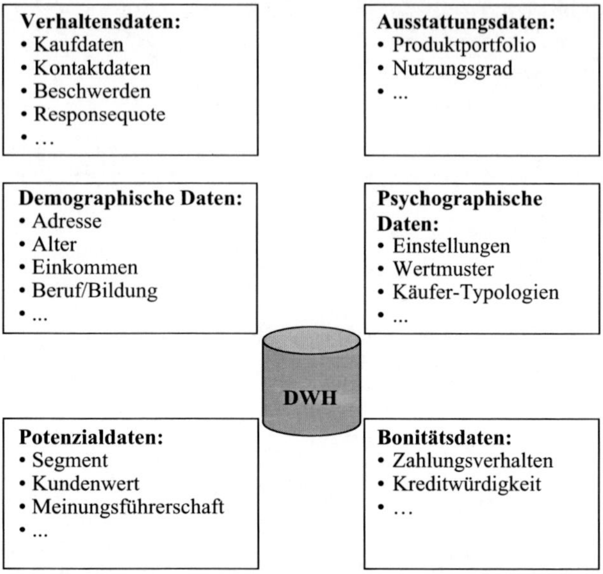

Abb. 2.3 Übliche Daten-Dimensionen in einem Kunden-DWH. (s. hierzu auch Butscher 1998, S. 339; Link und Hildebrand 1993, S. 36; Tomczak und Dittrich 2000b, S. 261; Scheer und Schneider 2007, S. 67; Müller 2006, S. 39)

Ohne weitere Hilfsmittel ist aber auch ein DWH nichts anderes als ein riesiger Datenspeicher. Damit diese Daten für die Erstellung von Kundenprofilen nutzbar werden, bedarf es bestimmter Methoden und Techniken. Im Wesentlichen können hier zwei Ansätze unterschieden werden:

- *Rein informationsdarstellende Systeme*, wie Standard-Reports oder sogenannte OLAP-Tools (OLAP=Online-Analytical-Processing), mit deren Hilfe Anwender Daten online in unterschiedlichen Dimensionen (z. B. nach Verkaufsregion, Zeitpunkt, Produkt),[37] aber auch verknüpft (z. B. Produktverkäufe in einer Region zu einem bestimmten Zeitpunkt) und in unterschiedlichen Detaillierungsgraden abfragen können.[38] Die Bereitstellung der so gewonnenen Informationen kann heutzutage bequem an alle Arbeitsplätze über Intranet erfolgen.[39]
- *Proaktive Anwendungen*: Hierzu zählen vor allem die sogenannten Data-Mining-Techniken.[40] Data-Mining versucht aus Daten neue Informationen und Erkenntnisse zu gewinnen, die so nicht ohne weiteres ersichtlich wären, man spricht in diesem Zusammenhang deshalb auch von „Know-

[37] Vgl. Hönig (1998, S. 170).

[38] Vgl. Hamm (1997, S. 106). Ein Überblick zu den Methoden findet sich auch bei Küsters (2001) sowie Kumar und Reinartz (2006).

[39] Vgl. Hummeltenberg (1998, S. 66).

[40] Vgl. Hamm (1997, S. 106).

ledge Discovery".[41] Dies kann z. B. bedeuten, dass man typische Kauffrequenzen bei Kunden entdeckt, etwa dass der Beantragung einer EC-Karte in der Regel im Verlauf eines Jahres der Antrag einer Kreditkarte folgt.[42] Gerade hier können mit Hilfe von Bonusprogrammen gewonnene Daten helfen, diese für Vertriebszwecke nützlichen Zusammenhänge aufzuspüren und kundenindividuell für Marketingmaßnahmen zu nutzen. Im genannten Beispiel würde so z. B. Kunden, die eine EC-Karte beantragt haben, jeweils nach 9 bis 12 Monaten eine Kreditkarte angeboten. Neben solchen Kauffolgeanalysen bieten sich auch Warenkorbanalysen an, die durchaus nicht nur alltägliche Zusammenhänge aufspüren. So fand die amerikanische Warenhauskette *WalMart* etwa überraschenderweise heraus, dass 80 % der männlichen Käufer von Babywindeln zugleich auch Bier kaufen. Nach weiteren Analysen wurde dies darauf zurückgeführt, dass wegen des kleinen Kindes der abendliche Kneipenbesuch durch ein Bier zuhause substituiert wird.[43]

2.2.4 Weitere Nutzendimensionen

Neben den direkt den Kundenwert beeinflussenden Kategorien gibt es noch weitere, eher indirekt wirksame Effekte, die nun abschließend beleuchtet werden sollen.

- *Imagesteigerung*: Bonusprogramme sind in aller Regel dazu geeignet, das Image eines Unternehmens zu heben, schon allein deshalb, weil es nun in für Kunden positivem Zusammenhang öfter in Erscheinung tritt.

[41] Vgl. Kurz (1998, S. 253). Als Techniken werden hier sowohl klassische statistische Verfahren, wie etwa die Faktorenanalyse, als auch neuere Methoden, z. B. sogenannte neuronale Netze eingesetzt, die versuchen, Lernen im menschlichen Gehirn technologisch nachzuahmen (vgl. Hamm 1997, S. 113). Ein neuronales Netz ist durch dieses Lernen in der Lage, aus tausenden von Daten in kurzer Zeit Thesen über Zusammenhänge aufzustellen, die ein Mensch aus langjähriger Erfahrung gewinnen würde.

[42] Vgl. Wietzorek und Henkel (1997, S. 243 ff.). Weitere Anwendungsmöglichkeiten sind: das Auffinden von Assoziationen, z. B. bei der sogenannten Warenkorbanalyse, bei der festgestellt wird, was typischerweise während eines Einkaufs gemeinsam in einem Warenkorb des Verbrauchers landet (z. B. Topflappen und passende Tischsets) oder aber Segmentierung oder Clusterung, d. h. die Zusammenfassung von Kundengruppen zu Zielgruppen bzw. Verbrauchertypologien mit möglichst gleichen (homogenen) Merkmalen. Solche Segmente bilden dann wiederum die Basis für inhaltlich und gestalterisch an deren Bedürfnisse angepasste Werbebotschaften mit höherer Erfolgswahrscheinlichkeit.

[43] Vgl. Haag (2010, S. 61).

Unternehmen mit Imagedefiziten können zudem durch Teilnahme an imageträchtigen Partnerprogrammen (vgl. hierzu Kap. 9) an Ansehen hinzugewinnen.

- *Weiterempfehlungsverhalten*: Ein wichtiger indirekter Effekt, der schon in der erweiterten Fassung des Kundenwertmodells behandelt wurde (vgl. Kap. 2.1.1), ist die Nutzung von Kunden als Multiplikatoren. Persönliche Weiterempfehlungen sind oft wirkungsvoller als vom Unternehmen ausgehende Werbebotschaften. Dafür sind vier Effekte verantwortlich:[44]
  - Der Übermittler der Botschaft aus dem persönlichen Umfeld des Empfängers besitzt in aller Regel eine höhere Glaubwürdigkeit.
  - Der soziale Einfluss oder implizite Druck, den der Übermittler ausübt, ist höher als bei einer vom Unternehmen gestreuten Werbebotschaft, da der Empfänger der Botschaft den ihm bekannten Übermittler nicht enttäuschen will.
  - Da der Sender der Botschaft eine bekannte und zumeist als Meinungsmacher anerkannte Person ist, wird der Botschaft insgesamt eine höhere Aufmerksamkeit geschenkt.
  - Durch die Face-to-Face-Kommunikation wird Nachfragen auf einfachem Wege möglich.

Wie im Fall der Wiederholungskäufe ging man lange Zeit davon aus, Kundenzufriedenheit sei die maßgebliche Voraussetzung dafür, dass Produkte oder Unternehmen weiterempfohlen werden. Neuere Untersuchungen haben jedoch gezeigt, dass nicht Kundenzufriedenheit allein als Ursache für positives Weiterempfehlungsverhalten ausreicht, sondern vielmehr Verbundenheit, d. h. die emotionale Bindung eines Kunden an ein Unternehmen oder Produkt vorliegen muss.[45] Für ein Bonusprogramm bedeutet dies, dass gerade die Auslösung positiver Emotionen bei Kunden besonders wichtig sein kann. Hier gilt also das Gleiche wie für die Kundenbindung generell (s. Kap. 2.2.1). Bonusprogramme dürfen somit als besonders geeignete Instrumente angesehen werden, positives Weiterempfehlungsverhalten zu erzeugen. Ähnlich wie beim Cross- und Up-Selling (vgl. Kap. 2.2.2) kommt zudem der Effekt hinzu, dass das Weiterempfehlungsverhalten mit Bonuspunkten selbst belohnt werden kann. Das Bonusprogramm kann hier also die klassischen Mechanismen der sogenannten Freundschaftswerbung nutzen. Statt einer üblichen Auswahl an Prämien, z. B. aus dem Bereich Haushaltsprodukte, besit-

---

[44] Vgl. Foscht (2002, S. 61 f.).

[45] Vgl. Eggert und Hahn (2002).

zen die Bonuspunkte als Prämie aber den Vorteil, eine Art „Währung" zu offerieren, die ähnlich einer Geldprämie flexibler einsetzbar ist. Im Verbund mit bereits anderweitig erworbenen Bonuspunkten können die durch Freundschaftswerbung erworbenen Punkte zudem einen höheren subjektiven Wert erlangen, da sie unter Umständen das noch erforderliche Guthaben für den Erhalt einer besonders attraktiven Prämie darstellen.

- *Zur Neukundengewinnung in Multipartner-Programmen (Verbundkauf)*: Es ist für sich genommen eher unwahrscheinlich, dass Kunden nur aufgrund eines Bonusprogramms zu Neukunden werden. Im Rahmen von sogenannten Multipartner-Programmen, wie etwa ***PAYBACK*** oder ***DeutschlandCard***, besteht jedoch für Programmteilnehmer ein zweifacher Anreiz Neukunde bei Partnerunternehmen zu werden, bei denen man bislang noch nicht kauft. Zum einen natürlich die Chance, sein Punkteguthaben weiter aufzustocken und eine attraktive Prämie somit früher zu erhalten. Zum anderen stehen Kunden der Programmkommunikation insgesamt positiver gegenüber als gewöhnlichen Werbebotschaften und werden dadurch auch eher auf die Angebote der betreffenden Unternehmen aufmerksam.
- *Als Ersatz für Marktforschung*: Bonusprogramme sind in zweierlei Weise geeignet, die Kosten klassischer Marktforschung zumindest teilweise einzusparen und dabei sogar Daten höherer Qualität zu erzeugen.[46]

  – *Auswertung von Kundendaten im DWH*: Das durch Bonusprogramme vollständiger gefüllte DWH bietet ein Datenreservoir, welches mit Hilfe von Data-Mining-Techniken für die Suche nach Erkenntnissen über Verbraucherverhalten genutzt werden kann (vgl. Kap. 2.2.3.2). Hier kann man erkennen, welche Produkte Kunden etwa gleichzeitig nutzen, in welcher Reihenfolge Produkte erworben werden oder welche soziodemographischen Eigenschaften (z. B. Alter, Einkommen, Bildung) Nutzer eines bestimmten Produktes typischerweise besitzen. Diese Erkenntnisse lassen sich auch für das Category Management nutzen. Durch gezielte Auswertung der mittels Bonusprogrammen gewonnenen Kundendaten können Neuprodukteinführungen, Verpa-

---

[46] Butscher nennt in Bezug auf Kundenclubs folgende Möglichkeiten Kundendaten als Alternative zu Marktforschung einzusetzen: Kommentare und Kritik zu Produkten, Identifikation von Verbesserungsmöglichkeiten zu Produkten, Generierung neuer Produkt- und Serviceideen, Test von Produkten oder Produktideen, Test von Marketingtools (z. B. neuen Werbekampagnen), Erkennen von generellen Markttrends, Testen der Preisbereitschaft (vgl. Butscher 1998, S. 319).

ckungsdesigns, Platzierungen im Regal oder das gesamte Sortiment optimiert werden. So konnte etwa mit Hilfe einer solchen Datenanalyse bei der Einführung von *Bacardi & Cola* gezielt untersucht werden, ob das neue Produkt zu Kannibalisierungen beim bestehenden Sortiment führt und ob Käufer von Wettbewerbsprodukten gewonnen werden.[47] Auch die Drogeriemarktkette *dm* sowie der Verbrauchermarkt *real* setzen über die ***PAYBACK***-Karte gewonnene Daten für das Category Management ein Allerdings besteht beim Einsatz dieser Informationen für das Category Management eine Einschränkung insofern, als dass hier nur unter Kundendaten der Programmteilnehmer geforscht werden kann. Eine ergänzende klassische Marktforschung als Instrument zur Untersuchung der potenziellen Kunden bleibt also unerlässlich.[48]
- *Erlangung von Kundenwissen über intensivere Kommunikation*: Ein Vorteil von Bonusprogrammen besteht wie dargestellt in der Erlangung von Informationshoheit über Kunden. Informationsfluss ist aber nicht nur etwa ein rein einseitiger Prozess, bei dem Werbebotschaften vom Unternehmen zum Kunden fließen. Vielmehr gibt es in aller Regel auch ein erhöhtes Feedback vom Kunden zum Unternehmen zurück. Dieses Feedback entsteht in der Regel aus Unternehmenssicht unintendiert, d. h. rein vom Kunden aus initiiert, etwa weil Kunden aus Verbundenheit mit dem Unternehmen Anregungen für neue Produkte geben oder sich konstruktiv bei Mängeln beschweren. Feedback kann aber auch bewusst gefördert werden, etwa indem Teilnehmer von Bonusprogrammen gegen Belohnung mit Bonuspunkten zu Produkttests herangezogen werden und somit gänzlich oder teilweise teure Testmärkte ersetzen. Eine andere Anwendungsmöglichkeit besteht darin, die Teilnehmer zu ihren Einstellungen oder zu Trends im Kaufverhalten zu befragen. Der Vorteil ist hier nicht nur eine höhere Rücklaufquote, sondern wegen des hohen Involvements der Programmteilnehmer auch die Gewinnung einer höheren Datenqualität. Auch diese Befragungen sollten selbstverständlich durch die Hinzunahme potenzieller Kunden ergänzt werden. Im Falle abgewanderter Kunden kann ein Bonusprogramm eine geeignete Plattform sein, Bereitschaft zur Preisgabe der ja für die weitere Angebotsgestaltung nicht unwesentlichen Abwanderungsgründe zu erzeugen.

---

[47] Vgl. Metzner (2008, S. 67 f.) sowie Horns (2004).

[48] Vgl. hierzu auch Dowling und Uncles (1997, S. 73).

2.3 Programm-Nutzen laut empirischer Forschung

Nachdem Forschungen zur Wirkung von Bonusprogrammen lange Zeit auf den angloamerikanischen Raum beschränkt waren,[49] wurden in den vergangenen Jahren vermehrt auch Untersuchungen im deutschsprachigen Raum durchgeführt. Dabei standen vor allem die Wirkung auf Kundenbindung sowie der Einfluss auf Cross-Selling bzw. Cross-Buying im Rahmen von partnerübergreifenden Programmen im Fokus. Da Kundenverhalten nicht unerheblichen kulturellen Einflüssen unterliegt, wird es durch die Studien nun erstmals möglich, verlässlichere Aussagen zum Nutzen von Bonusprogrammen für die betreibenden Unternehmen im deutschsprachigen Raum zu treffen. Im Folgenden sollen die wesentlichen Erkenntnisse dazu in kurzer Form wiedergegeben werden.

2.3.1 Allgemeine Ergebnisse

Grundsätzlich ist zu fragen, ob Bonusprogramme überhaupt eine Verhalten beeinflussende Wirkung ausüben oder ob Vorteile einfach mitgenommen werden, sofern sich die Gelegenheit ergibt. Die Empirie legt nahe, dass dies sowohl von Persönlichkeitsmerkmalen als auch soziodemographischen und ökonomischen Variablen (z. B. Einkommen) abhängig ist und nicht generell bejaht oder verneint werden kann. So sagten in einer 2006 durchgeführten Online-Befragung[50] bei über 100 Kunden verschiedener Bonusprogramme 50 % der Befragten, dass ihr Kaufverhalten unverändert bliebe, immerhin 38 % gaben an, sie kauften aufgrund des Programms mehr in den beteiligten Geschäften, und 12 % gar wegen der Mitgliedschaft bevorzugt oder ausschließlich dort. Allerdings sammeln nur 33 % der Programm-Teilnehmer gezielt Punkte im Hinblick auf eine vorab ins Auge gefasste Prämie.

Positiver gestaltet sich dies laut einer 2005 vom Münchener Marktforschungsinstitut IMAS durchgeführten Studie. Demnach kaufen sogar zwei Drittel aller Konsumenten häufiger in Geschäften ein, deren Kundenkarte sie besitzen und nicht unerhebliche über 30 % überwiegend in diesen Läden. Der Rest beklagt aber, dass die Programme keinen echten Preisvorteil böten und es außerdem mittlerweile zu viele Anbieter von Programmen auf dem

[49] Vgl. Glusac (2009, S. 560).

[50] Vgl. Grosser (2006, S. 58 ff.).

Markt gibt.[51] Ein Umstand, der schon bei den künftigen Herausforderungen in Kap. 1.2.4 herausgestellt wurde.

2.3.2 *Empirische nachgewiesene Kundenbindungswirkung*

Generell vermuten Programm betreibende Unternehmen selbst eine positive Auswirkung ihrer Aktivitäten auf die Kundenbindung. Dies ergab eine von Meischke 2009 veröffentlichte Expertenbefragung bei Autowerkstätten mit Bonusprogramm genauso[52] wie die Befragung von Programm-Verantwortlichen in fast 100 Unternehmen diverser Branchen durch Götz et al. 2007.[53] Allerdings dürften diese Ergebnisse auch durch den mit den begleiteten Positionen im Unternehmen verbundenen Optimismus getragen sein. Insofern lohnt die genauere Betrachtung von Forschungsergebnissen mit unmittelbarem Kundenbezug, wie sie sich im Folgenden wiederfindet.

In einer von Glusac 2004 durchgeführten Studie bei jeweils über 400 Kunden von *Lufthansa* und *Galeria Kaufhof* wurde die Kundenbindungswirkung der Programme *Miles & More* bzw. ***PAYBACK*** überprüft. Für beide Programme wurden dabei im Wesentlichen ähnliche Ergebnisse erzielt.[54]

So zeigte sich, dass Mitglieder signifikant zufriedener sind als Nicht-Mitglieder, die aber in der Regel bereits auch eine recht hohe Zufriedenheit aufwiesen. Diese Zufriedenheit führt, wie theoretisch zu erwarten, auch in der Praxis zu einer verstärkten Wiederkaufabsicht, die aber erneut auch bei den Nicht-Mitgliedern bereits eine recht hohe Ausprägung aufweist. Stärker ausgeprägt ist der Unterschied bei beiden Kundengruppen hingegen bezüglich der Absicht von Zusatzkäufen im Sinne von Cross- und Up-Sellings. Hier liegen Programmmitglieder deutlicher vorn, dies gilt gleichermaßen auch für eine verringerte Preissensitivität bei dieser Klientel. In Summe weisen so bei beiden Programmen Mitglieder eine signifikant höhere Kundenbindung auf. Allerdings zeigte sich, dass die generelle Kundenzufriedenheit einen weitaus stärkeren Einfluss auf die Kundenbindung ausübt als die Programmmitgliedschaft selbst. Im Umkehrschluss kann dies bedeuten, dass Service- oder Qualitätsmängel mit Hilfe eines Bonusprogramms nur schwer zu kompensieren sind.

[51] Vgl. o.V. (2005a).

[52] Vgl. Meischke (2009, S. 239 ff.).

[53] Vgl. Götz et al. (2007a).

[54] Vgl. Glusac (2005, insb. S. 169 ff.).

Ebenfalls die Kundenbindungswirkung von Bonusprogrammen stand im Zentrum der Auswertung von Paneldaten 12.000 repräsentativer Haushalte in Deutschland, die Müller 2003 durchgeführt hat. Nach Auswertung der Daten von Programmteilnehmern als auch Nicht-Teilnehmern, welche sich aus Kunden eines SB-Warenhauses, eines Drogeriemarktes sowie eines Supermarktes rekrutierten, wurden folgende Zusammenhänge aufgedeckt:[55]

Vor allem ohnehin loyale Kunden entscheiden sich schnell zu einer Programmmitgliedschaft, diese sogenannte Selektionswirkung lässt aber im Zeitverlauf nach. Insgesamt sind die loyalen Kunden aber überproportional in Programmen vertreten.

Bei für die Unternehmen neu gewonnenen Kunden liegt eine signifikante Kundenbindungswirkung vor, wenn diese zugleich Programm-Mitglied werden. Dies zeigt sich in erster Linie in einem stärkeren Anstieg der in den betroffenen Geschäften getätigten Konsumausgaben.

Kurz nach Erwerb einer Programmmitgliedschaft steigt die Kundenbindung generell signifikant an und äußert sich vor allem in Form einer steigenden Verkaufsfrequenz und nicht so sehr in einer Erhöhung der Umsätze pro Kaufakt. Eine mittelfristige Kundenbindungswirkung kann dann erzielt werden, wenn die Unternehmen die Möglichkeiten der Kundeninteraktion aktiv nutzen (z. B. in Form der Versendung von Coupons für Extra-Punkte). Bei Ausbleiben einer solch aktiven Marktbearbeitung bestehen ansonsten im Zeitverlauf eher wenige Unterschiede zwischen Mitgliedern und Nicht-Mitgliedern bezüglich ihrer Loyalität.

Durch das Programm wird die Wirkung nicht nur bei den Kundengruppen entfacht, auf die man marketingtechnisch primär zielt. So zeigt sich eine signifikante Kundenbindung bei der attraktiven Klientel sogenannter Fragezeichenkunden (solche mit hohen Konsumausgaben, die aber hauptsächlich bisher bei anderen Unternehmen kauften) als auch bei den weniger begehrten Verzichtskunden (bei denen beide Werte niedrig ausfallen). Bei der für die Unternehmen äußert bedeutenden Gruppe der Starkunden (beide Werte hoch) konnte das Bonusprogramm nicht durchgehend eine zusätzliche Bindungswirkung entfalten, wie auch bei den Abschöpfungskunden (Konsumausgaben niedrig, Anteil des Unternehmens daran hoch). Die Kundenbindungswirkung ist somit wenig deckungsbeitrags- oder kundenwertbezogen, sondern erfolgt offenbar eher nach dem „Gießkannenprinzip". Dies kann zur Folge haben, dass gerade bei Kundengruppen wie den angesprochenen Verzichtskunden durch die variablen Zusatzkosten des Programms ein negativer Kundenwert resultiert.

[55] Vgl. Müller (2006, S. 187 ff.).

2.3.3 *Empirische nachgewiesene Cross-Selling-Wirkung*

Die in jüngster Zeit durchgeführten Forschungen zum Thema Cross-Selling konzentrierten sich in besonderem Maße auf Effekte im Rahmen von Multipartner-Programmen wie ***PAYBACK*** oder ***DeutschlandCard***, deshalb wurde hier von den Autoren zur Abgrenzung der Begriff Cross-Buying oder Verbundkaufverhalten verwendet, der den Kauf bei Partnerunternehmen bezeichnet, bei denen man bislang nicht Kunde war. Zwei Untersuchungen haben sich besonders dieser Fragestellung angenommen.

Auf Basis einer 2003 durchgeführten standardisierten schriftlichen Befragung von über 800 Kunden einer Lebensmittel- sowie Unterhaltungselektronikhandelskette[56] konnte Funk eine grundsätzlich positive Wirkung von partnerübergreifenden Programmen aufzeigen. Im Einzelnen zeigten sich folgende Effekte:

So fördert offenbar eine positive Einstellung zum partnerübergreifenden Programm das sogenannte Verbundkaufverhalten, d. h. es wird von Kunden vermehrt auch bei Partnerunternehmen eingekauft, bei denen man bislang nicht Kunde war. Dieser Effekt erwies sich zwar als signifikant, der Einfluss ist bezüglich seines Ausmaßes aber relativ schwach. Diese Abschwächung gilt in ganz besonderem Maß, wenn die Partner im Verbundnetzwerk Imagenachteile gegenüber relevanten Wettbewerbern aufweisen. Dies muss als deutlicher Fingerzeig gewertet werden, bei der Partnerwahl im Rahmen von Bonusprogrammen Imageeffekte nicht zu vernachlässigen.

Eine bedeutende Rolle spielt auch die Einstellung zum Programm selbst. Bei positiver Einstellung zum partnerübergreifenden Programm resultieren signifikante Zusatzkäufe bei solchen Partnerunternehmen, bei denen man bisher schon Kunde war. Die Einstellung zum Partnerprogramm hängt dabei stark von der empfundenen Geldersparnis sowie dem Spaß der Teilnahme (erzeugt z. B. durch Gewinnspiele, Events oder Club-Leistungen) und in geringerem Ausmaß vom empfundenen Zusatznutzen (etwa aus Serviceangeboten) und der Prämienattraktivität ab. Teilnahmegebühren oder eine umständliche Anmeldungsprozedur vermindern die positive Einstellung spürbar. Die Menge an teilnehmenden Partnern im Programm scheint nach Funk keinen signifikanten Einfluss zu haben.

Hierzu teilweise im Gegensatz stehen die Ergebnisse einer 2-Jahre-Längsschnittuntersuchung auf Basis von Paneldaten von über 60.000 Kunden eines Multipartner-Bonusprogramms, die 2008 von Papenhoff veröf-

[56] Vgl. Funk (2005, S. 197 ff.).

fentlicht wurde.[57] Im Fokus stand hier die Fragestellung, von welchen Faktoren das Ausmaß des Cross-Buying in partnerübergreifenden Programmen abhängt. Generell konnte dabei die Relevanz von „Wechselkosten" und der Anzahl der Programmpartner nachgewiesen werden. So steigt sowohl bei hohen „Wechselkosten", die vor allem durch bereits angesparte Punkteguthaben repräsentiert werden, als auch mit der Erhöhung der Anzahl der Partner in einem Programm die Tendenz an, auch bei Programmpartnern einzukaufen. Jedoch zeigt sich dieser Effekt signifikant und durchgängig erst dann, wenn Kunden schon länger einem Programm angehören und in dieser Zeit bereits auch schon die positiv verstärkende Erfahrung einer Prämieneinlösung gemacht haben.

2.4 Zusammenfassung

Bei Rückschau auf Kap. 2 bleibt also festzuhalten, dass Bonusprogramme geeignete Instrumente sind, Kundenwerte und damit letztlich Unternehmenswerte zu steigern. Wesentliche Stellschrauben hierzu sind:

- Erzeugung von Kundenbindung
- Förderung von Cross- und Up-Selling
- Senkung von Kundenbetreuungskosten
- Imagesteigerung
- Steigerung des Weiterempfehlungsverhaltens
- Neukundengewinnung im Partnerverbund

Daneben können die durch Bonusprogramme gewonnenen, in aller Regel qualitativ hochwertigen Kundendaten auch teilweise Aufwendungen für Marktforschung ersetzen.

[57] Vgl. Papenhoff (2008, S. 194 ff.).

Kapitel 3
Zur Psychologie des Sammelns und Jagens

Wie bereits angeklungen, hat sich spätestens seit Fall des Rabattgesetzes und der Zugabeordnung im Jahre 2001 nicht nur eine Kultur der Bonusprogramme herausgebildet, sondern auch eher unsystematische Rabattschlachten prägen das Bild des Wettbewerbs, der auf Konsumentenseite zum Teil in eine häufig zitierte „Geiz-ist-geil-Mentalität" gemündet ist. Landläufig wird dabei von Punktesammlern (Bonusprogrammteilnehmern) und Schnäppchenjägern (Rabattnutzern) gesprochen. Solche Alltagsbegriffe besitzen häufig eine tiefere Bedeutung und verweisen auf psycho-logische Bezüge zu ihren symbolischen Analogien. Von daher bietet es sich in einem Buch über Bonusprogramme an, diese Thematik näher zu beleuchten. Man muss dabei nicht unbedingt evolutionspsychologisch bis zur Steinzeit, der altsteinzeitlichen Kultur der Jäger und Sammler, zurückkehren, vielmehr sind Sammeln und Jagen heutigentags populäre Freizeitbeschäftigungen. Im Mittelpunkt wird deshalb die Frage stehen, ob das Sammeln von Bonuspunkten tatsächlich mit den Motiven des Sammelns als Hobby verglichen werden kann und ob Schnäppchenjäger durch dieselben Anreize getrieben werden wie richtige Jäger. Sollte dies der Fall sein, so lassen sich daraus gegebenenfalls wertvolle Gestaltungshinweise für Programme ableiten.

Wenn man sich dieser Thematik annimmt, so stellt man schnell fest, dass wissenschaftliche Untersuchungen zur Motivation von Sammlern als auch Jägern überraschenderweise selten sind. Das Wenige, was sich finden lässt, führt aber durchaus zu interessanten Erkenntnissen, die auch marktpsychologisch Relevanz besitzen dürften.[1]

[1] Vgl. hierzu Lauer (2008).

T. Lauer, *Bonusprogramme*,
DOI 10.1007/978-3-642-19118-3_3, © Springer-Verlag Berlin Heidelberg 2011

3.1 Die Motivation zum Sammeln

Sammeln selbst kann als archaische Tätigkeit angesehen werden, die in der Jäger- und Sammlergesellschaft der Altsteinzeit vor allem von Frauen ausgeführt wurde. Sammeln hatte hier nicht den Charakter des Lustgewinns, sondern diente dem täglichen Nahrungserwerb. Inwiefern Menschen auch heutigentags mit dem Sammeln unbewusst lebensnotwendige Aspekte verbinden, muss spekulativ bleiben. Auf jeden Fall spiegelt sich diese Entwicklungsgeschichte des Menschen in der Entwicklung des menschlichen Individuums wider, denn Kinder durchlaufen in aller Regel eine Phase, in welcher sie alle möglichen Dinge sammeln oder horten.[2]

Betrachtet man die gesellschaftliche Moderne, so wendet man sich dem Zeitalter zu, in welchem sich Sammeln zum klassischen Hobby entwickelt hat. Ab diesem Punkt – und der kann schon mit der Römerzeit datiert werden – findet ein Übergang des Sammelns aus Notwendigkeit zum Sammeln aus Lust statt. Den Hochkulturen der Klassik folgten hier vor allem Fürstenhäuser zur Zeit des Feudalismus und schließlich das gehobene Bürgertum. Sammeln war also viele Jahrhunderte etwas eher Elitäres. Mit dem 20 Jahrhundert dringt das Hobby des Sammelns zunehmend auch zur breiten Masse vor, so dass man von mehr als 10. Mio. Sammlern allein in Deutschland ausgeht. Gesammelt wird dabei alles, vom Bierdeckel bis hin zum echten Rembrandt.

Was aber erzeugt nun die spezielle Sammler-Leidenschaft? Es existiert zwar keine elaborierte Theorie des Sammelns, aber aus den vorhandenen Fragmenten müssen drei Dinge vor allem genannt werden:[3]

1. *Das Ziel der Vollständigkeit einer Sammlung*. Dieses Ziel machen sich immer wieder auch bei Kindern erzeugte Sammeltrends zunutze (Bsp.: *Panini* Fußball-Sticker). Gesammelt werden dabei fast ausschließlich Dinge, die man zumindest sehen, wenn nicht gar anfassen kann, so dass man sich am aktuellen Stand der Sammlung visuell und haptisch erfreut.
2. *Das Gefühl, eine Leistung beim Sammeln zu erbringen*. Dies manifestiert sich in erster Linie in der Erlangung von seltenen Stücken, die zur Vervollständigung der Sammlung benötigt werden.
3. *Die Zugehörigkeit zu einer Sammler-Community*. Der Sammler tritt in aller Regel mit Gleichgesinnten in Kontakt. Konkurrenzähnliches Vergleichen des Sammelstands spielt hier ebenso eine Rolle wie der Aus-

[2] Vgl. Segeth (1993, S. 50 ff.).

[3] Vgl. hierzu Haubl (2000, S. 31 ff.).

tausch von Informationen und der Tausch von Sammel-Objekten zur Vervollständigung der jeweiligen Sammlungen.

3.2 Bonusprogramme und Sammlermotivation

Die weit verbreitete Sammellust machen sich zu Beginn des 20 Jahrhunderts erstmals auch Wirtschaftsunternehmen zum Zwecke der Kundenbindung zu Nutze, indem „Klebebildchen“ als Beigaben, etwa zu Rauchwaren, angeboten werden. In den 60er Jahren findet dieses Prinzip interessanterweise im Bereich der Tankstellen eine Renaissance, wobei vor allem Kinder als Zielgruppe fungieren (Bsp.: *Esso*-Sammelbilder-Bücher). Zuvor schon, in den 50er Jahren, kamen die Rabattmarken in Mode, die auf spezielle Karten geklebt werden mussten. Dieser Trend hielt auch noch in den 60er Jahren und in Einzelfällen bis in die 70er Jahre an. Mit den Vielfliegerprogrammen kommt erstmals das Thema kartengestütztes Punktesammeln in großem Stile auf (z. B. *Miles & More* seit 1993), welches im angloamerikanischen Bereich, auch wegen der dort schon immer liberaleren Rechtslage, schnell in weite Konsumbereiche vordringt. In Deutschland entsteht erst viel später ein vermehrtes Auftreten von Bonusprogrammen, wobei vor allem der Start von ***PAYBACK*** im März 2000 einen Meilenstein im Rahmen dieser Entwicklung darstellt. Im Zuge dessen erfahren überraschenderweise zunächst auch die Rabattmarken in Papierform erneut eine Renaissance (z. B. bei den Tankstellenketten *Aral* und *Esso*). Stetig anwachsende Teilnehmerzahlen bei den kartengestützten Bonusprogrammen wie *PAYBACK* oder *HappyDigits* sowie Hype-ähnliche Erfolge bei Rabattheften (erinnert sei an die *Aral*-Bälle-Aktion) zeigen die wachsende Bedeutung dieses Marketinginstruments auf, aber auch die schon unter 1.2.4 angesprochene Notwendigkeit, sich bei der Vielzahl der Programme zu behaupten.

Betrachtet man die klassischen Formen der Bonusprogramme, so kann man erkennen, dass sich hier bereits eine Entwicklung von der Betonung der Sammellust hin zu eher ökonomischen Aspekten vollzogen hat. Die Zugabe von Klebebildern, etwa bei Rauchwaren, die man in thematische Alben einkleben konnte, setzte noch voll auf die typischen Motive von Sammlern, wie sie oben beschrieben wurden. Dementsprechend standen die Vervollständigung einer Sammlung, um ein komplettes Album zu haben, als auch die Freude am Vollbringen dieser Leistung im Vordergrund, Tausch mit anderen Sammlern war ebenso möglich.

Mit den Rabattmarken ändert sich diese Motivlage. Die 50er und 60er Jahre, die Zeit des Wirtschaftswunders, sind gesellschaftlich durch traditionelle Wertemuster wie Ordnung, Fleiß und Sparsamkeit geprägt. Die „schlechten Zeiten" sind gerade überwunden und das „Pfennigfuchsen" noch als Notwendigkeit in Erinnerung. Ordnung und Fleiß spiegeln sich in der Rabattkarte wieder, auf der der Fleiß in Form der ordentlich in Reihen geklebten Marken zu erkennen ist. In gewisser Weise hat Sammeln hier wieder eher den Bezug zur lebensnotwendigen Tätigkeit, so wie in den archaischen Gesellschaften. Folgerichtig sind es hier auch wiederum Frauen, als Einkäuferinnen von Lebensmitteln, die diese Karten nutzen. Die Lust am Sammeln tritt damit stärker in den Hintergrund und der wirtschaftliche Nutzen im Gegenzug hervor. Immerhin bleibt das Motiv der „Vollständigkeit" erhalten und der Zwischenstand des Sammelns ist sichtbar.

Mit dem Aufkommen der Kundenkarten und ihrem Gebrauch im Rahmen von Bonusprogrammen eröffnet sich zwar ein Raum neuer Möglichkeiten zur Gestaltung der Programme und – vor allem aus Unternehmenssicht – auch zur Gewinnung von Kundenwissen, „Lust-Faktoren" des Sammelns werden aber zunächst durch das Medium eingeschränkt. So kann man vor allem den Stand der Sammlung nicht direkt vor Augen sehen und die Einlöseschwellen, als Repräsentant des Ziels Vollständigkeit, sind in aller Regel wegen der Fülle an Prämien sehr unterschiedlich.

Das heißt aber, wenn das Sammeln selbst schon Teile seines Reizes einbüßt, so muss der Nutzen dessen, was man als Prämie erhält, besonders hoch eingeschätzt werden. Eine Ausnahme bilden hier die Vielfliegerprogramme mit ihren Statusstufen. Tatsächlich zeigt die Empirie, dass hier soziale Anerkennung als Motiv die reine geldwerte Gegenleistung überwiegt. Der „Vielflieger-Senator" ist dabei Stolz, seine Leistung – Vielfliegen repräsentiert ja Wichtigkeit – in Form von Goldkarten oder speziellen Kofferanhängern zur Schau zu tragen. Die Zugehörigkeit zu einer Community (Vielflieger), die Vervollständigung der Sammlung (das Erreichen der Statusstufe), als eben auch die Leistung selbst spielen hier samt und sonders eine wichtige Rolle im Anreizbereich (s. dazu auch Kap. 5.1.3).

3.3 Die Motivation zum Jagen

Sind also die meisten der heutigen Bonuspunktesammler weniger durch die typischen Antriebe des Sammelns motiviert, so stellt sich die Frage, ob denn Schnäppchenjäger Jagd im klassischen Sinne betreiben.

Auch zu der Motivlage des Jägers existiert keine elaborierte Theorie, wohl aber erste aktuelle Forschungsergebnisse des Instituts für Rechtspsychologie an der Universität Bremen.[4] Demnach werden vier Hauptmotive unterschieden:

1. die Jagd als soziale Anerkennung
2. die Jagd zur notwendigen Hege
3. die Jagd als Gegensatz zum Alltag
4. die Jagd als Wildbretgewinnung.

Erste Studienergebnisse der Gruppe, bei der über 500 Jäger und Jägerinnen befragt wurden, gelangen zu der Schlussfolgerung, dass Motiv 1 am wichtigsten ist (mit Ausnahme der selteneren Jägerinnen, bei denen Motiv 2 dominiert). Das für die Mehrzahl bedeutende Motiv 1 untergliedert sich nun wiederum in die Untermotive: Freude an Waffenästhetik, Genuss der Privilegien, Trophäenjagd und gesellschaftliche Aspekte der Jagd.

Interessanterweise wird das Thema Leistungsmotivation in der Studie direkt nicht aufgegriffen. Am ehesten wird es aber durch das Motiv „Trophäenjagd" repräsentiert. Jagdtrophäen, etwa der 16-Ender-Hirsch an der Wand, stellen ja gezeigte Leistung für jedermann zur Schau. Der intrinsische Stolz gesellt sich zur extrinsisch motivierenden Anerkennung, auch in Form des Neids durch den vielleicht nicht so erfolgreichen Jagdkollegen. Hinweise zum solchermaßen leistungsorientierten Jagen finden sich auch in der psychologischen Literatur zur Sammlermotivation. Demnach ist der Sammler auch Jäger, nämlich bei seiner Suche nach seltenen Stücken, den verborgenen Schätzen.[5] Das heißt aber zusammenfassend, wichtigstes Motiv für die Jagd als solche, d. h. jenseits der gesellschaftlichen Aspekte, ist die Freude, die entsteht, wenn man das seltene Stück gefunden bzw. erlegt hat.

3.4 Schnäppchenjagd als Jagd?

Da für die Schnäppchenjagd Motive wie Waffenästhetik im Bereich der sozialen Anerkennung ausscheiden, lohnt es sich darauf zu schauen, ob soziale Anerkennung im Sinne des Leistungsfeedbacks (Trophäenjagd) eine Rolle spielen könnte. Was motiviert also den Schnäppchenjäger?

Ein mögliches Motiv der Schnäppchenjagd ist natürlich ökonomischer Natur in Form der puren Ersparnis. Dies würde mit der Jagd als Wildbretgewinnung – und damit dem eher steinzeitlichen Motiv – korrespondieren, ist im einen oder anderen Fall durchaus auch ausschlaggebend, aber sicher-

[4] Vgl. Dobat et al. (2007).

[5] Vgl. Segeth (1993, S. 57).

lich nicht alles erklärend. Diese Einschätzung zeigt sich schon daran, dass Schnäppchenjäger dazu neigen, Dinge nur ihres niedrigen Preises wegen zu kaufen und nicht deshalb, weil sie sich einen tatsächlichen Gebrauchsnutzen im Alltag davon versprechen. So gehen neuere klinische Untersuchungen davon aus, dass Schnäppchenjagd eben nicht nur ökonomisch motiviert ist, sondern im Extremfall gar in Kaufsucht münden kann, also dem zwanghaften Kauf um des Kaufaktes willen.[6] Man muss nicht bis zum pathologischen Fall gehen, der ja oft nur die „Spitze des Eisberges" normaler Motive darstellt. Im „Normalfall" kann Schnäppchenjagd durchaus mit der Jagd nach Trophäen im klassischen Sinne verglichen werden. Der Schnäppchenjäger vollbringt in seinen Augen eine besondere Leistung, die eben wegen der gesellschaftlichen Wertschätzung rationaler Sparmotive zu Selbstbestätigung aber auch zu sozialer Anerkennung führt. Von daher dürfte es für den Schnäppchenjäger bedeutend sein, dass er:

1. tatsächlich eine Leistung erbracht hat
2. diese Leistung für andere sichtbar ist.

Das erstere ist aber offensichtlich nur dann der Fall, wenn der Käufer ein „schwer zu erlegendes Stück" gejagt hat. Wie bei der Leistungsmotivation im Bereich des Sammelns muss deshalb das erworbene Stück selten bzw. in diesem Zusammenhang selten preiswert sein. Dies ist aber bei Einkäufen im Bereich der so genannten Discount-Märkte nicht der Fall, da diese ja eine für jeden sichtbare und zugängliche Dauerniedrigpreisstrategie betreiben. Auch Sonderaktionen, die großartig in den Massenmedien beworben werden, eignen sich hier aus gleichem Grunde kaum. Besser geeignet erscheinen hier Auktionsschnäppchen bei *eBay* oder aber das Shopping in entlegenen, kaum bekannten Factory-Outlets.

Zur zweiten Bedingung der Leistungsmotivation kann man hier nur mutmaßen bzw. zunächst aus eigenen Erfahrungen ableiten, dass Schnäppchenjäger über ihre Erfolge gerne offensiv berichten, um sich so die soziale Anerkennung auch zu sichern.

3.5 Schlussfolgerungen

Bonuspunkte sammeln als auch Schnäppchenjagd können durchaus durch klassische Sammel- und Jagdmotive gespeist werden, allerdings sind die kartengestützten Programme in ihrer jetzigen Ausgestaltung als auch Dauer-Rabatte nur zum Teil geeignet, diese Motive entsprechend zu aktivieren. So

[6] Vgl. De Zwaan (2003).

ist der Punktesammler oft eher ein „Vorteilsmitnehmer", als dass er durch Vervollständigung oder soziale Konkurrenz motiviert wäre. Der normale Discount-Kunde ist ebenfalls eher ein rationaler Sparer, denn ein umherpirschender Schnäppchenjäger.

Um die Erkenntnisse über die Sammel- und Jagdmotive besser in der Gestaltung von Bonusprogrammen umzusetzen, müssten Maßnahmen in den folgenden Stoßrichtungen erfolgen:

1. *Die Sammlung selber und damit der bisherige Erfolg müssten stärker sichtbar gemacht werden.* Dies ist bei papiergestützten Programmen der Fall, geht aber bei Kundenkarten als Sammelmedien verloren. Wichtig wäre hier, den Kunden öfter mit seinem bisherigen Punktestand zu konfrontieren und zwar beim Kauf selbst. Karten, die diesen Stand optisch anzeigen könnten, wären gegebenenfalls technisch zu entwickeln, aber auch der bloße Ausdruck auf dem Kassenbon, wie viele Punkte man zusätzlich erworben hat und wie hoch der Gesamtstand ist, wären hier hilfreich.
2. *Um Leistung im Sinne des Vervollständigens einer Sammlung anzuregen, ist es wichtig, dass Programmteilnehmer auf eine konkrete Prämie hinsparen.* Das vielfach zu beobachtende Mitnahmeverhalten – erstmal Punkte sammeln, dann im Prämienkatalog etwas Passendes aussuchen – ist hier nicht sehr hilfreich. Alternativ wäre stattdessen denkbar, dass Kunden sich vorab aus dem Katalog eine Wunschprämie aussuchen. Um dies zu fördern und zugleich ein gezieltes Sparen auf diese Prämie hin zu forcieren, sollte der Kunde nach Auswahl der Prämie diese für einen heruntergesetzten Punktewert erhalten.
3. *Für Sammler ist die Community der anderen Sammler bedeutend.* Deshalb sollte nicht nur die Einrichtung von Foren auf den Homepages der Programme vorangetrieben werden, sondern es wäre auch wichtig, dass die Sammler Teile der Sammlung tauschen und sich bezüglich ihrer Sammelleistung vergleichen können. Tausch könnte beispielsweise angeregt werden, indem verschiedene Arten von Punkten vergeben werden, z. B. grüne, gelbe und rote. Für manche Prämien müsste man dann z. B. eine bestimmte Anzahl der jeweiligen Punkteart haben. Bestimmte Punkte könnten dabei seltener sein als andere, so dass man entweder viel kaufen müsste oder aber Punkte mit anderen Programmteilnehmern in einer Online-Börse tauscht. Der Vergleich mit anderen Sammlern könnte auch auf einen solchen Portal dargestellt werden, indem im Online-Forum, sofern der Teilnehmer dies wünscht, eine Art High-Score in Form der gesammelten Punkte pro Monat ausgewiesen wird.
4. *Den „Jagdtrieb" in Form des Erlegens seltener Stücke könnte man dadurch befriedigen, dass es auf den Online-Portalen immer nur ganz*

kurzfristig besonders attraktive und punktegünstige Prämien gäbe. Diese könnten im Extremfall nur wenige Minuten verfügbar sein. Dies würde außerdem einen Extraanreiz schaffen, die Website und das Forum öfter zu besuchen, womit der Community-Gedanke gefördert wird.

Dass solche Ideen keineswegs abwegig sind, zeigt das Beispiel des schon mehrfach bei *McDonalds* veranstalteten *Monopoly*-Gewinnspiels. Hier bekommen *McDonalds*-Kunden zu ihren Fastfood-Menüs Aufkleber mit einzelnen Straßennamen des bekannten Monopolyspiels. Wer die Sammlung mit der Jagd der seltenen Straßen Parkstraße und Schlossallee vervollständigen kann, ist berechtigt, an der Verlosung einer beträchtlichen Geldsumme oder anderen attraktiven Prämien teilzunehmen. Sowohl der Tausch von Straßen (Community) als auch gegenseitige Konkurrenz im Sinne des Früher-Vervollständigen-Könnens (Leistung) sind die Folge dieser marketingtechnisch wirkungsvollen Aktion.

Kapitel 4
Rechtliche Rahmenbedingungen

Bonusprogramme unterliegen einer Reihe rechtlicher Rahmenbedingungen, die es bei ihrer Konzeption und Einführung zu beachten gilt. Wegen ihres mittlerweile starken Auftretens im Alltag, finden sich zunehmend spezifische Abhandlungen zu dieser Thematik in der praxisnahen aber auch der rechtswissenschaftlichen Literatur. Zwei Themengebiete spielen hier eine hervorgehobene Rolle. Dies ist zum einen der wettbewerbsrechtliche Aspekt, also die Frage, inwiefern Bonusprogramme einen fairen Wettbewerb behindern oder Verbraucher in die Irre führen könnten. Zum anderen werden die mit der Datenpreisgabe durch die Teilnehmer verbundenen datenschutzrechtlichen Aspekte behandelt, die oftmals unter dem Stichwort „gläserner Kunde" Aufnahme in der öffentlichen Wahrnehmung finden. Im Folgenden sollen diese beiden Aspekte näher beleuchtet werden. Für eine noch tiefer gehende Betrachtung und vor allem die Überprüfung eigener Programmkonzepte sei die hier zitierte wissenschaftliche Literatur als auch die Konsultation einschlägiger Rechtsexperten unbedingt angeraten.

4.1 Wettbewerbsrechtliche Rahmenbedingungen

Im Jahr 2001 hob der Deutsche Bundestag das bis dato geltende Rabattgesetz und die Zugabeverordnung auf. Damit war der Weg für einen freieren Umgang mit den Marketinginstrumenten Rabatt und Zugabe möglich, nach dem bis zu diesem Zeitpunkt nur Barrabatte bis 3 % und Zugaben von geringem Wert erlaubt waren. Obwohl die nun herrschende liberalere Rechtslage vieles ermöglicht, was in der Vergangenheit untersagt war, gelten über die allgemeinen Bestimmungen des Wettbewerbsrechts nach wie vor Rahmen setzende Einschränkungen, die auch auf Bonusprogramme

T. Lauer, *Bonusprogramme*,
DOI 10.1007/978-3-642-19118-3_4, © Springer-Verlag Berlin Heidelberg 2011

anzuwenden sind.[1] Unterschieden wird dabei allgemein in Lauterkeitsrecht und Kartellrecht. Das Lauterkeitsrecht beschäftigt sich primär mit der Geschäftsbeziehung zwischen Verkäufer und Käufer und soll letzteren vor unfairen Geschäftspraktiken schützen. Gesetzlich findet es sein Korrelat im Gesetz gegen unlauteren Wettbewerb (UWG). Kartellrecht behandelt demgegenüber die Beziehung zwischen den verschiedenen Wettbewerbern in einem Markt untereinander und ist vor allem auf die Verhinderung von Marktmacht durch einzelne, dominierende Anbieter ausgerichtet. Gesetzlich sind die Bestimmungen hierzu auf deutscher Ebene vor allem im Gesetz gegen Wettbewerbsbeschränkungen niedergelegt, daneben spielt aber das europäische Kartellrecht ob der Existenz eines kontinentalen Binnenmarktes zunehmend eine entscheidende Rolle. Da das Kartellrecht im Endeffekt nicht nur zum Schutz der benachteiligten Unternehmen, sondern in seiner finalen Wirkung in erster Linie dem der Verbraucher dient, die etwa durch überhöhte Preise von Monopolisten geschädigt werden könnten, sollen im Folgenden beide Aspekte zusammen abgehandelt werden. Dies bietet sich auch an, weil die Problembereiche, also solche, die bei der Gestaltung von Bonusprogrammen nach wie vor gesetzlichen Schranken unterliegen, häufig aus beiden Rechtsgebieten gleichzeitig entspringen.

Grundsätzlich ist heutigentags erlaubt, Kunden und somit auch Teilnehmern von Bonusprogrammen Rabatte in unbeschränkter Höhe anzubieten, als auch Angebote und Services zu unterbreiten, die eben nur diesen Teilnehmern zustehen. Daneben dürfen Zugaben und Zusatzservices als Kaufanreize eingesetzt werden.[2] Wie bereits erwähnt, gilt dies jedoch nicht ohne Einschränkung. Als unter Umständen rechtlich problematisch können sich folgende Tatbestände erweisen:

- *Preisverschleierung*: Sie bezeichnet allgemein die Tatsache, dass eine einfache Gegenüberstellung von Preis und Gegenwert erschwert wird.[3] Im Rahmen von Bonusprogrammen ist diese Gefahr grundsätzlich gegeben, da der tatsächliche Preis einer Ware sich aus dem ausgezeichneten Preis abzüglich des geldlichen Gegenwerts der erworbenen Bonuspunkte ergibt. Dieser ist aber in aller Regel nicht direkt ersichtlich und oftmals auch nicht einfach zu kalkulieren. Damit kann § 3 Abs. 2 UWG gegebenenfalls in Betracht kommen, nach welchem Handlungen untersagt sind, die die Fähigkeit des Verbrauchers, sich auf Grund von Informationen zu entscheiden, spürbar beeinträchtigen und ihn damit zu einer geschäftlichen Entscheidung veranlassen, die er andernfalls nicht getroffen hätte,.

[1] Vgl. Tomczak et al. (2010, S. 401).

[2] Vgl. Götz et al. (2007b, S. 29).

[3] Vgl. o.V. (2005b, S. 1305).

Dieses Gebot der Preistransparenz, welches sich auch aus § 5 Abs. 2, Satz 2 des UWG ergibt, kann im Rahmen von Bonusprogrammen dadurch wirksam erfüllt werden, indem:[4]

- Bonusprogramme als Prämienalternative die Auszahlung des Punkteguthabens in Geld anbieten.
- Ein strenger Bezug zwischen den erworbenen Punkteguthaben und dem getätigten Umsatz herrscht, etwa in der Form, dass 1 € Umsatz immer einen Bonuspunkt erbringt und dieser 1 Eurocent wert ist. Damit wird es dem Verbraucher auch ermöglicht abzuschätzen, welcher Kaufeinsatz insgesamt nötig ist, um eine angestrebte Prämie zu erhalten.

- *Verlustpreise*: Hiermit ist der Verkauf von Waren unterhalb der Einstandspreise (beim Handel) bzw. Selbstkosten (bei selbst erstellten Gütern) gemeint. Boni, als eine spezielle Form der Rabatte, sind, wie bereits gesagt, ein Teil des Gesamtpreises und damit in die wettbewerbsrechtliche Beurteilung einzubeziehen. Gemäß § 20 Abs. 4 Nr. 2 GWB stellt es einen Missbrauch dar, wenn die Unterschreitung des Einstandspreises bzw. der Selbstkosten durch ein finanzkräftiges Unternehmen zum Ziel hat, den betroffenen Konkurrenten aus dem Markt zu drängen und in seiner Existenz zu vernichten. Dies ist vor allem immer dann anzunehmen, wenn kleinere oder mittlere Wettbewerber durch eine solche Preisgestaltung betroffen sind und das Angebot unter Selbstkosten bzw. Einstandspreis eine gewisse Regelmäßigkeit aufweist.[5] Für Bonusprogramme bedeutet dies, dass es wettbewerbsrechtlich kritisch sein kann, wenn der Kaufpreis eines Produktes abzüglich des durch das Programm gewährten Bonus den Tatbestand des Verlustpreises erfüllt. Dies ist dann besonders leicht überprüfbar, wenn die Punkte im Programm auch ausgezahlt werden können und somit ihr Wert in Geldeinheiten klar zu bemessen ist. In anderen Fällen muss der Wert der Prämie bzw. ein Durchschnittswert pro Bonuspunkt aus kostenrechnerischen Kriterien abgeleitet werden.
- *Bonusstaffeln*: Die Staffelung von Bonuspunkten in Abhängigkeit vom erzielten Umsatz ist ein nicht seltenes Vorgehen im Rahmen von Bonusprogrammen. Durch erhöhte prozentuale Punktevergabe bei höheren Umsätzen in einem bestimmten Zeitraum sollen Kaufanreize gesetzt werden. Dieses Geschäftsgebaren kann vor allem dann kartellrechtlich bedenklich sein, wenn das anbietende Unternehmen eine marktbeherrschende Stellung einnimmt.[6] Grund ist, dass kurz vor Erreichen der nächsten Staffe-

[4] Vgl. auch Schönig (2009, S. 110 f.).

[5] Vgl. Schönig (2009, S. 127 f.).

[6] Vgl. Schönig (2009, S. 157).

lung schon ein geringfügiger Einkauf zu einem hohen zusätzlichen Gesamtbonus führen kann. Ein Beispiel soll dies verdeutlichen. Liegt man etwa 10 € unter dem Erreichen der nächsten Umsatzgrenze, bei der 3 % statt 2 % Bonus von Gesamtumsatz gewährt werden, so bringt der Kauf eines Artikels für 10 € einen Zusatzbonus von 20 €, wenn die betreffende Umsatzgrenze 2.000 € beträgt. Dies ist zwar aus Sicht des Kunden eher unproblematisch und auch durchaus transparent, da einfach zu kalkulieren, stellt für unterlegene Wettbewerber aber gegebenenfalls eine Benachteiligung dar, da der Preis für den Artikel nun sogar in Summe negativ ist.

- *Punkteverfall*: Der Verfall von Bonuspunkten war lange Zeit eine übliche Praxis. Mittlerweile gibt es aber immer mehr Programme, die darauf verzichten. Sollte ein Programm weiterhin eine Punkteverfallsklausel beinhalten, so ist maßgeblich, ob Einlöseschwellen für Prämien innerhalb des Geltungszeitraums der Punkte realistisch, d. h. bei gewöhnlichem Kaufverhalten erreichbar sind. Ansonsten besteht die Gefahr des Auslösens einer unbotmäßigen Sogwirkung, bei der Konsumenten ihre Käufe nur bei dem entsprechenden Unternehmen tätigen, um dem Verfall ihrer Punkteguthaben vorzubeugen.[7] Dies dürfte bei gängigen Prämien und üblichen Verfallszeiträumen von 3 Jahren normalerweise jedoch nicht der Fall sein, schon allein deshalb, weil auf Dauer angelegte Bonusprogramme in aller Regel Kundenbindung durch Prämienvergabe erzielen wollen und nicht den Verfall der Punkte anstreben.[8] Problematischer kann dieser Punkt für temporäre Bonusaktionen, etwa Sammelmärkchen zum Ausschneiden auf Verpackungen, sein, bei denen das Hauptaugenmerk auf kurzzeitiger Verkaufsförderung liegt. Wenn hier ein außergewöhnlicher Konsum zum Prämienerhalt vonnöten ist, kann ein wettbewerbsrechtlich bedenkliches Verhalten vorliegen.[9]
- *Sog-Wirkung durch Multipartner-Programme*: Kartellrechtlich bedenklich können Multipartner-Programme sein, da diese eine Form des kooperativen Zusammenschlusses von Unternehmen darstellen, bei dem wirtschaftliche Anreize dergestalt gesetzt werden, bevorzugt bei teilnehmenden Unternehmen des Programms zu kaufen, um schneller den Schwellenwert zur Einlösung einer attraktiven Prämie zu erreichen. Rechtlich kritisch wird dieser Umstand vor allem dann, wenn ein marktstarkes oder gar marktbeherrschendes Unternehmen am Programm betei-

[7] Vgl. Götz et al. (2007b, S. 30).

[8] Vgl. Schönig (2009, S. 147).

[9] Vgl. o.V. (2005b, S. 1307 f.).

ligt ist,[10] wie etwa einstmals die *Deutsche Telekom* im Rahmen von *HappyDigits*. Hier kann argumentiert werden, dass die marktbeherrschende Stellung durch den Verbund noch ausgeweitet wird (gemäß §§ 19, 20 Abs. 1 GWB), da die bei dem Unternehmen gesammelten Punkte durch Aufstockung des Guthabens mittels der Programmpartner noch wertvoller werden (vgl. Kap. 9.1.1). Die negativen Marktwirkungen hieraus dürften im Einzelfall aber schwer nachzuweisen sein.[11] Die ebenfalls gelegentlich erhobene Vermutung, Multipartner-Programme seien verbotene Kopplungsangebote, lässt sich kaum aufrechterhalten. Grund dafür ist, dass es sich hier dem Zwecke nach um Verkaufsförderung und nicht machtbedingte Kopplung handelt, d. h. nicht im Fokus steht, die Marktmacht eines Unternehmens auf einen anderen im Programm vertretenen Partner im Sinne eines Hebeleffektes zu übertragen.[12]
- *Nichtverfügbarkeit von Prämien*: Ähnlich wie bei Produktwerbemaßnahmen kann die Nicht-Verfügbarkeit von Prämien wettbewerbsrechtlich kritisch sein (§ 5 Abs. 5 UWG). Hier ist insofern sogar eine Verschärfung der Gesetzesauslegung geboten, als dass der übliche 2-Tages-Zeitraum der geforderten Bevorratung bei sonstigen Produktwerbemaßnahmen keine Geltung besitzt. Vielmehr ist die Situation bei Bonusprogrammen der im Kataloggeschäft ähnlich, wo eine Verfügbarkeit während der Geltungsdauer des Katalogs (z. B. Herbst und Winter 2010) gefordert wird. Analog angewendet sollten deshalb Prämien während der Geltungsdauer eines Prämienkatalogs verfügbar sein bzw. über einen Zeitraum, bei dem gewöhnliches Kaufverhalten das Ansparen des erforderlichen Gegenwerts in Bonuspunkten ermöglicht. Wenn dies seitens des Programmbetreibers nicht gewährleistet werden kann, sollte der Hinweis „solange der Vorrat reicht“ erfolgen, um sich rechtlich abzusichern.[13]

4.2 Datenschutz

Waren vor 10 Jahren Datenschützer gelegentlich der Auffassung, nur noch sie selbst interessieren sich für Datenschutz, so hat sich dies in den vergangenen Jahren erheblich geändert. Klagen gegen die Datenpraxis von Bonusprogrammbetreibern wurden per Presse in der Öffentlichkeit diskutiert,

[10] Vgl. Schönig (2009, S. 157).
[11] Vgl. Schönig (2009, S. 187).
[12] Vgl. Schönig (2009, S. 186).
[13] Vgl. Schönig (2009, S. 88 f.).

zudem haben Datenpannen bei Banken, die Einführung neuer Ausweise und vieles andere mehr das öffentliche Bewusstsein für diese Problematik erneut geschärft. Dies hat sich folgerichtig in einer wiederholt verschärften Datenschutzgesetzgebung niedergeschlagen. Maßgebliches Werk ist hierbei das Bundesdatenschutzgesetz (BDSG) aus dem Jahre 2003, welches 2009 und 2010 entsprechend novelliert wurde.

4.2.1 Erlaubte Speicherung und Nutzung

Das Gesetz erlaubt gemäß § 28 Abs. 1 das Erheben, Speichern, Verändern oder Übermitteln personenbezogener Daten oder ihre Nutzung als Mittel für die Erfüllung eigener Geschäftszwecke:

1. wenn es für die Begründung, Durchführung oder Beendigung eines rechtsgeschäftlichen oder rechtsgeschäftsähnlichen Schuldverhältnisses mit dem Betroffenen erforderlich ist,
2. soweit es zur Wahrung berechtigter Interessen der verantwortlichen Stelle erforderlich ist und kein Grund zu der Annahme besteht, dass das schutzwürdige Interesse des Betroffenen an dem Ausschluss der Verarbeitung oder Nutzung überwiegt, oder
3. wenn die Daten allgemein zugänglich sind oder die verantwortliche Stelle sie veröffentlichen dürfte, es sei denn, dass das schutzwürdige Interesse des Betroffenen an dem Ausschluss der Verarbeitung oder Nutzung gegenüber dem berechtigten Interesse der verantwortlichen Stelle offensichtlich überwiegt.

Bei der Erhebung personenbezogener Daten sind die Zwecke, für die die Daten verarbeitet oder genutzt werden sollen, dabei konkret festzulegen.

Damit sind im Rahmen von Bonusprogrammen folgende Tatbestände ohne weiteres durch das Gesetz gedeckt:

- Die Abfrage und Speicherung von Daten, die für die Begründung der Teilnahme am Bonusprogramm notwendig sind wie vor allem Name, Adresse, Telefonnummer oder E-Mail-Adresse sowie Kundennummer. Bei großen Programmen ist zur eindeutigen Identifizierung der Teilnehmer zudem die Speicherung des Geburtsdatums erlaubt, um Verwechslungen auszuschließen.[14]
- Die Speicherung von Kaufdaten zur Ermittlung der gewährten Bonuspunkte, soweit sie sich auf die dafür erforderlichen Daten beschränken.

[14] BGH, Aktenzeichen VIII ZR 348/06.

> Dies betrifft vor allem den Namen des jeweiligen Partnerunternehmens, der dort getätigte Umsatz, Ort, Datum und Uhrzeit des Kaufs sowie das betreffende Produkt bzw. die Produktgruppe.[15] Diese Genauigkeit ist im Rahmen der Punktegewährung geboten, um bei eventuellen Reklamationen des Kunden eine genaue Nachverfolgung zu gewährleisten.

Neben der Nutzung im Rahmen der gewöhnlichen Geschäftsbeziehung ist auch die Auswertung der Daten für Zwecke der Marktforschung unter bestimmten Voraussetzungen ohne weitere Zustimmung möglich. Damit ist die Verwendung der Daten etwa für Zwecke des Data-Mining erlaubt (vgl. Kap. 2.2.3.2). Jedoch ist nach § 30a Abs. 2 BDSG hierfür erforderlich, dass die personenbezogenen Daten dafür in einer Form anonymisiert werden, der den Personenbezug in keiner Weise ermöglicht und dass die Anonymisierung so schnell wie möglich erfolgt (§ 30a Abs. 3).

4.2.2 Zustimmungspflichtige Speicherung und Nutzung

Alle Formen der Datenerhebung als auch der Nutzung, die über die beschriebenen Tatbestände hinausgehen, bedürfen der Zustimmung der Teilnehmer des Bonusprogramms. Dies betrifft vor allem die Nutzung für Zwecke des Direktmarketings und die Weitergabe der Daten an Dritte, z. B. im Rahmen von Multipartner-Programmen. Diese Zustimmung erfolgt in der Regel über eine sogenannte Einwilligungserklärung. Hinsichtlich der Einwilligungserklärungen werden zwei Formen unterschieden, das Opt-Out- und Opt-In-Verfahren.

Beim Opt-In-Verfahren ist eine separate Zustimmung des Programmteilnehmers erforderlich, dass er mit der Nutzung seiner Daten für Werbe- zwecke sowie der Weitergabe der Daten einverstanden ist. Beim Opt-Out-Verfahren geht man davon aus, dass der Teilnehmer mit dieser Nutzung einverstanden ist, sofern er nicht explizit widerspricht. Dies kann durch Ankreuzen eines entsprechenden Hinweises bei Anmeldung erfolgen oder auch später formlos nachgeholt werden. Die aktuelle Rechtssprechung differenziert bezüglich der Zulässigkeit des Opt-In- und Opt-Out-Verfahrens nach den für das Direktmarketing verwendeten Kommunikationskanälen.[16] So reicht für postalische Direktwerbung das Opt-Out-Verfahren aus, da diese als zumutbare Belästigung gesehen wird. Gemäß § 7 Abs. 2 UWG stellen hingegen persönliche Telefonanrufe, automatisierte Anrufe, Faxsendungen, E-Mails

[15] Vgl. Haag (2010, S. 157).

[16] BGH, Aktenzeichen VIII ZR 348/06.

und SMS-Nachrichten eine unzumutbare Belästigung dar. Deshalb wird hier das Opt-In-Verfahren zur Voraussetzung der Nutzung dieser Kommunikationskanäle gemacht.

Empirisch gesehen stellen sich Unternehmen schlechter, wenn sie auf das Opt-In-Verfahren setzen. Laut Angabe des Landesdatenschutzbeauftragten von Rheinland-Pfalz machen nur 20 % der Kunden im Falle eines Opt-Out von ihrem Recht Gebrauch, die Nutzung zu untersagen,[17] umgedreht nutzen aber nur 10 % der Kunden aktiv ein Opt-In.[18]

Zu berücksichtigen in diesem Zusammenhang ist das relative Kopplungsverbot nach § 28 Abs. 3b BDSG, nachdem eine Teilnahme am Bonusprogramm nicht von der Einwilligung zur Datennutzung abhängig gemacht werden darf, wenn die daraus erhältlichen Vorteile, nämlich Bonuspunkte und Prämien, nicht in zumutbarer Weise anders erhältlich sind, was in der Regel nicht der Fall ist.

4.2.3 Datenschutz und Einwilligungsklauseln in der Praxis

Die Stiftung Warentest hat im Juni 2010 knapp 30 Kundenkartenprogramme hinsichtlich der Einhaltung der datenschutzrechtlichen Bestimmungen untersucht.[19] Dabei wurde nur vier Programmen ein akzeptabler Umgang mit Kundendaten zugebilligt, darunter auch die in Kap. 14 vorgestellten Programme ***PAYBACK*** und ***DeutschlandCard***. Kritisiert wurden bei den restlichen 25 Programmen unter anderem die schwammige Angabe darüber, was mit den Daten geschieht oder auch der Verstoß gegen den Grundsatz der Datensparsamkeit in Form der Abfrage von Daten, die für die gewöhnliche Geschäftsbeziehung im Rahmen des Programms nicht notwendig sind. *Miles & More* fragte so etwa nach Beruf und Arbeitgeber, *Palmers* nach Konfektionsgröße oder dem bevorzugten Stil bei Unterwäsche.

Auch Haag kommt 2010 in seiner rechtswissenschaftlichen Untersuchung bezüglich der Praxis von Einwilligungsklauseln zu einem ähnlichen Ergebnis. Ihm zufolge sind die Einwilligungsklauseln der betrachteten Programme ***PAYBACK***, *HappyDigits*, ***DeutschlandCard***, *Miles & More* sowie *BW BonusClub* allesamt unwirksam.[20] Grundlage ist eine strikte Rechtsauf-

---

[17] Vgl. Wagner (2009).

[18] Vgl. Ehmann (2008).

[19] o.V. (2010a).

[20] Vgl. Haag (2010, S. 149).

fassung bezüglich § 28 Abs. 1 BDSG (s. o.), nach dem konkret anzugeben ist, wie die Daten verarbeitet und genutzt werden. Dieser konkrete Hinweis fehlt aber in aller Regel. Um hier generell mehr Transparenz zu schaffen, werden folgende Maßnahmen für die Programmbetreiber empfohlen:[21]

- Die generelle Nutzung des Opt-In-Verfahrens, wobei die Zustimmungs- bzw. Ablehnungsklausel auch optisch deutlich hervorgehoben und von der generellen Unterschrift des Teilnahmeantrags zu trennen ist.
- Die Kommerzialisierung der Einwilligung durch Belohnung etwa mit zusätzlichen Bonuspunkten oder Geld. Hiermit soll eine größere Rechtssicherheit geschaffen werden, indem mit Verweis auf das Urheberrecht Nutzungsrechte des Kunden explizit gegen Bezahlung an den Programmbetreiber übertragen werden. Damit kann zudem auch bei Opt-In-Verfahren eine höhere Zustimmung erlangt werden.
- Die explizite Benennung der Data-Mining-Methoden, die für die Datenanalyse Anwendung finden.
- Die Gewährleistung der Verständlichkeit der Informationen bezüglich der Datenspeicherung und Verwendung. Die Hinweise sollten knapp und zugleich klar formuliert werden, damit sie von einer möglichst großen Anzahl der Programmteilnehmer verstanden werden.
- Eine klar erkennbare Trennung von Pflichtangaben und freiwilligen Angaben, so dass der Teilnehmer erkennen kann, ab wann er das gesetzlich erlaubte Mindestmaß an Datenauskunft aus eigenem Willen heraus überschreitet.

Eine Berücksichtigung dieser Empfehlungen ist nicht nur rechtlich und ethisch geboten, sondern dürfte auch aus der Marketingperspektive angesichts der steigenden Sensibilisierung weiter Bevölkerungskreise für das Thema Datenschutz langfristig unerlässlich sein.

---

[21] Vgl. Haag (2010, S. 209 ff.).

Teil II
Die Ausgestaltung von Bonusprogrammen

Kapitel 5
Bonusarten

Für den Erfolg von Bonusprogrammen bei Kunden ist die Art der angebotenen Boni naturgemäß von hoher Bedeutung, denn sie sind es, was Kunden mit der Teilnahme an Programmen anstreben. Die Bonus- oder Prämienangebote bestimmen auf diese Weise maßgeblich den Erfolg eines Programms. Gehen sie an den Bedürfnissen der Kunden vorbei, so findet das Programm zu wenig Teilnehmer und/oder die Teilnehmer werden nicht genügend zum Kauf oder anderen gewünschten Verhaltensweisen motiviert. Die Art der gewählten Boni gibt Programmen zudem ein typisches Gesicht und prägt neben allen anderen Corporate-Design-Elementen wie Programmname oder „Währung" das äußere Erscheinungsbild. Aus diesem Grund sollen die Bonusarten bei der Abhandlung der Programmgestaltungselemente an erster Stelle stehen. Zunächst werden dabei die verschiedenen Möglichkeiten, Boni zu vergeben, systematisiert (Kap. 5.1). Ziel dieser Systematik ist es, in einem nächsten Schritt anzugeben, unter welchen Bedingungen ein Unternehmen auf welche Arten von Boni zurückgreifen sollte (Kap. 5.2). Hat man sich für ein bestimmtes Bonusset entschieden, stellt sich die Frage, ob Leistungen daraus eher selbst erstellt oder zugekauft werden sollten (Kap. 5.3).

5.1 Die vier Bonusdimensionen

In Kap. 1.1.2 wurde dargelegt, dass in einigen Programmen (z. B. Vielfliegerprogrammen wie *Miles & More*) sowohl Rabatt- als auch Statuspunkte vergeben werden. Das Erreichen definierter Erlösschwellen führt dann zum Erhalt einer irgendwie gearteten Prämie oder eben eines höheren Kundenstatus mit bestimmten zusätzlichen Serviceleistungen. Diese beiden Ausprägungen von Bonusleistungen führen zur ersten grundlegenden Unterteilung der Bonusarten (s. Abb. 5.1).

T. Lauer, *Bonusprogramme*,
DOI 10.1007/978-3-642-19118-3_5, © Springer-Verlag Berlin Heidelberg 2011

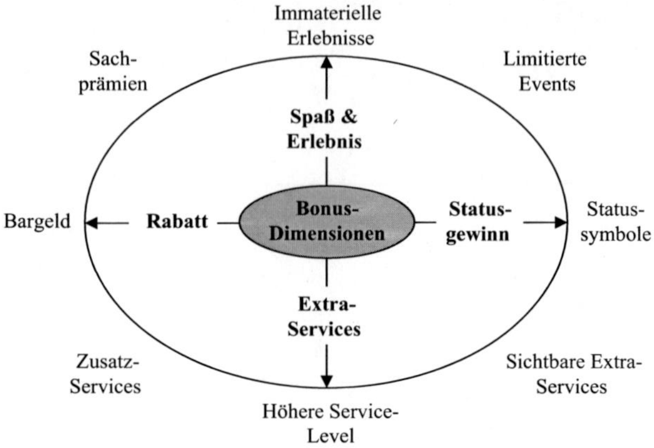

Abb. 5.1 Die Bonusdimensionen. (Nach Lauer 2002, S. 103)

Demnach können Bonusleistungen für den Kunden einen eher ökonomischen bzw. rationalen Nutzen stiften.[1] Der ökonomische Nutzen zielt dabei in erster Linie auf Vorteile für Kunden, die diese alternativ durch den Einsatz von Geld erwerben könnten. Durch Erhalt eines ökonomischen Nutzens bekommt der Kunde also einen geldwerten Vorteil. Der emotionale Nutzen hingegen ist ohne weiteres mit Geld nicht zu erwerben.[2] Seine Wirkung beruht vielmehr auf als positiv empfundenen Gefühlen, je nach Präferenz und Situation etwa durch Spannung, Entspannung oder Genuss. Ökonomischer und emotionaler Nutzen lassen sich in Wirklichkeit nicht trennen, sie sind vielmehr gedankliche Konstrukte. Jeder ökonomische Nutzen (z. B. der Erhalt einer Geldprämie von 100 €) erzeugt auch emotionalen Nutzen, und sei es nur die Freude, etwas durch Sammeln erworben zu haben. Hilfreicher für die praktische Gestaltung ist es deshalb, konkreter zu werden und nicht nur in emotionalen und ökonomischen Nutzen zu unterteilen, sondern vier Dimensionen möglicher Bonusleistungen zu unterscheiden (s. Abb. 5.1). Diese vier Dimensionen, die im Weiteren genauer vorgestellt werden, sind:

- Rabatt
- Extra-Services
- Status
- Spaß & Erlebnis

---

[1] Die Basis-Unterteilung in emotionale und rationale Clubvorteile findet sich bereits bei Diller (1996, S. 11). Zu emotionalen Vorteilen zählen hier der Austausch zwischen Clubmitgliedern, der Stolz auf die Mitgliedschaft oder die Befriedigung eines hohen Produktinteresses durch zusätzliche Aktivitäten. Rationale Vorteile sind etwa preisbegünstigte Einkäufe, spezielle Serviceleistungen oder spezifische Sortimentsleistungen.

[2] Natürlich könnte die Erlangung solcher emotionaler Nutzen auch indirekt über Geld erfolgen, indem man sich die Voraussetzungen für ein besonderes Erlebnis schafft (z. B. durch Erwerb einer VIP-Karte bei einer Prominentenparty).

Es sei bereits an dieser Stelle darauf hingewiesen, dass mit diesen vier Dimensionen das gesamte Möglichkeitsset an Boni grundsätzlich abgedeckt wird, dass Bonusleistungen aber jeweils auch Zwischenformen dieser Dimensionen darstellen können. Im Folgenden seien diese vier Grundformen näher beschrieben.

5.1.1 Rabatt

Der Rabatt ist die klassische Leistung von Bonusprogrammen schlechthin. Da definitionsgemäß der unmittelbar gewährte Barrabatt nicht zu den Bonusprogrammen zählt, weil in diesem Fall keine Sammelleistung vorliegt, bezeichnet der Rabatt hier die Möglichkeit, etwa für getätigte Käufe Gutschriften zu erhalten, die gesammelt werden, um schließlich bei Erreichen der Einlöseschwelle in die Auszahlung eines Geldbetrags zu münden. Diese Form des Rabatts ist nun aus zwei Gründen der Klassiker unter den Boni:

- Zum einen historisch, denn die Rabattmarkenhefte, die es bereits in der Nachkriegszeit in größerem Umfang im Einzelhandel gab, setzten genau auf dieses Instrument. Da Rabatte als Leistung leicht einsetzbar sind, konnten sie bereits vor den Zeiten elektronischer Datenverarbeitung auch im kleinsten Einzelhandelsunternehmen zur Anwendung kommen. Die einfache und kostengünstige Handhabung dieser Prämienform hat dazu geführt, dass sie im Rahmen von Bonusprogrammen immer wieder Revivals erlebt. Die im Vorweihnachtsgeschäft 2002 durch den Süßwarenhersteller Ferrero durchgeführte Aktion, bei der auf bestimmten Produkten ein bestimmtes Maß an Rabattmarken aufgeklebt war, die bei Erreichen einer Erlösschwelle in 10 € umgetauscht werden konnten, mag hier genauso als Beleg dienen, wie immer wieder auftretende Erscheinungen im Einzelhandel. Lange Zeit wurde die Vergabe solcher Rabatte zusätzlich gesetzlich unterstützt, bot sie vor dem Hintergrund des Gebots der Preistransparenz doch die sichere Gewähr dafür, dass nicht der Anschein höherer Preisnachlässe erweckt wurde, sondern die erhaltenen Bonusgutschriften direkt in Geld umrechenbar waren.[3]
- Der zweite Grund, warum der Rabatt zum Bonusklassiker wurde, liegt in den Erwartungen und der Wertschätzung der Kunden. Umfragen bringen immer wieder hervor, dass der Rabatt in Form baren Geldes diejenige

---

[3] So erscheint für einen Kunden ein beim Programm *Miles & More* erworbener Freiflug in der Regel wertvoller, als er sich für das vergebende Unternehmen tatsächlich darstellt, vor allem wenn ohnehin vorhandene freie Kapazitäten damit ausgelastet werden und keine wirklichen Zusatzkosten bei der Bonusvergabe entstehen.

Prämienart ist, die Kunden von Programmen am meisten erwarten. So ergab eine Untersuchung des Instituts TNS emnid, dass bei 80 % der Kunden der Wunsch nach Ersparnis an erster Stelle bei der Nutzung von Kundenkarten steht.[4] Bei der Interpretation dieser Ergebnisse sollte man aber Vorsicht walten lassen. In Kap. 2.2.1 wurde das sogenannte Kano-Modell vorgestellt. Nach diesem Modell existieren sogenannte Basisfaktoren, die Kunden von einem Produkt erwarten und deren Fehlen deshalb Unzufriedenheit auslöst. Bei Befragungen von Kunden zu wichtigen Eigenschaften von Produkten (und Bonusprogramme sind hier wie Produkte zu verstehen) werden diese Basisfaktoren in aller Regel auch als wichtig eingestuft. Gestaltet man ein Programm, sollten diese Basisfaktoren also unbedingt einbezogen werden. Der Rabatt ist nun ein typischer Basisfaktor in Bezug auf Bonusprogramme, schon allein deshalb, weil die Kunden über Jahrzehnte hinweg gelernt haben, dass Rabattvergabe zu Bonusprogrammen gehört. Das Problem dabei ist jedoch, dass mit Hilfe solcher erfüllten Basisfaktoren keine Begeisterung und damit auch keine emotionale Bindung an Marke oder Unternehmen ausgelöst wird,[5] die für die Erlangung der Unternehmensnutzen aus Bonusprogrammen, wie in Kap. 2.2 aufgeführt, letztlich entscheidend ist. Hierzu bedarf es somit ergänzend weiterer Leistungen.

Fassen wir das Gesagte zusammen: Rabatte sind eine Art grundlegende Bonusdimension, die Verbraucher schon allein aus Gewohnheit erwarten. Rabatte besitzen zudem den Vorteil, dass sie hinsichtlich der Abwicklung das einfachste Bonusinstrument schlechthin sind. Infrastrukturell reicht hier schon ein Sammelheft oder das Aufdrucken von Bonuspunkten auf Produkten aus. Für die Gewährung der Prämien in Form von Bargeld ist weder ein spezieller Einkauf, noch eine Distributionslogistik von Nöten. Der Nachteil der Bonusart Rabatte ist allerdings, dass sie als sogenannter Basisfaktor keine Begeisterung und damit letztlich keine wirklich emotionale Bindung an das Programm betreibende Unternehmen auslösen können.

Ein gutes Praxisbeispiel zur Rabattvergabe stellt das Programm ***PAYBACK*** dar. Das im März 2000 eingeführte und nach wie vor größte deutsche Programm setzte bei Einführung zunächst ausschließlich auf die Gewährung von Rabatten als Prämie. Schon allein der Name des Programms (zu Deutsch: Rückzahlung) zeigt dies deutlich auf. Neben dem rechtlichen Argument, welches aufgrund der höheren Preistransparenz für die Gewährung von Barrabatten spricht, existierte ein spezifisch anderer Grund vermutlich auch in den Auswirkungen der partnerübergreifenden Struktur von

[4] Vgl. Ploss (2002).

[5] Vgl. hierzu auch Musiol und Kühling (2009, S. 89).

PAYBACK. Als erstes großes, unternehmensübergreifendes Bonussystem in Deutschland war ***PAYBACK*** darauf angewiesen, ein möglichst universelles Angebot zu erstellen, welches branchen- und unternehmensneutral ausgestaltet war. Zur Erfüllung dieses Ziels hätte es grundsätzlich zwei Möglichkeiten gegeben: Entweder hätte man typische Produkte aller an ***PAYBACK*** angeschlossenen Unternehmen in einen Gesamtprämienkatalog eingestellt oder aber auf jeglichen spezifischen Bezug von Prämien zu Unternehmen verzichtet. Die erste Alternative hätte den Nachteil besessen, ein komplexes System der Prämienabwicklung in Richtung Partnerunternehmen als auch Kunden zu installieren. Zudem hätte nicht unbedingt jeder Partner die gleich attraktive Möglichkeit der Prämienvergabe besessen. Unternehmen, die sich darüber aber stärker profiliert hätten als andere, würden möglicherweise ein Ungleichgewicht bei der Erscheinung des an sich neutralen Programms herbeiführen. Um dies zu verhindern, lag es nahe, Alternative zwei vorzuziehen. Zunächst erfolgte so ausschließlich die Vergabe von Rabatten als Prämien, diese wurde später durch einen Sachprämienkatalog ergänzt, der eher dem typischen Set der Freundschaftswerbungsangebote glich und wenig spezifischen Bezug zu Partnerunternehmen aufwies. Heutigentags weist ***PAYBACK*** gegenüber der Anfangszeit einen ausgesprochen breiten Kanon an Prämienangeboten auf, ein Umstand, der sich nahezu bei allen größeren Programmen wiederfindet, die eine sehr heterogene Klientel besitzen.

Nach wie vor existieren Programme, die fast ausschließlich auf die Form des Rabattes setzen. Unter den in diesem Buch aufgeführten Karten sind dies die finnische ***S-Etukortti*** als auch die ***OTTOCard***. Im Falle des finnischen Programms spielt dabei die spezifische Verknüpfung von Bankkonto und Punktekonto eine wichtige Rolle, bei der ***OTTOCard*** wird hingegen ein Anreiz für weitere Bestellungen beim Versand gesetzt.

Eine neuere Erscheinung in der Welt der Bonusprogramme stellt die Gewährung von Rabatten bei Unternehmen dar, die nicht als eigentliche Sammelpartner dem Programm angehören, die ***OTTOcard*** bietet hier ein gutes Beispiel. Durch Vorzeigen der Karte erhält man zum Beispiel bei einigen Kinoketten einen verbilligten Eintritt. Diese Form der Rabattierung kann als unbedingter Fremdrabatt bezeichnet werden und gehört im strengen Sinn der Definition eines Bonusprogramms (s. Kap. 1.1.1) nicht zu den gewährten Boni.

Dies gestaltet sich anders, wenn die Gewährung eines Rabattes an Vorleistungen gebunden ist. Eine besonders innovative Form der Rabattvergabe dieser Art bietet das Programm der französischen Handelskette *FNAC*. Programmteilnehmer können hier nach Überschreiten einer kumulierten Umsatzschwelle von 1.500 € einen sogenannten „Einkaufstag“ bestimmen, bei dem sie einen Direktrabatt von 6 % auf alle an diesem Tag bei *FNAC* erworbenen Artikel erhalten.[6] Mit dieser speziellen Form des Rabatts wird einerseits ein Sammelanreiz geschaffen (kumulierte Umsatzgrenze) und andererseits auf ganz besondere Weise der Einkauf von zusätzlichen Produkten (am „Einkaufstag") gefördert.

5.1.2 Extra-Services

Sind es die Rabattmarkenhefte gewesen, die den Rabatt zum Klassiker unter den Bonusformen machten, so haben die Vielfliegerprogramme, wie etwa *Miles & More*, als Geburtshelfer umfassender Bonussysteme ihren gewichtigen Anteil daran, dass auch Extra-Services zum typischen Repertoire von Bonusprogrammen zählen.

Extra-Services umfassen alle Angebote, die einen höheren Standard in der Kundenbetreuung ermöglichen. Dies können z. B. sein:

- Express-Belieferung,
- Express-Reparatur,
- eigene Kundenkontaktkanäle, wie spezielle Call-Center-Nummern oder exklusive Kunden-Schalter,
- zusätzliche Versicherungsleistungen, wie etwa Reiserücktrittsversicherungen,
- bevorzugte Behandlung bei der Auslieferung von Produkten im Falle von Engpässen.

Extra-Services stehen häufig in Zusammenhang mit dem eigentlichen Produktangebot des Bonus offerierenden Unternehmens und stellen eine Art Upgrade, d. h. Vorzugsbehandlung des Kunden dar. In aller Regel werden diese Extra-Services nicht als einzelne Prämien vergeben, sondern sind mit dem Eintritt ins Programm oder dem generellen Erwerb eines höheren Kunden-Status verknüpft. Dieser Erwerb gestaltet sich dabei über sogenannte Statuspunkte (vgl. Kap. 1.1.2), die ab einer gewissen Höhe dazu führen, dass der Kunde für einen definierten Mindestzeitraum in den Genuss der Vorzugsbehandlung kommt.

Ein schönes Beispiel bietet hier der ***Dunas Club***. Schon bei einfacher Mitgliedschaft im Programm erhält man Extra-Services wie etwa einen Obstkorb oder eine Flasche Mineralwasser auf dem Zimmer am Anreisetag. Für die höheren Statuslevel im Programm gibt es dann z. B. die Möglichkeit eines Early- oder Late-Check-In bzw. Check-Out.

---

[6] Vgl. Pohl (2006, S. 628).

Gemessen am Kano-Modell der Kundenzufriedenheit (vgl. Kap. 2.2.1) können Extra-Services zu den „Leistungsfaktoren" gezählt werden, die sich besonders häufig auf der Serviceebene wiederfinden. Das bedeutet, dass ein besonders hohes Maß an Services aktiv Zufriedenheit stiften kann, gleichzeitig aber Servicemängel zu Unzufriedenheit führen. Extra-Services vermögen somit die bekannten Nutzenkomponenten von Bonusprogrammen für ein Unternehmen zur Entfaltung zu bringen, da emotionale Bindung der Kunden durch diese Zusatzleistungen wahrscheinlich ist. Diesem Vorteil steht jedoch ein Nachteil gegenüber: Extra-Services sind kosten- und zeitaufwändig. Dieser Aufwand betrifft sowohl ihre Implementierung als auch den dauerhaften Betrieb. Als erschwerend erweist sich hierbei vor allem die Vielschichtigkeit, die mit der Einführung von Extra-Services verbunden ist. So macht es die qualitative Steigerung von Kundenbetreuungsprozessen für ausgewählte Kunden erforderlich:

- dass Prozesse gedoppelt werden müssen, um sie in der Standardform für „normale" Kunden als auch in der Premiumform für die ausgewählten Kunden anbieten zu können (etwa eigene Schalter für Statuskunden).
- dass eine Änderung bzw. Erweiterung der Infrastrukturen erforderlich ist. Dies kann den Aufbau neuer Kundenbetreuungscenter genauso umfassen, wie Umprogrammierungen der operativen Kundenbetreuungssysteme im Auftragsmanagement, der Rechnungslegung, dem Beschwerdemanagement usw.
- dass Mitarbeiter mit Kundenkontakt zusätzlich geschult werden müssen. Ein besonderer Service erfordert auch im Zeitalter der Elektronik noch persönlichen oder zumindest telefonischen Kontakt. Um bei den besten Kunden keine Unzufriedenheit aufkommen zu lassen, müssen Mitarbeiter in diesen Betreuungskanälen besonders im Kundenumgang geschult werden.

Da Extra-Services ihren Ursprung in den Vielfliegerprogrammen haben, soll hier das bekannteste deutsche Vielfliegerprogramm, *Miles & More* der *Lufthansa*, als Beispiel dienen.[7] Die Luftfahrt ist in besonderer Weise dafür geeignet, Service-Upgrades als Bonusleistungen anzubieten. Ursache dafür ist das hohe Maß an persönlicher Betreuung, welches die Nutzung bzw. den Empfang der Leistung umgibt. Die Servicekette beginnt bei der Buchung eines Flugs, setzt sich beim Einchecken fort, umfasst anschließend aber auch die Wartezeit sowie den Flug als eigentliche Kernleistung. Jede „Produktnutzung" ist hier also per se mit einem hohen Maß an direkten Kontakten mit dem anbietenden Unternehmen verbunden.

[7] Vgl. dazu Klein (1998).

Der Name des *Lufthansa*-Vielfliegerprogramms *Miles & More* soll bereits andeuten, dass es hier über die in Freiflüge oder Sachprämien umwandelbaren Rabattpunkte hinaus („Miles“ genannt) zahlreiche Extra-Services als Sonderleistungen für Vielflieger gibt (die Komponente „More“). Dazu wurden vier Kundenkategorien definiert, die jeweils spezifische Service-Leistungen empfangen. Zur Basiskategorie zählt der gewöhnliche Programmteilnehmer, der gegenüber dem nicht teilnehmenden Kunden keine nennenswerten Extraleistungen erfährt. Wer innerhalb eines Kalenderjahrs 35.000 Statusmeilen erwirbt, wird mindestens für die nächsten 12 Monate zum sogenannten „Frequent Traveller“ erhoben. Mit diesem Kundenstatus ist eine eigene Mitgliedskarte verbunden, die Anspruch auf Leistungen wie etwa die Erhöhung der Freigepäckmenge oder eine eigene Lounge umfasst.

Ab 100.000 Status-Meilen pro Kalenderjahr steigen Vielflieger schließlich in eine weitere Klasse auf und werden Mitglied im exklusiven Senator-Club. Senatoren haben z. B. nochmals eigene, exklusivere Lounges am Flughafen sowie eine stark erhöhte Priorität auf der Warteliste. Ab 600.000 Statusmeilen gehört man dann dem absolut exklusiven „Hon-Circle“ an und kann sogar persönliche Assistenz beanspruchen.

Wie man am Fallbeispiel *Miles & More* erkennen kann, besitzen Extra-Services zum Teil durchaus eine geldwerte Komponente. Der „Senator“, der kostenlos in der Lounge einen Drink und etwas Knabbereien zu sich nimmt, erspart sich so den geldlichen Erwerb dieser Leistungen in einem öffentlichen Flughafen-Restaurant. Insofern stiften Extra-Services vor allem auch ökonomischen Nutzen. Zum Teil wird dies besonders deutlich, wenn die Leistungen beim gleichen Anbieter alternativ auch gegen Bezahlung erworben werden können oder das Extra-Service offerierende Unternehmen diese Leistungen als ansonsten käufliche Produkte anbietet (etwa der Obstkorb im Beispiel ***Dunas Club***). Trotz dieser nahezu immer vorhandenen ökonomischen Nutzendimension wird der Kunde es genießen, bevorzugt behandelt zu werden und beim Besuch der Senator-Lounge steht weniger die Ersparnis bei Speis und Trank im Vordergrund, als vielmehr die Annehmlichkeit, umsorgt zu werden und einen bequemen und ruhigen Warteplatz zu haben. Dies sind dann aber eher emotionale Nutzenkomponenten, die genau die wichtige emotionale Bindung an ein Unternehmen zu bewirken vermögen.

5.1.3 Statuswirkung

Wenn Extra-Services, wie gesehen, auch häufig an den Erwerb eines Status-Levels geknüpft sind, so muss bei der Wirkung dennoch der Extra-Service vom Statusgewinn unterschieden werden. Beides ist nicht notwendigerweise miteinander verknüpft. Gewährt beispielsweise ein Telekommunikationsunternehmen seinen Kunden oberhalb einer bestimmten monatlichen Rechnungssumme eine Express-Entstörung für den Fall von auftretenden Problemen am Telefonanschluss, so liegt zweifelsohne eine Gewährung von Extra-Services vor. Im Vergleich zum im vorigen Abschnitt erwähnten Besuch einer speziellen Lounge für Vielflieger ergibt sich jedoch ein Unterschied in der Form, dass die potenzielle oder tatsächliche Nutzung der Express-Entstörung nach außen nicht sichtbar wird. D. h. aber, dass mit diesem Extra-Service kein Statusgewinn verbunden ist. Status, oder anders gesagt die Stellung im Ansehen bei anderen Mitgliedern der Gesellschaft, ist ein limitiertes Gut. Es ist im Gegensatz etwa zu Sachprämien, Geldprämien oder auch Extra-Services nicht vermehrbar, da es immer von der relativen Stellung in einer Gesellschaft abhängig ist.[8] Damit wird es aber besonders erstrebenswert und nimmt in der tatsächlichen, nicht unbedingt verbal geäußerten Bedeutung für die Kunden einen hervorragenden Stellenwert ein.

Dass Status oft wichtiger ist als alle „harten" Leistungen, zeigt sich am Beispiel des Vielfliegerprogramms von *Continental Airlines*. Im Jahre 1995 verkündete *Continental Airlines* eine Erhöhung der Punkte-Schwellen zum Erhalt eines Freiflugs sowie der Punkte, die man für ein Status-Upgrade (ähnlich dem Frequent-Traveller-Status bei *Miles & More*) benötigt. Nach gewaltigen Protesten der Mitglieder entschuldigte sich der Continental-Chef öffentlich und annullierte die Maßnahme zur Hälfte. Das heißt, die Statusschwelle wurde wieder herabgesetzt, die neue, höhere Schwelle für den Freiflug blieb aber bestehen, und zwar ohne dass dies die Mitglieder sonderlich interessiert hatte.[9]

Auch das Vielfliegerprogramm *Miles & More* ist ein gutes Beispiel für die Wirkung der Dimension Statusgewinn. Im Falle eines Konglomerats an Bonusleistungen, wie sie *Miles & More* offeriert, ist es letztlich schwierig zu bestimmen, wodurch Kundenwertsteigerung erzeugt wird. Allerdings gibt es deutliche Indizien dafür, dass der Statuserwerb eine bedeutsame Triebfeder für die Kunden ist. Mit dem Senatorlevel wird so etwa ein speziell gebrandeter Kofferanhänger an die Mitglieder ausgegeben, der den Status äußerlich sichtbar für jedermann, Personal und Mitflieger, dokumentiert. Dieser Anhänger kommt bei der überwiegenden Zahl der „Senatoren" zum Einsatz. Wohlgemerkt, als Ausweis zum Erhalt von Extraservices, wie etwa dem Lounge-Besuch, ist er nicht erforderlich. Hierfür kann, wesentlich dezenter, der Mitgliedsausweis in Form einer Plastikkarte aus der Brieftasche

[8] Vgl. zum Konzept der limitierten Güter bzw. positionalen Ökonomie Ulrich (1987, S. 210).

[9] Vgl. Butscher (1998, S. 428 f.).

hervorgeholt werden. Auf der anderen Seite werden die gesammelten Bonusmeilen nicht von allen ausreichend gewürdigt und verfallen zu nicht unerheblichen Teilen.[10]

Das Angebot von Statusgewinn als Bonusart besitzt also erhebliche Vorteile für Unternehmen, da der Kunde hierdurch einen hohen emotionalen Nutzen erlangt und somit auch eine Kundenwertsteigerung durch Bindung, Cross- und Up-Selling oder andere Mechanismen wie Weiterempfehlungsverhalten wahrscheinlicher wird.[11] Die Gewähr von Status muss – im Gegensatz zu den Extra-Services – noch nicht einmal erhebliche Kosten bedeuten. So wird beim Senator-Level im Programm *Miles & More* der Status ja letztlich über einen kostengünstigen Kofferanhänger erzeugt und nicht etwa über die spezielle Hotline oder die Möglichkeit, auch in ausgebuchten Flugzeugen noch einen Platz zu bekommen. Jedoch gibt es einen großen Nachteil bei der Gewährung von Statusleistungen: Für viele Unternehmen gestaltet es sich schwierig, in diesem Bereich ein für Kunden attraktives Angebot zu gestalten.

Maßnahmen, Status zu erzeugen, sind etwa die Namensgebung der Levels (z. B. „Senator"), die Gestaltung eines Programms und seiner Erkennungszeichen, als auch das Angebot von exklusiven Leistungen.[12] Allerdings ist dies immer daran geknüpft, dass die gewährten Leistungen *gleichzeitig* sowohl für die große Masse erstrebenswert sind, als auch ihr Genuss für jedermann äußerlich sichtbar wird. Genau eine solche Kombination zu finden ist schwierig. Im Bereich der diskutierten Vielfliegerprogramme ist beides in besonderem Maße möglich, da es hier im eigentlichen Produktangebot bereits Klassifizierungen gibt (Economy-, Business- und First-Class), das Denken in verschiedenen Statuskategorien also erlernt ist. Zudem haftet dem geschäftlich bedingten Fliegen nach wie vor etwas Elitäres an. Und schließlich sind bei der Inanspruchnahme der Leistung andere Kunden zugegen, so dass der Status für diese sichtbar gemacht werden kann. Möchte etwa eine Telefongesellschaft ein Status-Programm initiieren, so hat sie im Bereich der Festnetztelefonie mit dem Manko zu kämpfen, dass dieser Produktgattung weder etwas Elitäres anhaftet, noch größere Mengen anderer Kunden beim Telefonieren zugegen sind. In der Mobilfunksparte würden sich über das Statusprodukt „Handy" hingegen bereits andere Möglichkeiten eröffnen, so etwa die Erstbelieferung bei neuen, exklusiven Mobiltele-

[10] Die Bonusmeilen besitzen eine Gültigkeit von jeweils 36 Monaten nach Erwerb, danach werden sie aus dem Punkteguthaben gelöscht.

[11] Nach der Studie von Glusac (2005, S. 169 ff.) ist die Kundenbindung bei den Miles & More Statuskunden auch signifikant höher.

[12] Vgl. Wittbrodt (1995, S. 71).

fonen. Nach einer Studie von Grosser entfalten Statusprogramme vor allem bei männlichen Kunden Attraktivität.[13] Vermutlich liegt das in ihrer traditionellen gesellschaftlichen Rolle begründet, die auf vergleichenden Wettbewerb ausgerichtet ist. Insofern könnten sich Statusprogramme auch dort anbieten, wo die Kunden überwiegend männlicher Natur sind.

Oben wurde bereits erwähnt, dass der besondere Nutzen für Kunden in der Limitiertheit des Gutes Status liegt. Dies könnte vermeintlich als Nachteil angesehen werden, da die Leistungen einem breiten Kundenkreis aus der Natur der Sache heraus nicht zugänglich sind. Dies ist jedoch nicht der Fall. Für die Anreizwirkung, also das Potenzial zur Verhaltensbeeinflussung von Kunden, reicht bereits die Möglichkeit des Statuserwerbs und nicht unbedingt der wirkliche Genuss eines Statusgewinns aus. Der Kunde wird versuchen, einen solchen Status anzustreben, wenn er um dessen Exklusivität und Seltenheit weiß.

Mit Statusprogrammen ist mittlerweile auch öfters ein Multiplikator bei der Vergabe der Bonuspunkte verbunden. So vergibt *Miles & More* seinen Statuskunden 25 % mehr Status- und Prämienmeilen und auch beim ***Shell CLUBSMART*** kommen *Shell V-Power-Club-Mitglieder* in den Genuss verdoppelter Punktevergabe. Hier handelt es sich weniger um Statuswirkung als letztlich um eine Verstärkung der Incentivierungswirkung generell, die zu höherer Bindung der besonders wertvollen Kunden führen soll.

5.1.4 Spaß und Erlebnis

War der Status die eine Form eines eher emotionalen Nutzens, so soll nun die zweite Möglichkeit dieser Bonusart erörtert werden: Spaß und Erlebnis.

Von *Spaß und Erlebnis* als Nutzendimension soll dann gesprochen werden, wenn das Auslösen positiver Emotionen bei einer Bonusleistung im Vordergrund steht. Streng genommen ist auch Statuserwerb eine solche positive Dimension, ihr haftet jedoch eher etwas Dauerhaftes an, wohingegen klassische Spaß- und Erlebnisprämien mit einer zeitlich befristeten Nutzung verbunden sind oder anders gesagt Eventcharakter besitzen.

In unserer heutigen Gesellschaft, die durch einen Wandel von Pflicht zu Erlebniswerten geprägt ist,[14] spielen „produzierte" Erlebnisse für weite Bevölkerungskreise eine herausragende Rolle. Solche Erlebnisse können auf verschiedene Art und Weise vermittelt werden:

---

[13] Vgl. Grosser (2006, S. 63).

[14] Vgl. Opaschowski (1998).

- Der klassische Kundenclub setzt mit *persönlichen Clubtreffen* in starkem Ausmaß auf diese Karte. Hier löst oftmals schon das Beisammensein mit anderen „Produkt-Fans" positive Emotionen aus. Im Rahmen von Bonusprogrammen, die zumeist weitaus mehr Mitglieder vereinigen, ist eine solche persönliche Zusammenkunft eher schwierig zu realisieren. Abhilfe bietet hier die moderne Kommunikationstechnologie. Einige Programme (s. z. B. *Webmiles*) entstammen der *Online-Welt* oder setzen verstärkt auf diese Kommunikationsplattform. Über dieses Medium kann mit Hilfe von Chats mit Prominenten, Chats unter Mitgliedern oder aber Multipersonenspielen eine *Community* aufgebaut werden, die Ersatz für Clubtreffen schafft.[15]
- Das Angebot *limitierter Events*, z. B. das Beisein in der Boxengasse während eines Formel 1-Rennens, ist ein geeignetes Mittel, welches dem Nutzer einen Statusgewinn bringt. Hier stellt allerdings die Limitiertheit tatsächlich einen Hemmschuh dar, größeren Kundenkreisen diesen Nutzen zu offerieren, so dass solchermaßen gelagerte Erlebnisse nur einer kleinen, exklusiven Klientel vorbehalten sein können. Für das Image des Programms vermögen sie aber eine fördernde Wirkung zu entfalten (s. hierzu auch das Beispiel ***Shell CLUBSMART***).
- Eintrittskarten für *öffentlich zugängliche Veranstaltungen* besitzen diesen Mangel nicht. Zwar stellen sie gleichzeitig einen geldwerten Vorteil in Höhe des ansonsten aufzuwendenden Eintrittspreises dar, jedoch bleibt beim Kunden wohl eher Spaß und Erlebnis als der mit dem Bonusprogramm in Zusammenhang gebrachte Nutzen haften. Dieser, für die Zwecke des Unternehmens vorteilhafte Umstand verstärkt sich, wenn gleichzeitig eine Beziehung zwischen Veranstaltung und Programm bzw. Unternehmen besteht, etwa über die gleiche regionale Herkunft von Künstlern und Unternehmen. Der ***UBS KeyClub*** nutzt hierfür z. B. gezielt seine Sponsoringaktivitäten in Sport und Kultur und bietet seinen Mitgliedern limitierte Karten zu von der Bank gesponserten Events an.
- *Spenden* sind eine weitere gut akzeptierte Form des Bonus. Hier wird zwar kein Erlebnis im Sinne der Spaßgesellschaft erzeugt, aber auf alle Fälle eine positive Emotion – etwas Gutes getan zu haben – ausgelöst. Wie eine internationale Studie zu Kundenkarten aufzeigte, geben 50 % der Kunden an, diese Form der Punkte-Einlösung zu nutzen.[16] Das Angebot, sein Punkteguthaben zu spenden, erzeugt zudem noch positive Imageeffekte für das Programm sowie das betreibende Unternehmen. Außerdem spricht es Kunden an, die eine Abneigung gegen egoisti-

[15] Vgl. Butscher und Keller (2000).

[16] Vgl. Ploss (2002).

sche Vorteilsnahme hegen und Bonusprogrammen deshalb eher kritisch gegenüber stehen. Wegen dieser Vorteile ist es nicht verwunderlich, dass von den in diesem Buch aufgeführten Fallstudien sowohl ***PAYBACK, DeutschlandCard*** als auch der ***Shell CLUBSMART*** Spenden als Bonusform anbieten.

- *Auktionen bzw. Gewinnspiele*: Gemeint sind hier Auktionen und Gewinnspiele, bei denen der Einsatz aus angesammelten Punkten besteht. So bietet der ***Shell CLUBSMART*** immer wieder Auktionen an, bei denen im Stile von *eBay* mit gesammelten Punkten exklusive Prämien wie etwa von den Fahrern signierte T-Shirts des Ferrari Formel 1-Teams erworben werden können.

Da Spaß und Erlebnis in der heutigen Gesellschaft eine bedeutende Rolle spielen und das Auslösen positiver Emotionen die emotionale Kundenbindung und damit die Kundenwertsteigerung unterstützt, ist es nicht verwunderlich, dass die meisten Programme auch auf diese Komponente setzen.

Daneben sollte nicht vergessen werden, dass Sammeln an sich eine Art Hobby und damit ein Erlebnis sein kann (s. Kap. 3). Dies gilt es bei künftigen Programmgestaltungen evtl. noch stärker herauszuarbeiten.

5.2 Kriterien zur Auswahl

Nachdem im vorigen Abschnitt nun die vier Dimensionen verdeutlicht wurden, die Bonusleistungen besitzen können, stellt sich nun die Frage, auf welche oder welche Kombination man bei der Gestaltung eines Bonusprogramms setzen sollte. Die oben angeführten Fallbeispiele haben dabei die in der Realität anzutreffende Vielfalt und auch zum Teil schon Gründe für diese Diversifikation verdeutlicht. Im Folgenden sollen diese Erkenntnisse nun in Form einer Entscheidungshilfe systematisiert werden. Dabei wird sich zeigen, dass das Produkt- und Leistungsangebot eines Unternehmens eine dominierende Rolle für die Wahl der Bonusarten spielt.

5.2.1 Hauptkriterium: Die Art der angebotenen Produkte

Die meisten Bonusprogramme geben sich mit Hilfe ihrer Bonusleistungen ein Gesicht. Dieses Gesicht sollte schon aus markentechnischen Gründen im Einklang mit dem restlichen Image eines Unternehmens stehen. Insbe-

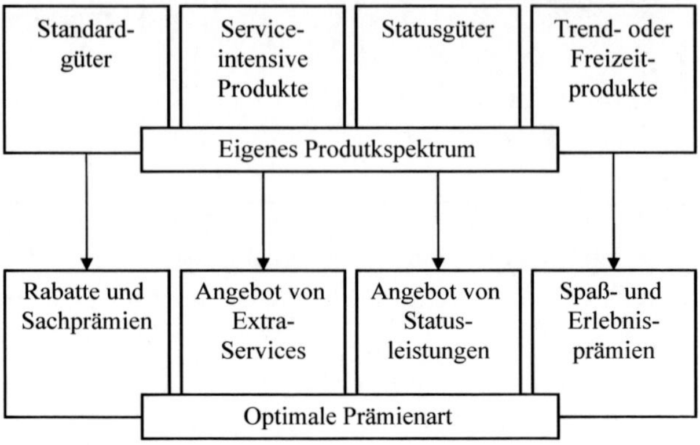

Abb. 5.2 Die Beziehung zwischen dem Produktspektrum eines Unternehmens und der geeigneten Prämienart

sondere wenn Markenloyalität erreicht werden soll, bietet sich die Wahl von Prämien an, die mit dem eigenen Produktangebot thematisch korrespondieren.[17] Häufig limitiert aber bereits das Produktangebot die Möglichkeiten, die ein Unternehmen bei der Wahl des Bonussets besitzt.[18]

Demnach sind folgende Kriterien an das Produktangebot anzulegen, um eine optimale Richtung für die Bonusleistungen zu finden (s. auch Abb. 5.2):

- *Frequenz und Nähe bei der Kundenbetreuung*: Erbringt ein Unternehmen Leistungen, die im regelmäßigen, persönlichen Kontakt mit dem Kunden realisiert werden, dann kann das Angebot von Extra-Services zu einer wichtigen Komponente für das Unternehmen werden. Dabei gilt, je persönlicher dieser Kontakt ist, also im besten Fall eine Face-to-Face-Leistungserbringung, umso wirkungsvoller ist dieses Instrument. Aber auch bei häufigen telefonischen oder schriftlichen Kontakten sowie der Auslieferung von Waren (also z. B. im Versandhandel) bieten sich Möglichkeiten an. Hier kann der ***Dunas Club*** als Beispiel dienen, da im Rahmen von Hotels zahlreiche persönliche Dienstleistungen zu erbringen sind.
- *Statuswirkung der Produkte, Image des Unternehmens*: Die Statuswirkung eines Produktes entfaltet sich, wie gesehen, über seine Knappheit (die eine grundsätzliche Begehrtheit voraussetzt) sowie die Sichtbarkeit des Leistungsgenusses für andere. Produkte weisen in dieser Hinsicht große Unterschiede auf. Am einfachsten haben es Unternehmen, die Produkte vertreiben, denen ohnehin ein Statuscharakter anhaftet (Schmuck, Autos, Motorboote, Fliegerei). Allerdings kommt es hier

[17] Vgl. Fassnacht und Winkelmann (2006, S. 467).

[18] Vgl. Lauer (2002, S. 102 ff.).

darauf an, dass das Programm betreibende Unternehmen selbst ein exklusives Image besitzt oder als Handelsunternehmen Marken mit hohem Image vertreibt. Hier reicht es dann zumeist aus, sich als Top-Kunde eines solchen Unternehmens ausweisen zu können, auf diesen Effekt setzen ja zum Teil die reinen Kundenclubs. So ist es eben imagemäßig ein Unterschied, ob man Vielflieger bei der *Lufthansa* ist, oder ein Vielfahrer auf der Autobahn, der häufig seine ***PAYBACK***-Karte bei *Aral*-Tankstellen einsetzt.

- *Trend- oder Freizeitcharakter der Produkte*: Der Trend- und Freizeitcharakter von Produkten beschreibt deren Tauglichkeit als potenzielle Spaß und Erlebnisangebote. Idealerweise kommt beides zusammen, wie etwa bei Trendsportarten oder aber den im Bereich PKW immer häufiger anzutreffenden Fun-Cars. Hier fällt es leicht, Erlebnisangebote zu konzipieren, die sowohl mit dem Produkt in Zusammenhang stehen, als auch seine Nutzer-Klientel in ganz besonderer Art und Weise ansprechen.

5.2.2 Weitere Kriterien

Neben dem Produkt selbst gibt es noch weitere Kriterien, die maßgeblich für die Gestaltung des Bonus- bzw. Prämienangebots sind:

- *Wahrung eines neutralen Erscheinungsbildes*: Dieser Punkt ist für Anbieter von partnerübergreifenden Programmen wie ***PAYBACK*** oder ***DeutschlandCard*** bedeutend, um die Gefahr einer Fokussierung auf Branchen oder Unternehmen zu vermeiden. In diesen Fällen ist es programmpolitisch günstiger, den Rabatt oder ein breites Set relativ neutraler Sachprämien[19] (Haushaltsprodukte, Koffer, Werkzeuge, ...) und Events in den Vordergrund zu stellen, wenn dadurch auch die emotionale Bindung an die spezifischen Partnerunternehmen etwas geringer ausfällt. Wie in Kap. 9 aufgezeigt werden wird, bieten solche Partnerprogramme den Kunden jedoch zum Ausgleich höhere ökonomische Nutzen durch den gebündelten Sammeleffekt.
- *Limitierende Rahmenbedingungen*: Ein Programm kann entweder nicht auf Dauer angelegt sein oder aber die Finanzkraft für die hohe Investition in ein komplexes Programm fehlen. In diesen Fällen wird man bestrebt sein, ein Bonusprogramm auch auf der Prämienseite möglichst einfach

[19] Eine gute Orientierung für ein eher neutral empfundenes Angebot bieten die Sortimente der Kaffeeröstereien Eduscho oder Tchibo. Denn auch hier besteht, bewusst, kein Bezug zwischen Kaffee und restlichem Warenangebot.

zu halten. Die einfachste Form dabei ist der rein monetäre Rabatt. Besonders das Angebot an Extra-Services, die ja in Einführung und Betrieb kostspielig sind, kommt hier kaum in Frage. Extra-Services sind ebenfalls kaum im Rahmen von partnerübergreifenden Programmen wie etwa ***PAYBACK*** oder ***DeutschlandCard*** zu realisieren. Der Grund dafür liegt hier weniger im Kostenbereich, als vielmehr den komplizierten Prozessen, die dafür notwendig wären. So gäbe es für die Tankstellenkette *Aral* im Rahmen von ***PAYBACK*** grundsätzlich die Möglichkeit, Extra-Services anzubieten, schließlich ist das Betanken eines Fahrzeugs mit dem persönlichen Besuch einer Tankstelle verbunden und besitzt bereits beim Normalfahrer eine recht hohe Frequenz der Wiederkehr. Allerdings tritt hier folgendes Problem auf: Entweder müsste *Aral* diesen Service allen Kunden bieten, die im Rahmen von ***PAYBACK*** einen hohen Status erworben hätten. Dies würde dann aber auch Kunden in den Genuss von teuren Extra-Services (wie z. B. Ölstandskontrolle oder Betanken) kommen lassen, die das Gros der Statuspunkte bei anderen Unternehmen, etwa dem zur Metro-Gruppe gehörenden Lebensmitteleinzelhandel *real*, erworben hätten. Ein Umstand, der kaum im Interesse von *Aral* liegen dürfte. Die Alternative läge in der Einführung einer getrennten Statuskarte, was Zusatzkosten für das Unternehmen und einen Zusatzaufwand für Kassenpersonal als auch Kunden durch zweimaliges Zücken und Einlesen einer Karte am Point of Sale bedeuten würde.[20]

Abschließend sei nochmals daran erinnert, dass unabhängig von den diskutierten Kriterien die Gewährung eines Rabatts als Bonusart schon wegen der Kundenerwartung in nahezu allen Fällen erwogen werden sollte.

5.2.3 Checkliste: Bonusarten

Unternehmen, die das Bonusset für ein Programm festlegen, sollten folgende Fragen beantworten können:

Allgemein:

- ☐ Soll ein Programm nur eine vorübergehende Marketingmaßnahme sein, oder ist es auf Dauer angelegt?
- ☐ Muss bei der Wahl der Bonusarten auf andere Programmpartner Rücksicht genommen werden, etwa in einem partnerübergreifenden Programm?
- ☐ Ist genügend Finanzkraft vorhanden?

---

[20] Vgl. Lauer (2002, S. 103).

Kategorie Extra-Services:

- ☐ Kommt es bei der Leistungserbringung für Kunden zu einem persönlichen Kontakt mit dem Kunden? Wenn ja:
- ☐ Ist dieser Kontakt regelmäßig?
- ☐ Gibt es Bestandteile des Leistungserbringungsprozesses, bei denen die Qualität für den Kunden erhöht werden kann, z. B. mehr Bequemlichkeit oder mehr Sicherheit?
- ☐ Sind genügend finanzielle Ressourcen vorhanden, Extra-Services anzubieten?
- ☐ Kann das Angebot an Extra-Services in einem überschaubaren und verlässlich kalkulierbaren Zeitraum realisiert werden?

Kategorie Statusgewinn:

- ☐ Vertreibt das Unternehmen ganz oder teilweise Produkte, die einen hohen Imagewert besitzen?
- ☐ Besitzt das Unternehmen selbst ein gutes Image?
- ☐ Kann ein hoher Status für andere Kunden nach außen sichtbar gemacht werden?
- ☐ Ist die überwiegende Mehrzahl der Kunden männlichen Geschlechts?

Kategorie Spaß und Erlebnis:

- ☐ Vertreibt das Unternehmen Trendprodukte?
- ☐ Vertreibt das Unternehmen Produkte, die hauptsächlich für Freizeitaktivitäten oder Hobbys genutzt werden?
- ☐ Gibt es Eigenschaften des Unternehmens, die mit Erlebnisinhalten in Verbindung gebracht werden können (z. B. Lokalkolorit)?

5.3 Eigene Prämien vs. Fremdprämien

In Kap. 5.2.1 wurde herausgestellt, wie wichtig das eigene Produktspektrum für die Bestimmung der Art der Prämien ist. Dies bedeutet jedoch nicht zwangsläufig, dass Boni dem eigenen Produktspektrum entspringen müssen. Zumeist finden sich zwar auch eigene Produkte im Prämienset (im Folgenden „Eigenprämien" genannt), diese werden jedoch mehr oder weniger stark durch Prämien anderer Unternehmen („Fremdprämien") ergänzt. In diesem Abschnitt sollen nun die Kriterien dafür herausgearbeitet werden, was eher für Prämien aus dem eigenen Produktspektrum spricht und welche Argumente für die Bevorzugung eingekaufter Prämien vorgetragen werden können.

5.3.1 Vorteile von Eigenprämien

Das Angebot von Prämien aus dem eigenen Produktspektrum besitzt im Wesentlichen drei Vorteile:

- *Vorteile der Corporate Identity*: Wird ein Programm hauptsächlich durch ein einziges Unternehmen betrieben oder initiiert, etwa der ***UBS KeyClub*** oder ***Shell CLUBSMART*** im Gegensatz zu ***PAYBACK***, so stellt das Angebot von Eigenprämien ein wichtiges Element dar, die Corporate Identity des Programms in Bezug auf das Unternehmen herzustellen. Man findet diesen Effekt z. B. beim Vielfliegerprogramm *Miles & More*. Nicht nur, dass die Gewährung von Freiflügen für die gesammelten Bonusmeilen quasi als Basisprämie des Programms anzusehen ist, vielmehr wird auch bei den ergänzenden Programmangeboten im Sachprämienbereich zumeist der Bezug zum Unternehmen (original Lufthansa-Pilotenbrillen, original Lufthansa-Pilotenkoffer) oder zu den Themen Geschäfts- (Aktentaschen, Reisetaschen) und Urlaubsreisen (Übernachtungen in Hotels) hergestellt. Damit wird ein weiterer Baustein für eine emotionale Bindung an das Unternehmen und sein Produkt erzeugt. Beim ***Shell CLUBSMART*** sind hingegen die Mitnahmeprämien (z. B. Schokoriegel) aus dem Tankstellenshop ein wichtiges Element, welches eine direkte Verbindung zischen Unternehmen und Programm herstellt und auch der ***UBS KeyClub*** bietet mittlerweile Eigenprämien an, etwa in Form der Bezahlung der Kreditkartengebühr mit Punkten aus dem Programm.
- *Vorteile des Cross- und Up-Sellings*: Dass Cross- und Up-Selling zu den zentralen Nutzen von Bonusprogrammen zählt, wurde in Kap. 2.2.2 bereits herausgestellt. Die Vergabe von Eigenprämien kann neben der Incentivierung von Produktkäufen mit Bonuspunkten ein ergänzender Baustein zur Realisierung dieses Zieles sein, indem diese Bonuspunkte für weitere (Cross-Sales) oder höherwertige (Up-Sales) Produkte genutzt werden. Der besondere Vorteil besteht in diesem Fall darin, dass die Hemmschwelle zur Verausgabung von Bonuspunkten geringer ist, als wenn man tatsächliches Geld dafür aufwenden müsste. Auch diesen Effekt nutzt beispielsweise das Programm *Miles & More*, indem man die Bonusmeilen für Up-Grades (z. B. von Business- auf First-Class) einsetzen kann. Die Bonusmeilen werden hier quasi zum Testkauf genutzt. Überzeugt das Produkt, wird man möglicherweise auch außerhalb der Bonusmeilen zum Wiederholungskäufer, etwa weil man künftig nicht mehr auf den Komfort der First-Class verzichten möchte. Bei der ***OTTOCard*** können so die Guthaben ausschließlich für weitere Bestellungen eingesetzt werden.

Von ganz besonderem Interesse ist die Möglichkeit des Cross-Sellings bei sogenannten Lock-In-Gütern. Dies sind Produkte, bei deren Kauf man sich auf den wiederholten Kauf von zugehörigem Betriebsmaterial oder Zubehör festlegt. Ein klassisches Beispiel sind Computer-Drucker, die zum Teil äußerst preisgünstig abgegeben werden, um anschließend an den nicht genormten und damit nicht-austauschbaren Druckerpatronen zu verdienen. Gelingt es, solche Lock-In-Produkte günstig als Prämien abzusetzen, so kann der Gewinn aus dem Folgegeschäft diese Investition mehr als amortisieren. Dies kann auch für die Programmmitgliedschaft selbst angewendet werden, wie etwa im Fall der ***S-Etukortti***, bei der die nicht unerhebliche Programmaufnahmegebühr, die hier einem Genossenschaftsanteil entspricht, zu großen Teilen über Bonuspunkte beglichen werden kann.

- *Kostenvorteile in der Beschaffung*: Der dritte Vorteil der Vergabe von Eigenprämien liegt in der z. T. günstigeren Beschaffung. Dieses Argument muss nicht immer gelten. Wenn ein Unternehmen etwa im hochpreisigen Segment qualitativ hochwertige Produkte herstellt, kann die externe Beschaffung von Prämien ggf. günstiger sein. Es gibt aber eine Reihe von Situationen, in denen der Kostenvorteil auf der Hand liegt. Dies ist allgemein dann der Fall, wenn ohnehin freie Kapazitäten als Prämien vergeben werden können, ohne dass durch diese Entscheidung nennenswerte Zusatzkosten für ein Unternehmen entstehen. Beispiele kommen hier oftmals aus dem kapitalintensiven Branchenumfeld, so etwa das Angebot von freien Telefoneinheiten oder das Angebot von freien Stromeinheiten. In diesen Branchen existieren nur geringe variable Kosten der Leistungsabgabe, weswegen die Prämien für den Kunden zwar einen hohen Wert besitzen, dem gewährenden Unternehmen aber kaum zusätzliche Kosten entstehen. Zu berücksichtigen sind aber ggf. Opportunitätskosten in Form entgangener Umsätze mit den betreffenden Kunden. Im Telefonbereich wird dieser Effekt vermutlich geringer sein als im Energiesektor, da man verleitet ist, bei kostenlosen Gesprächen mehr zu telefonieren, wohl aber kaum das Licht länger brennen zu lassen, wenn dies die Stromrechnung nicht tangiert. Außerhalb dieser kapitalintensiven Branchen kann die Prämienvergabe auch dafür genutzt werden, zu hohe Lagerbestände abzubauen oder Produkte zu vertreiben, die wegen bevorstehender Modellwechsel evtl. für den Handel nicht mehr attraktiv sind. In diesen Fällen sollte aber stets abgewogen werden, ob nicht evtl. durch Vergabe von veralteten oder minderwertigen Produkten ein Imageschaden bei wertvollen Kunden erzeugt wird oder auch eine Kannibalisierung in Bezug auf die eigenen Produkte der neueren Generation.

5.3.2 Vorteile von Fremdprämien

Wenn, wie gesehen, auch gewichtige Argumente für die Vergabe von Eigenprämien existieren, so spricht doch auch viel dafür, zusätzlich oder hauptsächlich Fremdprämien in das Bonussortiment aufzunehmen. Im Einzelnen sind hier folgende Argumente ins Feld zu führen:

- *Vorteile des vielfältigeren Sortiments*: Gerade bei Unternehmen, die im eigenen Produktspektrum nur wenige Möglichkeiten zur Vergabe von Prämien besitzen, ist es zur Erzeugung eines attraktiven Sortiments unerlässlich, auch auf Fremdprämien zurückzugreifen. Ein gutes Praxisbeispiel ist hier der ***UBS KeyClub***. Da das Bankgeschäft nur wenige Möglichkeiten für Prämien mit emotionalem Gehalt bietet, hat man sich dazu entschlossen, die Programmattraktivität durch die vielfältige Gestaltung des Bonusspektrums herzustellen. So finden sich im Bonusset Reiseprämien, Tickets für kulturelle Veranstaltungen, Spenden oder aber auch die Möglichkeit, die Bonuspunkte für einen Einkauf bei zahlreichen Partnern des Einzelhandels einzusetzen. Das eher nüchterne Bankgeschäft bekommt damit einen emotionalen und auch lokalen Bezug, der zu Identifikation mit dem Bankhaus *UBS* führt.
- *Vorteile durch Outsourcing*: Die Kosten für die Gestaltung, den Einkauf und die Distribution von Prämien dürfen nicht unterschätzt werden. Unternehmen, die hier hohe Investitionen scheuen, können unter Umständen gut beraten sein, das gesamte Prämiengeschäft in externe Hände zu geben. Diese Aufgabe kann als Full-Service-Leistung z. B. von Werbeartikelversendern oder generell Versandhäusern übernommen werden. Da eine Differenz zwischen dem Verkaufspreis, hier der geldliche Gegenwert des Bonuspunkteguthabens, und dem Einkaufspreis eines solchen Dienstleisters bestehen kann, ist es manchmal möglich, diese Leistung ohne Bezahlung des Dienstleisters, ja sogar gegen Gewinnbeteiligung an seiner Handelsspanne auszulagern. Der Programmbetreiber erhält dann sozusagen eine Vertriebsprämie, da er seine Programmteilnehmer exklusiv dem Versandhändler zuführt. Nachteilig auswirken können sich hier natürlich, wie generell beim Outsourcing, eine Abhängigkeit vom Dienstleister sowie der ggf. zu geringe Einfluss auf die Gestaltung des Bonussortiments. Outsourcing muss aber nicht unbedingt die komplette Auslagerung von Funktionen bedeuten. So kann es sich z. B. nur auf die Fremdprämien beziehen, wohingegen parallel Eigenprämien angeboten werden.
- *Vorteil der „objektiveren" bzw. kundengerechteren Bonusgestaltung*: Ein zu starkes Maß an Eigenprämien kann dazu führen, dass Kunden

ein Programm als reine Verkaufsförderungsmaßnahme für das Sortiment des Programm betreibenden Unternehmens ansehen. Dies senkt dann aber das Ansehen des Programms und den Wert der erworbenen Bonuspunkte. Ohne Sammelanreiz aber können sich die positiven Wirkungen für das Unternehmen nicht entfalten. Ist ein Programm also kein „Fan-Club", der eher die Züge des klassischen Kundenclubs trägt, so sollte man schon aus diesem Grund immer auch ein gewisses Maß an Fremdprämien anbieten.

- *Vorteil der Finanzierung durch Prämienspender*: Neben der oben erwähnten Möglichkeit, an der Spanne zwischen Prämieneinkauf und Prämienverkauf zu verdienen, gibt es noch größere Finanzierungspotenziale aus dem Prämiensortiment. Diese ergeben sich dann, wenn man das Programm anderen Unternehmen als Plattform für Cross- und Up-Selling-Aktivitäten anbietet. So könnte man einem Hersteller von Computer-Druckern offerieren, seine Produkte als Prämie zur Verfügung zu stellen und für diese Leistung ein Entgelt in Form eines Werbekostenzuschusses verlangen oder alternativ für die Prämien selbst weniger oder nichts bezahlen. Diese Möglichkeit bietet sich insbesondere dann, wenn das Programm sehr bekannt ist und/oder eine große Anzahl von Kunden erreicht. Ein gutes Beispiel war die ***Aral Danknote***. Für jeweils 25 € Tankumsatz wurde hier ein geldähnlicher Gutschein („Danknote") im Wert von 50 Cent vergeben, der bei einer Anzahl von Prämienpartnern (z. B. *Burger King* oder *dm*) einlösbar war. Dabei haben die Prämienpartner die Einlösung in der Regel dergestalt reglementiert, dass ihre Cross-Selling oder Up-Selling Absichten unterstützt wurden. Im Falle von *Burger King* konnte man so den Gutschein im Wert von 50 Cent nur für Menüs (=Burger+Pommes Frites+Getränk) einsetzen (=Up-Selling-Taktik) und Gutscheine auch nicht kumulieren, d. h. nicht etwa mit Hilfe von fünf Gutscheinen das komplette Menü bezahlen (=Cross-Selling Taktik, indem z. B. andere Personen mitgenommen werden oder mehrmals gespeist wird). Auch die unbedingten Barrabatte bei programmfremden Unternehmen, etwa Kinorabatte bei der ***OTTOCard***, stellen eine Win-Win-Situation dar. Für die einen, im Beispiel das Kino, bietet sich die Möglichkeit einer Promotion bei Millionen von Kunden, die anderen können den Nutzen ihres Bonusprogramms aufladen, ohne dafür zu zahlen.

Aus dem Gesagten kann somit abschließend festgehalten werden, dass bis auf Extremfälle („Kunden-Fan-Club") immer auch Fremdprämien im Programm enthalten sein sollten, um dessen Attraktivität für einen breiten Kundenkreis zu gewährleisten. Ob diese jedoch überwiegen oder eher eine Ergänzung darstellen, liegt an der unternehmensindividuellen Gewichtung der aufgeführten Effekte.

5.3.3 Checkliste: Eigen- vs. Fremdprämien

Wenn ein Unternehmen zwischen Eigen- und Fremdprämien abwägt, sollte es zunächst folgende Fragen beantworten:

- □ Soll das Programm die eindeutige Corporate Identity *eines* Unternehmens erhalten?
- □ Geht von den eigenen Produkten für Kunden eine besondere Faszination oder Attraktivität aus?
- □ Gibt es im eigenen Produktspektrum die Möglichkeit, durch Testkäufe Kunden für höherwertige Produkte oder zusätzliche Produkte zu gewinnen?
- □ Bietet man Produkte mit sogenanntem Lock-In-Charakter an, bei denen man vor allem an Zubehör und Betriebsmaterialien verdienen kann oder kann sogar ein Lock-In in das Programm selbst erzeugt werden?
- □ Gibt es Eigenprämien, deren Vergabe zu keinen nennenswerten zusätzlichen Kosten für das Unternehmen führen würde, die aber dennoch aus Sicht der Verbraucher eine bedeutende Wertigkeit besitzen?
- □ Wäre ein nur aus Eigenprämien gestaltetes Sortiment vielfältig genug, um die Zielgruppe des Programms zu begeistern?
- □ Sind genügend finanzielle Mittel und/oder Voraussetzungen in der Infrastruktur vorhanden, ein eigenes Prämienmanagement inklusive Versand aufzubauen?
- □ Gibt es Möglichkeiten, die Prämienvergabe oder aber auch unbedingte Barrabatte anderen Unternehmen als Plattform für Verkaufsförderungsmaßnahmen anzubieten?

Kapitel 6
Infrastruktur des Punkteerwerbs

In diesem Kapitel soll es nun um die technologischen Möglichkeiten gehen, mit deren Hilfe Kunden Bonuspunkte sammeln und Unternehmen diese Punkte registrieren und verwalten können. Als in der Praxis zahlenmäßig dominierendes Medium hat sich dabei die Kundenkarte in Form einer Plastikkarte erwiesen. So greifen alle in diesem Buch angeführten Fallbeispiele darauf zurück. Auch gemäß der Studie von Müller aus dem Jahr 2006 machen die Plastikkarten 87 % der untersuchten Bonusprogramme aus. Papier gestützte Medien sind hingegen vor allem bei Programmen kleiner Einzelhandelsbetriebe oder Restaurants beliebt, nur noch wenige Beispiele existieren bei Großunternehmen. Im Folgenden soll über das Aufzeigen der Funktionsweisen und ihrer Vor- und Nachteile deutlich werden, wann, welches Verfahren von Vorteil ist. Dabei werden auch neuere, innovativere Möglichkeiten nicht außer Acht bleiben.

6.1 Elektronische Medien

6.1.1 Kundenkarten

Wie in Kap. 1 festgestellt wurde, bestehen zum Teil gemeinsame Wurzeln der Themen Kundenkarten und Bonusprogramme, so dass beides gelegentlich nicht ausreichend differenziert wird. Die Kundenkarte mit Bonusfunktion ist dabei aber nur eine unter vielen Varianten.[1] Auf der anderen Seite können Bonusprogramme sehr wohl auch ohne Kundenkarten betrieben werden, wie in Kap. 6.2 aufgezeigt werden wird.

[1] Vgl. Raab und Lorbacher (2002, S. 100).

DOI 10.1007/978-3-642-19118-3_6,

6.1.1.1 Funktionen einer Bonus-Karte

Bei den Funktionen, die eine Kundenkarte im Rahmen eines Bonusprogramms aufweisen sollte, kann in Grund- und Zusatzfunktionen unterschieden werden.

Grundfunktionen: Zu den Grundfunktionen zählen alle Karteneigenschaften, die für den Betrieb eines Bonusprogramms unabdingbar sind. Dies sind:

- *Rabattbuchung am Point of Sale (PoS)*: Die Karte dient als Medium, die automatische Gutschrift von Bonuspunkten durch Vorlage am PoS und Einlesen in einem speziellen Kartenlesegerät auszulösen.
- *Identifizierung und Authentifizierung* (auch Ausweisfunktion[2] genannt): Bei der Gutschrift von Bonuspunkten am PoS dient die Kundenkarte zur Identifikation des Besitzers. Durch das automatische Einlesen der Kartennummer werden die für einen Einkauf getätigten Punkte direkt als Guthaben auf das Punktekonto des Kartenbesitzers verbucht. Um Missbrauch bei der Verwendung der Bonuspunkte (vor allem der Prämieneinlösung) auszuschließen, ist neben der Identifikation in der Regel auch eine Authentifizierung notwendig, bei der die Übereinstimmung von Kartenbesitzer und -eigentümer überprüft wird. Das gängigste Verfahren hierzu ist die Vergabe einer Personal Identification Number (PIN), an deren Umgang der Kunde durch den Gebrauch von EC- und Kreditkarten gewöhnt ist. Diese Authentifizierung kann alternativ beim Empfang von persönlich erbrachten Bonusleistungen, z. B. Statusleistungen, auch durch Aufdruck eines Passfotos erfolgen.

Neben diesen Grundfunktionen kann die Karte mit weiteren nützlichen Eigenschaften ausgestattet werden. Diese stehen entweder in direktem Zusammenhang zum Programm (z. B. der Nutzung von gewährten Extra-Services) oder aber sie dienen dazu, die Häufigkeit der Kartennutzung und damit die Akzeptanz von Karte und Programm beim Kunden zu erhöhen. Solche Mehrwertfunktionen können sein:

- *Kreditkarten bzw. Zahlungsfunktion*:[3] Gerade im Zeitalter des zunehmenden elektronischen Zahlungsverkehrs[4] bietet es sich an, Bonuskarten auch mit einer Zahlungsfunktion (Kreditkarte, Maestro-Karte oder auch Geldkarte) auszustatten. Dies gilt insbesondere für Karten solcher Unter-

---

[2] Vgl. Wittbrodt (1995, S. 36).

[3] Vgl. auch Wittbrodt (1995, S. 39).

[4] So hat sich allein von 1985 bis 1997 die Zahl der in Deutschland verwendeten Kreditkarten von 1,1 Mio. auf 14,2 Mio. mehr als verzehnfacht (vgl. Gruner+Jahr, 1998, S. 2).

nehmen, bei denen Käufe am PoS getätigt werden, also etwa Einzelhandelsunternehmen oder Tankstellenketten. Der Vorteil für den Kunden aber ist hier, dass er nur eine Karte „zücken" muss und auch für das Kassenpersonal beschleunigt sich dadurch die Abwicklung. Zudem wird die Karte auch außerhalb der an ein Bonusprogramm angeschlossenen PoS eingesetzt und somit die Mitgliedschaft im Bonusprogramm beim Kunden selbst öfter in Erinnerung gerufen und unter Umständen auch andere Kunden auf die Existenz des Programms aufmerksam gemacht. Auch die Unternehmen profitieren nicht unerheblich von der Kreditkartenfunktion. So ist die Kombination von Kunden- und Kreditkarte nicht selten auch dadurch motiviert, die Kosten der Abwicklung mit fremden Kreditkarten einzusparen.[5] Zudem haben Studien gezeigt, dass durch die Integration einer Zahlungsfunktion die Kundenbindung erheblich gesteigert werden kann.[6]
- *Weitere Zusatzfunktionen*: Neben dem „Klassiker" Zahlungsfunktion ist es möglich, einer Karte noch weitere Nutzenkomponenten zuzuweisen. Beispiele sind der Einsatz als Calling-Card oder als elektronischer Schlüssel oder Zugangsberechtigungskarte für Computer. Zusatzfunktionen sollten so gewählt werden, dass sie zur Kompetenz des Programm betreibenden Unternehmens oder seiner Partner passen.[7] Diese Zusatzleistungen können so zum Beispiel Bestandteil gewährter Extra-Services (vgl. Kap. 5.1.2) im Rahmen eines hervorgehobenen Kundenstatus sein.

6.1.1.2 Infrastruktur-Anbindung

Mit dem Einsatz einer Kundenkarte als Sammelmedium ist der Aufbau einer verhältnismäßig komplexen Infrastruktur verbunden. Abbildung 6.1 stellt die wesentlichen Elemente dieser Infrastruktur und ihre Beziehungen untereinander schematisch dar.

Die wesentlichen Infrastrukturbestandteile im Einzelnen sind:

- Die *Kundenkarte*: Gewöhnlich wird hier eine Karte aus Vollplastik im international üblichen Scheckkartenformat $2^{1/8}$ Zoll mal $3^{3/8}$ Zoll und 0,28 bis 0,76 mm dick mit einem Gewicht von 1,8 bis 5,3 g eingesetzt.[8] Auf der Karte ist eine eindeutige Identifikationsnummer angebracht, die, sollte sie Zahlungsfunktion aufweisen, nach dem international üblichen Kreditkar-

[5] Vgl. Tomczak et al. (2010, S. 401).

[6] Vgl. Müller (2006, S. 115).

[7] Vgl. Wittbrodt (1995, S. 47).

[8] Vgl. Wiencke und Koke (1994, S. 50).

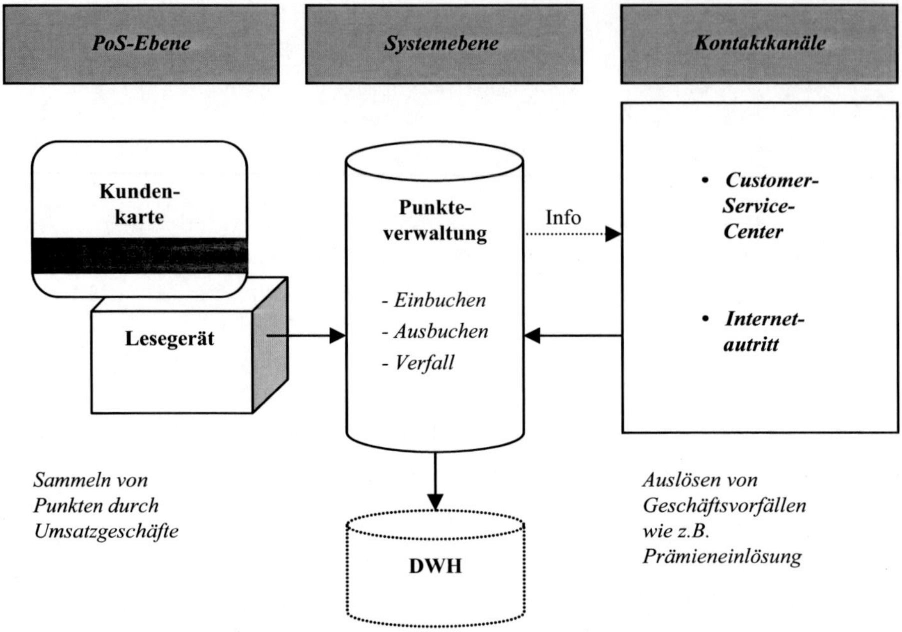

Abb. 6.1 Die notwendige Infrastruktur zum Einsatz einer Kundenkarte

ten-Nummerierungssystem aufgebaut ist. Zur Identifizierung kann ein Magnetstreifen, ein herkömmlicher Chip, ein RFID-Chip oder ein Barcode verwendet werden. Sollen viele unterschiedliche PoS anbindbar sein (etwa bei partnerübergreifenden Programmen wie ***PAYBACK***), so empfiehlt es sich, mindestens zwei dieser Optionen gleichzeitig zu nutzen.[9]

- Das *Kartenlesegerät am PoS*: Dieses Lesegerät kann entweder auf dem Einlesen der Daten des Magnetstreifens, dem Lesen des aufgebrachten Scannercodes oder des elektronischen Speicherchips beruhen.
- Die *Daten-Übertragungswege*: Zur Übertragung der Daten über erworbene Bonuspunkte vom PoS zum Punkteverwaltungssystem kommen entweder Mietleitungen oder Wählverbindungen in Betracht, die Wahl der Technologie ist von der vorhandenen Infrastruktur und vom voraussichtlichen Datenvolumen abhängig.
- Das *Punkteverwaltungssystem*: Das elektronische System zur Verwaltung von Bonuspunkten bildet das Herzstück der Infrastruktur. Es ist mit der Kontenverwaltung bei Banken vergleichbar. Jeder Programmteilneh-

[9] Üblicherweise werden in Deutschland bisher Kundenkarten verwendet, die Barcode und Magnetstreifen nutzen, da Chipkarten ein Vielfaches kosten.

mer hat in diesem System sein eigenes Guthaben, das Punktekonto. Auf diesem Konto sollten folgende Geschäftsvorfälle abbildbar sein:

– Das *Einbuchen von Punkten*: Ein häufiges Problem, welches in diesem Zusammenhang zu lösen ist, ist die Stornierung von Käufen. Je nachdem, wie häufig Stornierungen vorkommen (im Versandhandel gibt es durchaus Quoten um die 30 %), kann eine endgültige Punktegutschrift eventuell erst mit Verzögerung erfolgen, um die Menge an aufwendigen Rückbuchungen zu verringern. Wichtig ist in diesem Zusammenhang auch der Einbau einer Missbrauchskontrolle (Fraud-Control), die Punktebuchungen ohne zugrundeliegende Geschäftsvorfälle aufdeckt.
– Das *Ausbuchen von Punkten*: Beim Ausbuchen, d. h. der Umwandlung von Bonuspunkten in Prämien, muss das System feststellen können, ob der Punktestand für die gewählte Prämie ausreichend ist.

Neben diesen „Muss-Funktionen" können je nach Gestaltung des Programms noch weitere Funktionalitäten erforderlich sein, so z. B.:

- die Trennung in Rabatt- und Statuspunkte (vgl. Kap. 1.1.2),
- die Ermöglichung automatischen Punkteverfalls nach Ablauf einer definierten Frist (vgl. Kap. 8.1) oder
- die Übertragung von Punkten auf das Konto eines anderen Teilnehmers (dies war etwa beim Programm *HappyDigits* möglich).

Das Punkteverwaltungssystem ist in der Regel eng mit einem Kunden-DWH (vgl. Kap. 2.2.3.2) verknüpft, so dass auf Basis der Datenhistorie beispielsweise Muster im Punktesammel- und Einlöseverhalten, die etwas über das Profil des Kunden aussagen, erkannt werden können.

Systeme zur Verwaltung von Bonuspunkten sind zumeist Eigenentwicklungen der Unternehmen, es ist aber auch der Kauf solcher Systeme bei anderen Bonusbetreibern denkbar. Wirkliche Standardsoftware wird wegen der zu geringen Fallzahl bislang für diese Zwecke nicht angeboten.

- Das *Customer-Service-Center* (vgl. Kap. 1.1.3): Im Customer Service Center (CSC) können in der Regel auf telefonischem, schriftlichem oder elektronischem Wege alle mit der Punkteverwaltung in Zusammenhang stehenden Geschäftsvorfälle ausgelöst werden, etwa Punktegewährung (z. B. als Kulanzen) oder Prämieneinlösung. Im letzteren Fall werden die Daten dann an den internen oder externen Prämiendienstleister bzw. ein Logistikzentrum übermittelt, welches die Prämie, sofern diese dingliche Eigenschaften aufweist, an den Kunden sendet.
- Die Funktionen des CSC werden heutzutage ganz oder teilweise auch durch den *Internetauftritt* eines Programms übernommen (vgl. Kap. 10), indem die Geschäftsvorfälle, welche zu Punktebuchungen führen, online ausgelöst werden.

6.1.1.3 Vor- und Nachteile von Karten

Karten als Sammel-Medium besitzen spezifische Vorteile:[10]

- Sie *steigern die emotionale Bindung* an ein Programm und damit das Unternehmen, indem sie eine beständige Aufmerksamkeit beim Gebrauch der Karte sichern.
- Sie sind ein *allzeit präsenter Werbeträger*, der, wenn mit vielfältigen Einsatzmöglichkeiten ausgestattet, eine Vielzahl potenzieller Programmteilnehmer auf das Programm aufmerksam macht.
- Sie besitzen eine *hohe Flexibilität* in der Programmgestaltung, sei es die Anbindung weiterer Programmpartner, die Veränderung der gewährten Bonuspunkte oder die Aufnahme von Extra-Services als Programmbestandteil.

Karten besitzen auf der anderen Seite aber auch Nachteile:

- An erster Stelle sind hier die *hohen einmaligen Kosten* für Karten-Produktion, Karten-Distribution, aber vor allem den Aufbau der Infrastruktur zu nennen, die, je nach Unternehmen und geplanter Programmgröße, leicht in den zweistelligen Millionenbereich gehen können.
- Zum zweiten existiert eine *Konkurrenz um den begrenzten Raum im Portemonnaie*. Schon heute tragen viele Kunden Plastikkarten unterschiedlichster Natur mit sich herum, ob Krankenkassenkarte, Maestro-Karte oder Kfz-Versicherungskarten. Laut einer Studie des Marktforschungsinstituts TNS-emnid wird aber die Anzahl von lediglich drei Karten im Portemonnaie von 85 % der Befragten Kunden als ideal angesehen.[11] Damit wird der verbleibende Raum für die Bereitschaft, das Portemonnaie mit weiteren Karten anzufüllen, immer geringer. Einen Ausweg bieten hier partnerübergreifende Bonuskarten (wie z. B. ***PAYBACK*** oder ***DeutschlandCard***), die in verschiedenen Unternehmen einsetzbar sind.

6.1.2 Innovative Medien

Auch wenn man sich für den Weg einer elektronischen Punktesammlung und Verwaltung entscheidet, muss dies nicht zwangsläufig den Einsatz

[10] Vgl. dazu auch Wiencke und Koke (1994, S. 50).

[11] Vgl. Ploss (2002).

von Kundenkarten bedeuten. Die modernen Formen der Informations- und Kommunikationstechnologien lassen bereits mittelfristig andere Optionen zu. In diesem Zusammenhang könnten vor allem an Bedeutung gewinnen:

- *Mobile Kommunikationsmedien* wie das Handy oder aber auch der Handheld-Computer, das iPad oder das Smart-Phone. Eine Datenübertragung zur Identifizierung und Authentifizierung könnte hier mittels Bluetooth-Schnittstellen oder ähnlichen Technologien realisiert werden, was natürlich eine entsprechende Ausstattung an den PoS voraussetzen würde.
- Die reine *Online-Identifizierung*: Wenn Programme hauptsächlich auf E-Commerce setzen, d. h. der Einsatz von Karten am PoS keine Rolle spielt, dann kann die Identifizierung und Authentifizierung rein auf elektronischem Wege von zu Hause aus geschehen (wie etwa beim Programm *Webmiles*).

Vor allem der Einsatz von mobilen Kommunikationsmedien zur Identifizierung und Buchung mag nach wie vor noch etwas futuristisch klingen, technisch wäre er aber bereits heute ohne weiteres möglich. Der Vorteil: Nutzen die Programmteilnehmer ohnehin ein solches Gerät, würde der Wettbewerb um den verengten Raum im Portemonnaie entfallen und zudem durch die innovativere Ausweistechnik ein attraktives, emotionales Programmelement geschaffen. Insbesondere könnten solche innovativen Formen zum Einsatz kommen, wenn ein Bezug dieser Technologien zum Programmbetreiber gegeben ist, die Programmgestaltung einen Bezug aufweist (wie bei *Webmiles*) oder die Zielgruppe solchen innovativen Medien affin gegenübersteht. ***PAYBACK*** nutzt so zumindest das *iPhone* bereits mit Hilfe eines speziellen *Apps* für Programm und Kunden. So ist ein Filialfinder ebenso integriert wie die mobile Abfrage des Punktestandes. Eine Punktebuchung erfordert aber nach wie vor den Karteneinsatz.

6.2 Papiergestützte Medien

Papiergestützte Sammelmedien sind in Form der Rabatthefte der historische Klassiker unter den Bonusprogrammen. Gerade als Coupons erleben sie ausgehend von den USA seit geraumer Zeit ein Revival, so dass sie bei der Programmgestaltung nicht vorschnell außer Acht gelassen werden sollten. Rabattheft und Coupon sollen im Folgenden deshalb näher betrachtet werden.

6.2.1 Rabattheft (Stempelkarte)

Das Rabattheft beruht auf einem ganz einfachen Prinzip. Mit jedem Kauf werden am PoS eine bestimmte Anzahl von Rabattmarken ausgehändigt, die in ein eigens dafür ausgegebenes Heft oder auf eine Karte geklebt werden. Alternativ kann auch eine Karte ausgehändigt werden, bei der mit jedem Kauf in einer bestimmten, meist von der Kaufsumme abhängigen Zahl, Felder abgestempelt werden. Ist die Karte oder das Heft voll, so wird damit leicht ersichtlich die Einlöseschwelle für eine Prämie, die nicht notwendigerweise ein Rabatt sein muss, erreicht. Die Prämieneinlösung geschieht dabei in aller Regel am PoS, es kann aber auch die Zusendung des vollen Rabattheftes an eine zentrale Stelle, die dann die Prämie vergibt, vorgesehen sein.

Solche Rabatthefte werden in letzter Zeit wieder verstärkt im Einzelhandel (Bäckereien, Metzgereien) oder der Gastronomie eingesetzt. Vor allem mittelständische Betriebe bedienen sich ob seiner Einfachheit und Kostengünstigkeit gern dieses Mediums, um auf diese Weise auch an der „Rabattwelle" teilzuhaben. Aber auch große Markenartikelunternehmen, wie der Süßwarenhersteller *Ferrero* oder die Lebensmittelkette *Rewe*, vergeben Rabattmarken zum Sammeln. Am bekanntesten ist die in gewisser Regelmäßigkeit durchgeführte Monopoly-Aktion von *McDonalds*, die schon in Kap. 3.5 beschrieben wurde. Hier werden wie im richtigen Spiel Straßen gesammelt, die als Coupons mit dem Kauf von Produkten ausgegeben werden.

6.2.2 Coupon (Gutschein)

Auch auf Papierbasis, aber ohne Sammelfunktion gestaltet sich der Coupon. Coupons werden in den USA schon länger, nun zunehmend aber auch in Deutschland als Instrument der Verkaufsförderung eingesetzt. In den USA lag der Wert jährlich ausgegebener Coupons schon Anfang des Jahrtausends bei etwa 250 Mrd. \$.[12] Die meisten Coupons werden dabei ohne Bindung an ein Käuferverhalten willkürlich – z. B. über die Tageszeitung – an alle Verbraucher verteilt. Bei Vorlage der Coupons im entsprechenden Outlet erhält der Einlöser des Coupons dann in aller Regel einen Rabatt. Da dies definitionsgemäß nicht dem Verständnis von Bonusprogrammen entspricht (vgl. Kap. 1.1.1), sollen hier nur Coupons Beachtung finden, die als Gegenleistung für ein Käuferverhalten, z. B. eben den Kauf selbst, ausgegeben

[12] Vgl. Müller (2002) sowie Mertens (2002).

werden. Solche Coupons können dabei ebenfalls eine Einlöseschwelle besitzen, so dass eine gewisse Anzahl vor Auszahlung eines Bonus gesammelt werden muss, oder aber sie verzichten auf diesen Effekt.

Ein besonders gutes Fallbeispiel für den letzteren Fall war die *Aral Danknote*. Die „Danknote“, ein geldscheinähnlicher Coupon, wurde von November 2001 bis April 2002 an teilnehmenden *Aral*-Tankstellen ausschließlich für die Abgabe von Mineralöl, nicht aber Erzeugnissen im angeschlossenen Shop gewährt. Pro 25 € Umsatz wurde dabei dem Kunden ein Coupon in Gegenwert von 50 Cent ausgehändigt. Dieser Gegenwert konnte nun beim Kauf zahlreicher Prämienpartner, z. B. *Burger King*, eingesetzt werden.

Auch die oben erwähnte *Monopoly*-Aktion von *McDonalds* gibt neben den zu sammelnden Straßen auch Coupons von Prämienpartnern als Gewinne aus, so etwa 2010 vom Web-Foto-Shop *artido.de*.

Die mit Hilfe von Coupons gebotenen Kaufanreize funktionieren selbst dann, wenn der Gegenwert der Coupons relativ gering ist. Nach einer Studie der Universität Frankfurt sind Kunden schon für einen Coupon von zehn Eurocent bereit, neue Angebote auszuprobieren.[13] Ein unter rein ökonomischen Aspekten nicht nachvollziehbares Verhalten, welches aber wiederum zeigt, dass die Funktionsweise von Bonus und Rabattleistungen nicht rein ökonomisch beurteilt werden darf.

6.2.3 Vor- und Nachteile papiergestützter Medien

Coupons und Rabatthefte weisen drei wichtige Vorteile auf, die sie unter bestimmten Bedingungen zum bevorzugten Medium machen:

- Sie sind *kostengünstig*: Betreiber papiergestützter Bonusprogramme verzichten auf die Einrichtung der vielfältigen und Kosten treibenden Infrastrukturen, wie sie in Kap. 6.1.1.2 beschrieben wurden. Deshalb ist es nicht verwunderlich, dass sich besonders der Mittelstand gern dieses Mediums bedient.
- Wegen dieser Einfachheit sind papiergestützte Bonusprogramme aber auch gleichzeitig *schnell implementierbar*. Damit eignen sie sich aber auch zum testweisen Einsatz oder für den Fall, dass ein Bonusprogramm eher eine zeitlich begrenzte Verkaufsförderungsmaßnahme sein soll, wie im Fall des Einsatzes im Markenartikelbereich.
- Der Punktestand ist für die Kunden allzeit einsehbar, vor allem auch bei Einsatz des Sammelmediums am PoS. Damit wird eine wichtige Bedin-

[13] Vgl. Mertens (2002).

gung für das Erzeugen einer Sammelmotivation gemäß Kap. 3.5 besser erfüllt, als bei Einsatz von Kundenkarten.

Diesen beiden Vorteilen stehen aber zwei entscheidende Nachteile gegenüber, die gerade vor dem Hintergrund der Bedeutung von Kundenwissen im Individualmarketing (vgl. Kap. 2.2.3.2) nicht zu unterschätzen sind:

- Über papiergestützte Sammelmedien fließen *keinerlei Kundeninformationen*, weder Stammdaten wie Adresse, Geschlecht und Alter, noch Kaufdaten an das Unternehmen.
- Damit einhergehend findet keine regelmäßige und schon gar nicht gezielte Kommunikation über das Programm statt. So kann aber weder die Informationshoheit über den Kunden gewonnen werden (vgl. Kap. 2.2.2), noch wird eine emotionale Bindung aufgebaut. Vielmehr droht die Gefahr, dass nicht das Produkt und Unternehmen, sondern rein das Sammeln und die Prämie in den Vordergrund rücken.[14]

6.3 Kriterien zur Auswahl

Betrachtet man die Eigenschaften der Medien mit ihren Vor- und Nachteilen, dann lassen sich zusammenfassend folgende Kriterien zur Auswahl eines Sammelmediums herausstellen:

- Die *Bedeutung von Käufen am PoS*: Sollte ein Unternehmen seine Leistungen nicht oder so gut wie nicht am PoS absetzen, etwa Energieversorger oder Telekommunikationsunternehmen, so ist eine Plastikkarte nicht unbedingt erforderlich.
- Die *Aufnahme von Programmpartnern*: Ist ein Programm darauf ausgelegt, Partner in der Bonusvergabe als auch Prämieneinlösung aufzunehmen, so könnte dies zwar theoretisch über papiergestützte Medien gelöst werden, jedoch ist die prozesstechnische Abwicklung über ein elektronisches Medium, vor allem eine Karte, in diesem Falle einfacher und flexibler. Wird die Online-Welt nicht verlassen und ausschließlich E-Commerce-Umsätze incentiviert, so kann auf eine Karte zu Gunsten einer reinen Online-Identifizierung und -Authentifizierung verzichtet werden.
- Die *Integration in Geschäftsprozesse*: Soll das Bonusprogramm in zahlreiche Geschäftsvorfälle des Unternehmens integriert werden, z. B. Zah-

[14] Vgl. O'Brien und Jones (1995, S. 98).

lung, Kreditgewährung, Bestellung etc., so empfiehlt sich der Einsatz einer Plastikkarte.
- Die *geplante Programmdauer*: Ist ein Programm nicht auf Dauer angelegt, sondern lediglich als vorübergehende Verkaufsförderungsmaßnahme gedacht, empfiehlt sich auf alle Fälle der Einsatz eines papiergestützten Mediums. Das gleiche gilt, wenn zunächst einmal die Wirkung eines Bonusanreizes bei Kunden nur getestet werden soll. Ist die stärkere Identifikation von Kunden mit einem Produkt oder Unternehmen das Ziel, so sollte eine Kundenkarte als Sammelmedium zum Einsatz kommen, da sie für einen beständigen Aufmerksamkeitswert gegenüber dem Unternehmen führt.
- Die *Notwendigkeit des Erwerbs von Customer-Insight*: Ist ein Hauptziel des Programms, Kunden über mehr Kundenwissen gezielter in Marketing, Betrieb und Customer-Care zu betreuen, so kann dies nur über die Nutzung elektronischer Sammelmedien realisiert werden.
- Das *verfügbare Kosten- bzw. Investitionsvolumen*: Sind die verfügbaren Mittel relativ gering, vor allem bei mittelständischen Betrieben, so kommt in der Regel nur der Einsatz von papiergestützten Sammelmedien wie Coupon oder Rabattheft in Betracht.

6.4 Checkliste: Wahl des Sammelmediums

Bei der Wahl des Sammelmediums sollte ein Unternehmen nicht ohne weitere Analysen einfach dem Trend zur Plastikkarte folgen. Ob andere Instrumente in Betracht kommen, erfährt man, wenn die folgenden Fragen beantwortet werden:

- ☐ Ist eine emotionale Bindung an das Unternehmen vordringlich oder reicht die reine Vergabe von Rabatten aus?
- ☐ Soll das Bonusprogramm mit weiteren Geschäftsprozessen wie Zahlung, Kreditgewährung, Bestellung verknüpft werden?
- ☐ Sollen im Rahmen des Programms bei mehreren verschiedenen Unternehmen Punkte sammelbar sein und/oder die Punkte bei unterschiedlichen Unternehmen in Prämien eingelöst werden können?
- ☐ Nutzt die Zielgruppe des Programms bereits überwiegend innovative Kommunikationsmittel wie Handheld-Computer oder Handys mit Bluetoothschnittstelle?
- ☐ Sollen Bonuspunkte am PoS erworben werden oder geschieht der Erwerb ausschließlich oder überwiegend über Rechnungsumsätze, wie z. B. in den Bereichen Energieversorgung oder E-Commerce?

- ☐ Soll ein Programm nur vorübergehend (Verkaufsförderungsmaßnahme) oder testweise eingeführt werden?
- ☐ Ist ausreichend Budget zur Implementierung eines kartengestützten Programms vorhanden?
- ☐ Werden Kundeninformationen für die gezielte Kundenbetreuung und eine Erhöhung des Absatzvolumens benötigt?

Kapitel 7
Incentivierungsmechanik

Wie in Kap. 1.1.2 bereits erläutert, sollen die Regeln, nach denen Punkte (Rabatt- oder Statuspunkte) vergeben werden, als *Incentivierungsmechanik* bezeichnet werden. Da Bonusprogramme laut Definition auf der Vergabe von Bonuspunkten durch Unternehmen beruhen, spielt die Frage, nach welchen Regeln diese Punkte vergeben werden, naturgemäß eine bedeutende Rolle. Als Ziel von Bonusprogrammen wurde allgemein festgehalten, das Verhalten von Kunden so zu lenken, dass sich ihr Wert für das Unternehmen steigert. Damit kommt der differenzierenden Gestaltung der Vergaberichtlinien von Bonuspunkten ein zentraler Platz bei der Zielerreichung zu. Zwei generelle Erfolgsbedingungen sind in diesem Zusammenhang zu berücksichtigen:

- Die Incentivierungsmechanik muss geeignet sein, Kundenverhalten über Motivation tatsächlich zu beeinflussen.
- Die Vergaberichtlinien sind so zu gestalten, dass Kunden für das Unternehmen vorteilhaftes Verhalten ausdehnen, nachteiliges aber eindämmen.

Zur Frage der Verhaltenssteuerung von Kunden wird Kap. 7.1 zunächst allgemein nach Bedingungen für Motivation suchen und diese Erkenntnisse anschließend speziell auf das Feld der Bonusprogramme übertragen. Die Betrachtung der inhaltlichen und prozesstechnischen Gestaltung der Incentivierung in Kap. 7.2 beleuchtet dann den Aspekt der Steuerungsmöglichkeiten für Unternehmen im Rahmen von Bonusprogrammen. Zur praxisgerechten Hilfe beim Design eines Programms werden in Kap. 7.3 Kriterien zur Gestaltung der Incentivierung behandelt. Die Checkliste „Incentivierungsmechanik" (Kap. 7.4) schließt das Kapitel ab.

Gerade im Bereich der Vergabe von Bonuspunkten ist durch den Fall des Rabattgesetzes und der entsprechenden Zugabeverordnung eine größere Freiheit entstanden. Wie aus Kap. 4 hervorgeht, bedeutet das jedoch nicht, dass alles, was für Unternehmen nützlich wäre, erlaubt ist. Es ist deshalb ratsam, vor Einführung eines Programms oder bei strukturellen Änderun-

T. Lauer, *Bonusprogramme*,
DOI 10.1007/978-3-642-19118-3_7, © Springer-Verlag Berlin Heidelberg 2011

gen in der Incentivierungspolitik die jeweiligen Konzepte vorab von einem Rechtsberater prüfen zu lassen, um größeren Schaden im Vorhinein abzuwenden oder eventuelle Risiken aus der unsicheren Rechtssituation zu kennen und kalkuliert einzugehen.

7.1 Die Wirkung von Incentivierung

Die Frage, ob und unter welchen Bedingungen Verhaltenssteuerung über Belohnung funktioniert, lässt sich allgemein gut mit der sogenannten VIE-Theorie von Vroom darstellen.[1] Abbildung 7.1 stellt die wesentlichen Inhalte der Theorie dar und ihren Bezug zur Thematik Incentivierungsmechanik her.

Demnach bedeuten in dem Modell:[2]

- *Valenz (V)*: Die subjektive Bedeutung, die mit einer Zielerreichung verbunden ist. Sie wird durch die spezielle Motivstruktur, d. h. die Präferenzen des Belohnungsempfängers und den Anreiz bzw. die Attraktivität, die eine Belohnung besitzt, bestimmt.
- *Instrumentalität (I)*: Der Grad, zu welchem ein Verhalten zur Erreichung des angestrebten Anreizes, d. h. hier einer Belohnung, führt.

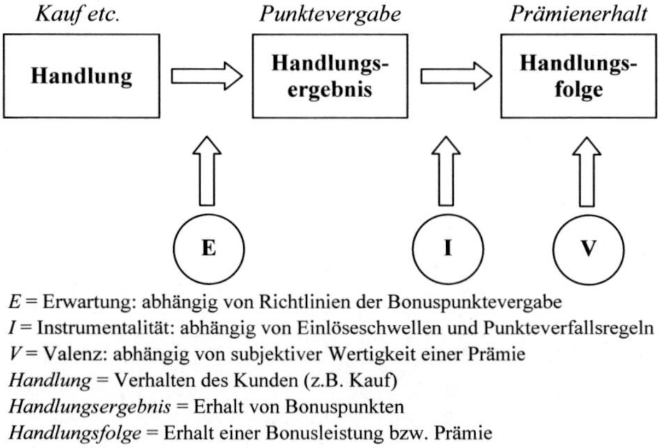

Abb. 7.1 Die VIE-Theorie von Vroom und ihr Bezug zur Incentivierungsmechanik von Bonusprogrammen. (Darstellung in Anlehnung an Ridder 1999, S. 428)

[1] Vgl. Vroom (1964). Die Theorie wird häufig im Rahmen der Thematik „Motivation im Arbeitsprozess" behandelt und etwa auf variable Entlohnungsmodelle bezogen. Variable Entlohnung als Motivationsinstrument für Mitarbeiter ähnelt aber strukturell stark der Frage der Verhaltenssteuerung von Kunden über Belohnung mit Hilfe von Boni, weswegen sich ein Transfer des ohnehin allgemeingültigen Modells anbietet.

[2] Vgl. Jung (2001, S. 391).

- *Erwartung (E)*: Die subjektive Einschätzung der Wahrscheinlichkeit durch eine Person, dass eine Handlung zu einem erfolgreichen Handlungsergebnis führt.

Überträgt man dieses Modell nun auf die Bedeutung für die Gestaltung der Incentivierung im Rahmen von Bonusprogrammen, so ergeben sich folgende Interpretationen seiner Bestandteile:

- *Valenz* bedeutet entsprechend, dass der Kunde eine Prämie auch wertschätzt. In qualitativer Hinsicht ist dies von der Gestaltung des Bonussets (vgl. Kap. 5) abhängig, ob also Prämien tatsächlich die Präferenzen der Zielgruppen eines Programms treffen, oder nicht. Quantitativ betrachtet hängt die Valenz vom monetären Gegenwert der Prämien ab. Dabei ist davon auszugehen, dass im Durchschnitt die Wertschätzung einer Prämie mit deren Geldwert ansteigt. Dies bedeutet aber, dass ein Kunde die Gelegenheit haben muss, genügend Punkte zu sammeln, um auch eine attraktive Prämie erhalten zu können. Beim Design eines Programms in der Praxis sollte deshalb für alle Kundensegmente, die Zielgruppen eines Programms sein sollen, mit Hilfe von Szenarien berechnet werden, wie hoch deren Bonuspunkteguthaben vermutlich sein wird. Als Zeitraum für eine solche Rechnung sollte man jeweils zweierlei in Betracht ziehen:
  - Ein Jahr, da dies dem psychologisch relevanten Zeitraum entspricht, in dem ein Kunde plant. Dauert es wesentlich länger als ein Jahr, bis eine Erlösschwelle für eine attraktive Prämie erreicht wird, kann sich dies nachteilig auf die Motivation auswirken, da ein zu großer Belohnungsaufschub vom Kunden verlangt wird.[3]
  - Den Zeitraum bis zum Verfall der Bonuspunkte (häufig 36 oder 24 Monate), um die theoretisch höchstmögliche Prämie zu berechnen. Diese kann ebenfalls wichtig sein, da sie quasi als „Wurst an der Stange“ fungiert. Der Kunde wird in der Praxis zwar nicht unbedingt tatsächlich so lange Punkte ansparen, bis dieser Wert erreicht ist, aber die realistische(!) Möglichkeit, eine ganz besonders wertvolle Prämie bekommen zu können, spornt an und kann auch in der Kommunikation des Programms Richtung Kunde genutzt werden.

  Gleichzeitig kann man mit einer solchen Szenario-Berechnung testen, ob Kundengruppen mit geringer potenzieller Wertigkeit (grundsätzliche

[3] Hierzu auch Dowling und Uncles (1997, S. 76): „The potential of a loyalty program to attract members depends not only on the value of its rewards but also on when the rewards are available. Research in psychology suggests that when a loyalty program's redemption rewards are delayed, they are less powerful.“

Wechselkäufer, Gelegenheitskäufer) mit Hilfe der gewählten Incentivierung „abgeschreckt" werden, da ein Erreichen von attraktiven Prämien für sie unrealistisch erscheint. Der Vorteil einer solchen „Abschreckung" liegt in der Ersparnis von Programmbetriebskosten, wie dem Versenden und Ausstellen einer Kundenkarte, dem Anlegen eines Punktekontos oder dem Zusenden von Informationsmaterialien wie Kontoauszug oder Kundenmagazin. Dieser pro Kunde fixe Kostenblock liegt je nach Ausgestaltung eines Programms zwischen ca. 2 und 10 € pro Jahr, so dass beträchtliche Effizienzpotenziale der Programmgestaltung vorliegen.
Die Valenz kann neben alldem auch durch die absolute Höhe der vergebenen Punkte beeinflusst werden. So schätzen Kunden 10 vergebene Punkte in der Regel subjektiv wertvoller ein, als wenn sie stattdessen nur 1 Punkt erhalten, der für eine Auszahlung den gleichen Gegenwert besitzt wie die 10 Punkte.[4] Demgemäß böte sich eine inflationärere Programmwährung eher an.

- Die *Instrumentalität*, also die Frage, ob Bonuspunkte tatsächlich in eine Prämie umgewandelt werden, hängt einerseits von der Gestaltung der Einlöseschwellen und andererseits der Punkteverfallsregelung ab, also der Frage, ob Punkte ewige Gültigkeit besitzen oder nach einem definierten Zeitraum verfallen. Diese Fragen sollen eingehend in Kap. 8 behandelt werden, weswegen hier noch nicht näher darauf eingegangen werden soll.
- *Erwartung*, als dritte Komponente des VIE-Modells, bedeutet, dass der Kunde davon ausgehen kann, für sein Verhalten tatsächlich Bonuspunkte zu erhalten. Da ein Bonusprogramm immer mit vorher bekannt gegebenen Vergaberichtlinien für Bonuspunkte arbeitet, wird diese Erwartung in der Regel erfüllt. In der Manipulation dieser Erwartung liegt aber die große Steuerungsmöglichkeit für das Programm betreibende Unternehmen selbst, indem es nur solche Verhaltensweisen belohnt, die eine Steigerung des Kundenwerts bedeuten. Das folgende Kap. 7.2 wird näher untersuchen, welche Steuerungsmöglichkeiten Unternehmen bezüglich der Erwartungslenkung von Kunden besitzen.

Berücksichtigt werden sollte bei alledem, dass Incentivierung auch zu hoch ausfallen kann und so die Valenz unterminiert. Diese Gefahr tritt vor allem dann auf, wenn der gewährte Prozentsatz an Boni so hoch ausfällt, dass der Kunde den Eindruck gewinnt, der Ausgangspreis sei nicht fair oder redlich gewesen. Anders stellt sich dies dar, wenn der Kunde sich eine hohe Incen-

[4] Vgl. Glusac (2009, S. 109 ff.) und Müller (2006, S. 91 f.).

tivierung durch wertvolles und anstrengendes Verhalten verdient und somit auch subjektiv eine gerechtfertigte Kosten-Nutzen-Relation erlebt.[5]

7.2 Incentivierungsinhalte und -arten

Wie in Abschn. 7.1 erwähnt, bestimmt die gewählte Incentivierungsmechanik maßgeblich, ob Kunden dergestalt in ihrem Verhalten gesteuert werden können, dass ihr Wert für das Unternehmen steigt. Hierbei sind es zwei Stellschrauben, die es zu betrachten gilt:

1. Die *Auswahl der Verhaltensweisen*, die incentiviert werden sollen. Dies wird Inhalt von Abschn. 7.2.1 sein.
2. Die *Regeln*, nach denen für diese Verhaltensweisen Punkte vergeben werden. Sie sollen Incentivierungsarten heißen und in Abschn. 7.2.2 näher behandelt werden.

7.2.1 Verhaltens- statt reiner Umsatzincentivierung

Im Zuge der Erläuterung der Grundmechanik von Bonusprogrammen (vgl. Kap. 1.1.2) wurde bereits darauf hingewiesen, dass Bonusprogramme hier keinesfalls nur als Mittel der Belohnung von Kaufverhalten verstanden werden sollen. Zwar spielt die Belohnung von Kaufverhalten in nahezu allen Programmen die dominierende Rolle, aber es gibt gute Gründe, die Incentivierung nicht nur auf diese Kategorie zu beschränken. Man erkennt dies, sobald einige Beispiele betrachtet werden, welche Verhaltensweisen jenseits des Kaufs Unternehmen belohnen.

- *Programmanmeldung*: Es macht durchaus Sinn, die Anmeldung zum Programm selbst schon mit der Vergabe von Punkten zu belohnen. So haben Experimente gezeigt, dass Teilnehmer loyaler sind und die Verhaltensanreize eines Programms stärker wirken, wenn Sie für die Bereitschaft der Teilnahme belohnt werden und zugleich schon einen Grundstock für die folgenden Sammelaktivitäten besitzen.[6]
- *Preisgabe von Kundenwissen*: In den Ausführungen zum Nutzen von Bonusprogrammen für Unternehmen (vgl. Kap. 2) wurde aufgezeigt, wel-

[5] Vgl. Musiol und Kühling (2009, S. 94).

[6] Vgl. Musiol und Kühling (2009, S. 81 f.).

che bedeutende Rolle Kundenwissen für eine erfolgreiche, kundenwertsteigernde Kundenbetreuung besitzt, so dass bei einigen Programmen sogar diese Zielsetzung vorrangig ist. Solches Wissen wird beispielsweise durch das Verteilen von Fragebögen über die Soziodemographie oder das Kaufverhalten von Kunden erworben. Damit Kunden motiviert sind, solche Fragebögen auszufüllen, kann man dieses Verhalten mit Bonuspunkten belohnen. Eine solche Belohnung kann dabei ohne weiteres relativ hoch ausfallen. So ist es nicht unüblich, Kunden für Befragungen im Rahmen der Marktforschung Belohnungen im zweistelligen Euro-Bereich zu zahlen, auf der anderen Seite müssen bei Adressanbietern für qualifizierte Kundendaten, d. h. solche mit weitergehenden Angaben zu Verhalten und Soziodemographie, ähnliche Summen pro Kundendatensatz gezahlt werden. Kapitel 4.2 hat aufgezeigt, dass dies auch rechtlich von Vorteil sein kann.
- *Nutzung von Kostensenkungspotenzialen*: In Kap. 2.1.2.3 wurde aufgezeigt, dass Bonusprogramme eine geeignete Motivationshilfe bei der Veränderung von Kundenverhalten in Richtung Nutzung von Kostensenkungspotenzialen darstellen. Eine solche Kostensenkung in der Kundenbetreuung wird z. B. durch Umstellung auf Online-Kommunikation, z. B. Online-Bestellung statt Bestellung über Call-Center, erreicht oder den Wechsel von Barzahlung gegen Zusendung einer Rechnung zur Einzugsermächtigung.

Die Ausdehnung der Incentivierungsinhalte über die reine Belohnung von Kaufverhalten hinaus hat nun einen zweifachen Nutzen:

1. Die erzielten Nutzen – insbesondere die Ausschöpfung von Kostensenkungspotenzialen – wirken schnell und sind direkt nachweisbar. Dies gilt für andere bedeutende Nutzenkomponenten, wie z. B. Kundenbindung, in weitaus geringerem Maße. Damit aber bieten solche Komponenten den Vorteil, Bonusprogramme gegen Angriffe im eigenen Hause – z. B. durch ein kritisches Controlling – zu schützen und nachweislich schnell die Gewinnzone zu erreichen.
2. Durch die Vergabe von Bonuspunkten über das Kaufverhalten hinaus kommt es zu einer Attraktivitätssteigerung des Programms für Kunden, denn nun können Einlöseschwellen für attraktive Prämien schneller erreicht werden (dies beeinflusst positiv die Instrumentalität im oben dargestellten VIE-Modell) oder der Erhalt einer höherwertigen Prämie wird ermöglicht (d. h. die Valenz im VIE-Modell wird erhöht).

Als Beispiel kann hier die ***OTTOCard*** angeführt werden, bei der die Teilnehmer einen höheren Bonus erhalten, wenn sie per Internet bestellen. Ein Vorgang, der für das Unternehmen spürbar Kosten senkt.

7.2.2 Incentivierungsarten

Die Incentivierungsarten sollen nun nicht die Inhalte der Incentivierung beschreiben, sondern die Regeln, die die Höhe der Incentivierung bestimmen. Diese Regeln sind naturgemäß nicht gänzlich von den Inhalten zu trennen, dennoch besteht weitgehend Unabhängigkeit und damit Wahlfreiheit.

Idealtypisch lassen sich drei Formen der Incentivierung unterscheiden:

- die konstante Incentivierung
- die aktionistische Incentivierung
- die zyklische Incentivierung

Alle drei Formen sollen im Folgenden näher beleuchtet und anhand von Fallbeispielen aus der Praxis exemplifiziert werden.

- *Konstante Incentivierung*: Konstante Incentivierung bedeutet, dass eine Verhaltensweise dauerhaft und in gleicher Weise belohnt wird. Praktisch findet sich diese Form der Incentivierung vor allem in Bezug auf Kaufverhalten bei Gütern mit regelmäßigem Bedarf. Eine Ausgestaltung kann z. B. so aussehen, dass grundsätzlich ein Punktewert in Höhe eines fest definierten Prozentsatzes des Kaufpreises gewährt wird. Bislang war die konstante Incentivierung die dominante Form im Rahmen deutscher Bonusprogramme. Sie findet sich so z. B. bei den meisten Partnerunternehmen von ***PAYBACK*** oder der ***DeutschlandCard***. In Ausnahmefällen kann es dabei auch Sinn machen, den Prozentsatz an die Menge und nicht den Umsatz zu koppeln, etwa beim ***Shell CLUBSMART***, wo die Bindung an das Tankvolumen in Litern zu höherer Transparenz für die Verbraucher beiträgt. Die konstante Incentivierung belohnt Käufer, die wiederholt ihren Bedarf bei ein und demselben Unternehmen decken. Sie ist damit das Incentivierungselement, welches die Nutzendimension Kundenbindung (vgl. Kap. 2.1.2.1) direkt unterstützt.
  Konstante Incentivierung muss aber keinesfalls bedeuten, dass alle Produkte oder Leistungen eines Unternehmens mit gleichen Prozentsätzen incentiviert werden müssen. Vielmehr sollte auch hier das Verhalten so gesteuert werden, dass man eine Differenzierung nach dem Beitrag zum Kundenwert vornimmt. Dies kann auch durch Kombination mit Statusprogrammen abgebildet werden. So erhalten beim ***Shell CLUBSMART*** etwa die Mitglieder des *Shell V-Power*-Clubs für die entsprechenden Kraftstoffe die doppelte Punktzahl. Und auch *Miles & More* vergibt an Frequent Traveller oder Senatoren 25 % mehr Punkte. Auch innerhalb von Multipartner-Programmen finden sich darüber hinaus solche Differenzierungen. So etwa bei der ***DeutschlandCard***, wo für Umsätze im

deckungsbeitragsschwachen Lebensmittelhandel (*EDEKA*) nur 0,5 % gewährt werden, bei Apotheken der *gesund-leben-Kette* jedoch 1 % Und schließlich sind auch Bonusstaffeln ein Instrument der konstanten, aber kundenwertbezogenen Incentivierung, welches freilich unter bestimmten Bedingungen rechtlich bedenklich sein kann (s. 4.1). Unter den Fallbeispielen des vorliegenden Buches sei hier die ***S-Etukortti*** aus Finnland genannt, die Bonusstaffeln erfolgreich anwendet.

Enthält ein Bonusprogramm sowohl eine Rabatt- wie eine Statuskomponente, so kann sich Differenzierung ferner darauf beziehen, bei den Vergaberegeln für Status- und Rabattpunkte Unterschiede zu treffen. Dies zeigt sich sehr schön am Beispiel des Programms *Miles & More.*

Miles & More bietet neben der Vergabe von Bonuspunkten bei Flügen mit der *Deutschen Lufthansa* auch den Punkteerwerb bei Partnerunternehmen an. Diese Partnerunternehmen lassen sich nun wiederum in zwei Klassen aufteilen. Zum einen sind hier andere Fluggesellschaften (wie *United Airlines* oder *SAS*) anzutreffen, die sich zur internationalen Anbietergruppe *Star Alliance* zusammengeschlossen haben. Zum anderen gibt es Partner, die Dienstleistungen erbringen, die in direktem Zusammenhang mit Flugreisen stehen, so etwa Hotelketten oder Autovermietungen. Bonuspunkte, in Form von Rabattpunkten, sind nun bei allen diesen Partnerunternehmen erhältlich, Statuspunkte hingegen nur durch Flüge bei *Lufthansa* oder den angeschlossenen Gesellschaften in der *Star Alliance.* Diese Strategie ist unmittelbar einsichtig. Das Erbringen von Statusleistungen erzeugt dauerhafte Kosten für die *Lufthansa,* die vor allem mit der Zahl der Kunden, die einen Status besitzen, variieren. Folglich hat *Lufthansa* lediglich ein Interesse, solche Kunden im Status anzuheben, die dem Unternehmen selbst durch Vielfliegen auch beträchtliche Umsätze bescheren, nicht aber diejenigen, die sich ihre Punkte am Mietwagenschalter oder der Hotelrezeption verdienen. Anders verhält es sich mit Bonuspunkten, die bei kooperierenden Fluggesellschaften erworben wurden. Die Leistungsattraktivität einer Fluggesellschaft steigt mit dem weltweiten Netz an, welches sie bedient. Die Kooperationspartner sind also notwendige Voraussetzung für Wettbewerbsfähigkeit. Dementsprechend hat die *Lufthansa* sowohl ein Interesse daran, dass ihre Kunden bei Anschlussflügen mit Partnern Statuspunkte erwerben, als umgekehrt die Partnerunternehmen, wenn deren Kunden Anschlussflüge bei *Lufthansa* buchen, denn in beiden Fällen sind es die lukrativen Vielflieger bzw. Langstreckenflieger, die diese Punkte sammeln. Im Übrigen wäre es im Sinne der Transparenz, Nachvollziehbarkeit und Fairness eines Incentivierungssystems (vgl. Kap. 7.3) für Kunden auch nicht verständlich, wenn mit diesen Kooperationen geworben wird, ihr

Leistungsangebot bei der Vergabe von Statuspunkten aber ausgespart bliebe.

- *Aktionistische Incentivierung*: Die aktionistische Incentivierung setzt auf die fallweise Belohnung von Verhaltensweisen. Dies bietet sich naturgemäß dort an, wo Verhaltensänderungen zur Kostensenkung angeregt werden sollen (vgl. Kap. 7.2.1) oder aber Kaufverhalten auf sporadischen Kaufakten beruht. Letzteres ist vor allem im Bereich der hochwertigen Gebrauchsgüter der Fall, kann aber auch die Erstnutzung von Gütern oder den Erstvertragsabschluss umfassen. Generell möchte man über das Instrument der aktionistischen Incentivierung vor allem Cross- und Up-Selling fördern (vgl. Kap. 2.1.2.2). So lohnt es sich beispielsweise, den Kauf von Produkten mit Lock-In-Charakter (z. B. Computer-Drucker; vgl. Kap. 5.3.1) besonders zu belohnen, bei denen dann anschließend an Zubehör und Betriebsmaterial verdient wird. Oder man incentiviert den Erstabschluss eines Mobilfunkvertrages, wenn bislang lediglich das Festnetz eines Telekommunikationsanbieters genutzt wird.
  Aktionistische Incentivierung betreibt so zum Beispiel die Bauunion 1905, die den Bau eines Hauses mit der Gesellschaft jeweils mit 100.000 Punkten einmalig belohnt. Auch zur Neukundengewinnung innerhalb von Partnerprogrammen ist aktionistische Incentivierung gut einsetzbar. Die Autovermietung *Sixt* vergibt so etwa 500 Extra-Punkte für eine Erstanmietung durch ein Mitglied des ***Shell CLUBSMART***. Bei der ***DeutschlandCard*** wiederum erhalten Neukunden der *Deutschen Bank* einmalig 3.000 Bonuspunkte. Incentivierung wird darüber hinaus auch gern zur Verhaltensincentivierung außerhalb von Kaufumsätzen eingesetzt. Etwa für die Preisgabe von Kundenwissen.
  PAYBACK zeigt darüber hinaus, dass die aktionistische Incentivierung auch zur Steigerung des Erlebniswertes eines Programms nutzbar ist. Die Vervielfachung der Punkte in Abhängigkeit von den gewonnenen deutschen Goldmedaillen während der Olympischen Spiele dient hier als Beleg.
- *Zyklische Incentivierung*: Zyklische Incentivierung soll bedeuten, dass nicht jedes einzelne Verhalten, sondern regelmäßig die Verhaltenskonstanz, etwa in Form von Loyalität, belohnt wird. Diese Art der Incentivierung wird deshalb auch als zeit- und loyalitätsabhängiges Pricing[7] bezeichnet. Zyklische Incentivierung ist dann sinnvoll, wenn die Tatsache der Verhaltenskonstanz selbst den größten Nutzen für das Unternehmen bringt. Am Beispiel vom ***Young KeyClub der UBS*** lässt sich das ver-

[7] Vgl. Simon et al. (2000, S. 325).

deutlichen. Teilnehmer erhalten hier jedes Quartal 5 Punkte, wenn Sie in diesem Zeitraum die Maestro-Bankkarte mindestens dreimal eingesetzt haben.

7.3 Kriterien zur Gestaltung der Incentivierung

Ein Unternehmen, welches die Einführung eines Bonusprogramms plant, steht also letztlich vor der Frage, welches Verhalten bzw. welche Produkte es in welcher Höhe und welcher zeitlichen Logik incentivieren sollte. Zur Lösung dieser Frage sind nach dem bisher Gesagten vor allem die folgenden Kriterien zu beachten:

- Das *Kundenwertsteigerungspotenzial*: Generell sollte ein Unternehmen zunächst eine spezielle Zielsetzung für sein Programm entwickeln, welche vor dem Hintergrund der individuellen Unternehmenssituation festlegt, welche Nutzendimensionen (vgl. Kap. 2.2) besonders wichtig sind. Hier liegt dann in aller Regel das höchste Kundenwert-Steigerungspotenzial. Damit werden aber Inhalte und zum Teil auch Arten der Incentivierung bereits in grober Richtung festgelegt. Ist Kundenbindung das Ziel, sollte auf jeden Fall wiederholtes Kaufverhalten oder Vertragsverlängerung incentiviert werden. Hier bieten sich – je nach Produkt und Unternehmen – die konstante oder die zyklische Incentivierung an. Je nach Wertbeitrag von Produkten für den Kundenwert und damit letztlich den Unternehmensgewinn ist dabei die Höhe der vergebenen Punkte zu variieren. Zielt ein Unternehmen hingegen auf Cross- und Up-Selling oder die Ausschöpfung von Kostensenkungspotenzialen, so bietet sich die aktionistische Incentivierung an oder aber alternativ für Cross- und Up-Selling die konstante Incentivierung mit eingebauter Staffelung. Generell sollte in diesem Zusammenhang auch die potenzielle Wertigkeit von Kunden berücksichtigt werden. Dies kann zum Beispiel dadurch erfolgen, dass mit dem Umsatzvolumen auch der prozentuale Gegenwert der gewährten Bonuspunkte ansteigt. So wird etwa auf kleine Umsätze nur ein geringer Rabatt gewährt, auf große hingegen ein auch prozentual höherer, oder aber die Incentivierung von Kundengruppen, die im Rahmen eines Statusprogramms einen höheren Level erreicht haben, wird grundsätzlich erhöht.[8]

[8] Vgl. hierzu auch das von Dowling und Uncles (1997, S. 79 f.) vorgeschlagene Modell, welches eine s-förmige prozentuale Steigerung der Incentivierungssätze in Abhängigkeit vom Umsatzvolumen vorschlägt, wobei vor allem Kunden mit mittleren Um-

- Die *Beeinflussbarkeit des Kundenverhaltens*: Vor Festlegung der Incentivierungsmechanik ist stets zu fragen, ob mit der Gewähr eines Incentives in der geplanten Form Verhalten überhaupt manipuliert werden kann. Dort, wo der Kunde gezwungen ist, ein bestimmtes Verhalten zu zeigen, etwa durch Vertragsbindung, oder nicht motiviert werden kann, mehr zu kaufen, wie im Falle des Stromverbrauchs, macht die Vergabe von Bonuspunkten, die ja letztlich Kosten erzeugt, keinen Sinn. Man sollte deshalb beim Kundenverhalten diejenigen Fälle und Zeitpunkte suchen, in denen tatsächlich Entscheidungen getroffen werden und an diesen Orten gezielt mit Incentivierungen eingreifen. Zu beachten ist dieser Punkt vor allem bei zyklischen Kaufentscheidungen, bei denen die generelle Wahl des Anbieters wesentlicher ist als die einzelne Leistungsinanspruchnahme. Dies trifft häufig auf Versorgungsunternehmen oder auch den Telekommunikationsbereich zu.[9]
- Die *Chance der Erzeugung von Lock-In-Effekten*: Ebenfalls für die Wahl der Incentivierungsarten entscheidend ist die Frage, ob ein Unternehmen Produkte besitzt, die Lock-In-Effekte erzeugen, sei es über Vertragsbindungen oder technologische Abhängigkeiten. Ist dieses Potenzial geboten, dann sollten diese Lock-In-Effekte erzeugenden Kundenentscheidungen mit besonders hohen Incentives gefördert werden.[10] Um Reaktanz, d. h. Unmut der Kunden durch Bewusstwerdung der „harten" Bindung zu vermeiden, empfiehlt es sich, auch die Folgeprodukte (z. B. Drucker-Patronen) zu einem noch spürbaren Prozentsatz zu incentivieren, auch wenn das Verhalten selbst nicht mehr beeinflusst werden muss.
- Die *Notwendigkeit eines „Hygienefaktors"*: Die Vergabe einer konstanten Incentivierung hat einen ähnlichen Stellenwert wie das Angebot von Rabatten als Bonusleistung (vgl. Kap. 5.1.1). Der Kunde ist von vielen Programmen her gewohnt, für jeden getätigten Umsatz Bonuspunkte in gewisser Höhe zu erhalten. Insofern kann man in Anlehnung an die Zwei-Faktoren-Theorie von Herzberg[11] von einem sogenannten „Hygienefaktor" sprechen. Die konstante Incentivierung vermag hier zwar nicht zu Mehrkäufen zu motivieren, vermeidet aber eine negative Einstellung gegenüber dem Programm.[12] Um zu hohe Kosten zu vermeiden, empfiehlt es sich, eine solche Incentivierung bewusst niedrig anzusetzen. In

sätze eine schnelle Steigerung der Incentivierungssätze erhalten, um sie zu motivieren, zu Top-Kunden zu werden.

[9] Vgl. dazu auch Simon et al. (2000, S. 326).

[10] Vgl. Dowling und Uncles (1997, S. 78 f.).

[11] Vgl. Herzberg et al. (1959/1993).

[12] Vgl. Jung (2001, S. 382 ff.).

der Praxis haben sich 0,5 % bis 2 % Gegenwert zum getätigten Umsatz eingebürgert. Allerdings ist eine so motivierte, konstante Incentivierung auch aus Unternehmenssicht von zusätzlichem Nutzen, sichert sie doch die stete positive Aufmerksamkeit auf das Programm und schafft somit eine Plattform für spezifischere, die Zielsetzung des Unternehmens stärker fördernde Bonus-Aktionen, wie z. B. die Nutzung von Kostensenkungspotenzialen.

- Die *Notwendigkeit des ausreichenden Ansparens von Rabattpunkten*: Wie in Kap. 7.1 ausgeführt, lassen sich Kunden über Bonusprogramme nur dann wirkungsvoll motivieren, wenn im Laufe eines Kalenderjahres auch ausreichend Bonuspunkte für den Erhalt einer attraktiven Prämie angespart werden können. Zumindest für die Kernzielgruppen eines Programms muss diese Bedingung hinreichend erfüllt sein. Unternehmen sollten deshalb vor Einführung eines Programms den wahrscheinlichen Punktewert typischer Zielgruppen per Simulation mit Kundendaten errechnen und die Höhe der gewährten Bonuspunkte als auch den Umfang der incentivierten Verhaltensweisen daran ausrichten. Kann mit den verfügbaren Mitteln des Unternehmens keine ausreichende Incentivierung gewährleistet werden, so ist die Kooperation mit anderen Unternehmen die erste Alternative. In Kap. 9 wird ausgeführt werden, welche Alternativen sich hier bieten und was unter welchen Umständen zu bevorzugen ist.

  Eine andere Möglichkeit das Problem zu geringer Punkteguthaben zu lösen wurde im Rahmen des Programms *HappyDigits* kreiert. Hier wird die Möglichkeit geboten, zusammen mit anderen Kunden Sammelgemeinschaften zu bilden. Dabei werden Bonuspunkte automatisch (per Dauerauftrag) oder per Einzelauftrag auf einem Gemeinschaftskonto kumuliert. Ein solches Instrument kann dann besondere Wirksamkeit entfalten, wenn die Prämien besondere Attraktivität für eine Gruppe besitzen, z. B. in Form von gemeinsamen Events. Hat sich eine Gruppe auf die Teilnahme an einer Sammelgemeinschaft verständigt und eine bestimmte Prämie ins Visier genommen, so entfaltet sich durch „Gruppendruck" eine soziale Dynamik, die den Einzelnen noch mehr als im Falle einer Einzelprämie motiviert, mit seinem Verhalten zum Erreichen des notwendigen Punktestands für die Prämie beizutragen.

  Auch die Familienanschluss- oder Partnerkarten setzen auf dieselbe Systematik. Im Programm ***S-Etukortti*** können alle Haushaltsmitglieder kostenlos Zusatzkarten bekommen, deren Bonusgutschriften auf ein gemeinsames Konto gutgeschrieben werden. Und bei der ***DeutschlandCard*** erhält jedes Programmmitglied zugleich eine Zweitkarte.

- Die *Transparenz des Systems*: Das System der Vergabe von Bonuspunkten muss transparent sein, um den Kunden zu erreichen.[13] Zur Transparenz tragen im Wesentlichen zwei Umstände bei:

  - Die *Einfachheit der Incentivierungsmechanik*: Für den Kunden sollte eine leicht erkennbare Struktur vorliegen, die nicht mit zu vielen Ausnahmen behaftet ist. Nur so wird er in die Lage versetzt zu erkennen, welches Verhalten sich für ihn lohnt und welches nicht. Andernfalls würde in der Sprache des VIE-Modells der Motivation (vgl. Kap. 7.1) die Dimension Erwartung verletzt. Bei aller Forderung nach differenzierter Incentivierung (vgl. Kap. 7.2.2) sollte also das Gebot der Einfachheit nicht verletzt werden. Dies bietet sich zudem rechtlich vor dem Hintergrund des Gebots von Preistransparenz (vgl. Kap. 4.1) an.
  - Die *Fairness der Incentivierungsmechanik*: Der Kunde darf nicht das Gefühl bekommen, dass nicht nachvollziehbar zwischen bestimmten Kundengruppen differenziert wird. Dies dient dazu, Enttäuschungen zu vermeiden und eine emotionale Bindung nicht zu gefährden.[14]

- Die *Rahmenbedingungen*: Auch hinsichtlich der Incentivierungsmechanik gibt es eine Reihe von Rahmenbedingungen, die die Gestaltungsfreiheit einschränken können. Dazu zählen:

  - Das vorhandene *Kostenbudget*: Sind die verfügbaren Spielräume zur Gewährung von Rabatten gering, muss gegebenenfalls überlegt werden, ob ein Unternehmen allein in der Lage ist, ein für den Kunden attraktives Bonusangebot zu erstellen. Eventuell ist die Kooperation mit Partnern dann eine bessere Alternative (s. Kap. 9).
  - Die *Infrastrukturvoraussetzungen*: Kommt bei der Wahl eines Sammelmediums eine elektronische Variante nicht in Betracht, so schränkt dies auch die Ausgestaltung der Incentivierungsmechanik ein. In aller Regel wird in diesen Fällen dann eine Art konstanter Incentivierung pro Umsatz (z. B. eine Bonusmarke je 10 € Umsatz) gewählt. Einfache, aktionistische Incentivierungen in Form erhöhter Mengen an Bonusmarken für den Erwerb ausgewählter Produkte sind aber dennoch denkbar.
  - Die *Kooperation mit Partnern*: Wird ein Programm im Rahmen eines partnerübergreifenden Bonussystems betrieben, so kann es sein, dass vertragliche Regelungen existieren, die bestimmte Incentivierungen zur Pflicht machen, andere aber ausschließen, in der Regel besteht hier aber heutigentags weitgehende Freiheit (siehe z. B. ***PAYBACK*** oder ***DeutschlandCard***).

---

[13] Vgl. hierzu auch Sebastian und Maessen (2002, S. 551).

[14] Vgl. Sebastian und Maessen (2002, S. 551).

7.4 Checkliste Incentivierungsmechanik

Ein Unternehmen sollte vor Festlegung der Produkte und Verhaltensweisen, die incentiviert werden, so wie Definition der Höhe und Vergaberichtlinien für diese Incentives folgende Fragen beantworten:

- ☐ Welche Ziele, gemessen an den Nutzendimensionen aus Kap. 2.2, werden hauptsächlich mit dem Programm verfolgt?
- ☐ Gibt es Produkte oder Leistungen mit Lock-In-Effekten?
- ☐ Welche Produkte und Verhaltensweisen von Kunden bringen den höchsten Gewinnbeitrag für das Unternehmen?
- ☐ An welchen Punkten lässt sich das Verhalten von Kunden überhaupt beeinflussen und wo kommt es unabhängig von Incentivierungen zu vorteilhaftem Verhalten?
- ☐ Erwarten die Kunden eine konstante Incentivierung pro getätigtem Umsatzgeschäft?
- ☐ Erhalten alle wesentlichen Zielgruppen des Programms im Verlaufe eines Jahres ausreichend Bonuspunkte zur Gewährung einer attraktiven Prämie?
- ☐ Sind die Kriterien und Regeln der Vergabe von Bonus- und Statuspunkten für den Kunden leicht erkennbar und lernbar? Sind die Regeln aus Sicht des Kunden fair?
- ☐ Existieren Rahmenbedingungen, wie ein geringes Budget, fehlende Infrastruktur oder Regeln im Rahmen eines Partnerprogramms, die die Wahl der Incentivierungsmechanik eingrenzen?
- ☐ Bleibt die geplante Incentivierung innerhalb des wettbewerbsrechtlich zulässigen Rahmens?

Kapitel 8
Einlösemechanik

Nachdem im vorangegangenen Kapitel beleuchtet wurde, nach welchen Kriterien der Erwerb von Bonuspunkten zu gestalten ist, soll nun die Einlösung der erworbenen Punkte gegen Bonusleistungen im Mittelpunkt stehen. Unter Einlösemechanik soll dabei die Festlegung der Rahmenbedingungen zum Erhalt von Bonusleistungen, wie etwa Höhe oder Struktur von Einlöseschwellen, verstanden werden.

Genau wie die Incentivierungsmechanik besitzt die Einlösemechanik eine zweifache Bedeutung:

1. Sie beeinflusst die Motivation der Programmteilnehmer, überhaupt Punkte zu sammeln, indem sie die Erwartung der Programmteilnehmer steuert, jemals die erforderliche Anzahl an Bonuspunkten zum Erhalt einer attraktiven Prämie zu erhalten.
2. Sie ist eine Stellschraube für die Wirtschaftlichkeit von Programmen bezüglich der absatzrelevanten Nutzenkomponenten wie Kundenbindung oder Cross- und Up-Selling. Dies geschieht kundenseitig durch die Steuerung der Motivation zum Sammeln von Punkten (wie unter 1.) sowie über Regelungen, die den Punkteverfall tangieren. Schließlich aber auch über Wirkungen auf der Kostenseite.

Im vorliegenden Kapitel sollen zunächst die Bestandteile aufgezählt werden, die als Steuerungsmechanismen der Einlösemechanik hinzugerechnet werden (Kap. 8.1). Anschließend erfolgt dann die Angabe von Kriterien zur wirtschaftlichen und zugleich motivationswirksamen Gestaltung dieser Bestandteile (Kap. 8.2). Ein besonderer Punkt hinsichtlich der Einlösemechanik ist die Frage, auf welche Weise ein Kunde seine Prämie erhält. Diese Komponente soll als „Einlöselogistik" bezeichnet werden und wird in Kap. 8.3 abgehandelt. Eine Checkliste zum gesamten Komplex der Einlösemechanik (Kap. 8.4) rundet das Kapitel ab.

T. Lauer, *Bonusprogramme*,
DOI 10.1007/978-3-642-19118-3_8, © Springer-Verlag Berlin Heidelberg 2011

8.1 Bestandteile der Einlösemechanik

Insgesamt können drei wesentliche Stellschrauben identifiziert werden, die die Einlösemechanik eines Bonusprogramms bestimmen:

- Einlöseschwellen
- Punkteverfallsregelungen
- Zuzahlungsmöglichkeiten

Einlöseschwellen bezeichnen allgemein die erforderliche Anzahl von Punkten, die zum Erhalt einer Bonusleistung erforderlich sind. Dabei kann man in Abhängigkeit von der Art der Bonusleistung insbesondere zwei Formen von Schwellen unterscheiden:

- *Bonusschwellen*: Hiermit ist die erforderliche Anzahl von Bonuspunkten (Rabattpunkten) gemeint, die zum Erhalt einer einmaligen Prämie (Rabatt, Sachprämie, Eintrittskarte etc.) erforderlich ist. Mit dem Erhalt der Prämie wird das Bonuspunktekonto eines Kunden um den entsprechenden Betrag reduziert. Bonusschwellen variieren in der Regel je nach Prämie. Dennoch sollte hier eine Politik verfolgt werden, die sich insbesondere in der Festlegung von Mindestschwellen und der Mischung aus Produkten mit hohen und niedrigen Schwellen äußert.
- *Statusschwellen*: Sie bezeichnen die erforderliche Anzahl von Punkten zum Erreichen eines Statuslevels (z. B. *Frequent Traveller* oder *Senator* beim Vielfliegerprogramm *Miles & More*). Das Erreichen eines Status führt im Gegensatz zur Einlösung einer Prämie nicht zum Löschen der erworbenen Punkte, vielmehr liegt zumeist eine Berechnung von gleitenden Durchschnitten bzgl. der erworbenen Statuspunkte zugrunde. So muss etwa eine bestimmte Anzahl von Statuspunkten innerhalb eines definierten Zeitintervalls (z. B. 12 Monaten) erreicht werden, um in den Genuss eines höheren Kundenstatus zu gelangen. Nach erstmaligem Erreichen des Status wird zumeist die Mitgliedschaft darin für einen Mindestzeitraum gewährt. Nach Ablauf dieser Zeit erfolgt dann eine erneute Prüfung, ob das Kriterium noch erfüllt ist, usw.

Punkteverfallsregelungen in Bezug auf Rabattpunkte sind bei einigen Programmen anzutreffen. Zumeist erfolgt der Verfall nach einem Zeitraum von 24 oder 36 Monaten. Dabei wird das Prinzip „first in first out" angewandt, d. h. diejenigen Punkte, die als erstes auf einem Bonuspunktekonto gutgeschrieben wurden, werden auch als erstes gelöscht. Punkteverfall setzt bezüglich des Punkteverwaltungssystems (s. Kap. 6.1.1.2) voraus, dass Punkte mit dem Datum ihres Erwerbs gekennzeichnet sind.

Die *Zuzahlungsmöglichkeit* bezeichnet die den Kunden eingeräumte Möglichkeit, Prämien auch ohne Erreichen der Bonusschwelle durch Begleichung der Differenz mit Bargeld zu erwerben. In der Praxis sind zwei Formen der Zuzahlungsmöglichkeit anzutreffen:

- *Kann-Zuzahlung*: Hier kann der Kunden wählen, ob er auf den Erwerb einer Prämie vollständig mit Hilfe von Bonuspunkten hinsparen möchte, oder ob er einen Teil mit Bargeld begleicht. Diese Form der Zuzahlung bietet etwa ***PAYBACK***. Sobald ein Mindestwert von 200 Punkten angespart wurde, kann der Rest des Prämienwertes variabel durch Zuzahlung ausgeglichen werden.
- *Muss-Zuzahlung*: Die Musszuzahlung bedeutet, dass ein Kunde Prämien nur dann erwerben kann, wenn er einen Teil des Wertes durch Zahlung von Bargeld aufstockt. So etwa bei der Treuepunkteaktion der Lebensmittelkette *Rewe*. Hier sind regelmäßig zu den gesammelten Treupunkten, die man umsatzabhängig beim Einkauf bekommt, definierte Zuzahlungen erforderlich, um in den Genuss der Prämie zu kommen.

Daneben existiert noch die Möglichkeit, dass die Prämie selbst quasi eine „Zuzahlung" beim Begleichen des normalen Kaufpreises ist. Das geschieht immer dann, wenn man die erworbenen Punkte als bargeldgleich beim Erwerb von Dingen einsetzen kann.

8.2 Kriterien zur Justierung von Schwellen

Nachdem nun die drei Bestandteile der Einlösemechanik einschließlich ihrer Varianten erläutert wurden, stellt sich die Frage, unter welchen Bedingungen, welche Bestandteile, wie einzusetzen sind.

8.2.1 Einlöseschwellen

- Im Falle der *Statusschwellen* empfiehlt sich, die Kriterien für die Aufnahme in präferierte Kundenbetreuungskategorien eher hoch anzulegen. Statusleistungen sind, schon wegen der damit eingeschlossenen Erbringung durch Personal, zumeist kostspielig, so dass ihre Gewährung allenfalls bei den 20 % besten Kunden wirtschaftlich ist. Neben den Kostenargumenten gibt es aber zugleich psychologische Argumente, die für eine solch strenge Justierung der Schwellen sprechen. So ist in der Regel allein die Möglichkeit des Statuserwerbs für eine wirkungsvolle Kundenmotivation ausreichend.[1] Ursache ist die sehr hohe Valenz dieser Bonusleistung, die im Wert des limitierten Gutes Status liegt (vgl. Kap. 5.1.3). Diese hohe Wertschätzung kann nicht nur die geringen Erwartungen auf den Statuserwerb ausgleichen, nein sie ist sogar notwendige Bedingung für deren Wirksamkeit, denn nur mit der absoluten Knappheit des Gutes wird dessen Wert letztlich erzeugt. Wären im Programm *Miles & More* 50 % der Kunden Mitglieder im Statuslevel *Senator*, so bliebe als Nutzendimension fast ausschließlich der erbrachte Extra-Service, nicht aber mehr der emotional oft wirksamere Statusgewinn. Auch wenn die meisten Kunden somit von höheren Statusstufen ausgeschlossen bleiben, profitieren sie psychologisch dennoch davon, indem sie sich durch Zugehörigkeit zum Bonusprogramm zugleich mit den hohen Statusgruppen identifizieren. So fällt auch auf den normalen, statuslosen *Miles & More*-Kunden durch Zugehörigkeit zum gleichen Programm ein wenig vom Glanz der oftmals Top-Manager umfassenden Gruppe der statushohen *Senatoren* ab.

- Im Gegensatz zu den Statusschwellen empfiehlt es sich im Falle der *Bonusschwellen* niedrig einzusteigen und insgesamt stärker zu differenzieren. Generell sollten Schwellen zum Erwerb einer Einstiegsprämie nicht zu hoch angesetzt werden, um überhaupt Motivation zum Sammeln zu erzeugen und Teilnehmer für ein Programm zu gewinnen.[2] Relativ niedrig bemessene Prämien-Angebote sind allein schon deshalb wichtig, um auch Gelegenheitskunden, die bislang zum Teil beim Wettbewerber kaufen, Neukunden oder Kunden mit hohem Entwicklungspotenzial (z. B. Jugendliche oder Studenten) zur Teilnahme zu motivieren und nicht etwa gleich abzuschrecken. Empirische Studien haben nachgewiesen, dass die Zufriedenheit mit einem Programm signifikant ansteigt, nachdem eine Prämie eingelöst wurde.[3] Die inhaltliche Gestaltung von solchen Einstiegs-Bonusleistungen kann sich dabei bewusst an den angesprochenen Zielgruppen orientieren. Dies wurde etwa eindrucksvoll im Programm ***Shell CLUBSMART*** umgesetzt, denn hier gibt es Prämien (z. B. Schokoriegel), die man gegebenenfalls schon mit einer Tankfüllung erreichen und an der Tankstelle direkt einlösen kann. Um die Wirtschaftlichkeitsdimension nicht außer Acht zu lassen, sollten die Prämien mit niedrigen Schwellen vor allem solche Produkte umfassen, die wenig oder keinerlei Versandkosten umfassen, wie im Beispiel oben. Egal wer die Versandkos-

[1] Vgl. Lauer (2002, S. 99 ff.).
[2] Vgl. O'Brien und Jones (1995, S. 102 f.).
[3] Vgl. Müller (2006, S. 166).

> ten trägt, ob der Kunde oder aber das Unternehmen, Versandkosten von 3 € für eine Prämie im Wert von 3 € belasten die Wirtschaftlichkeit des Unternehmens oder beeinträchtigen die Programmzufriedenheit der Teilnehmer. Zu den Prämien ohne Versandkosten zählen neben Mitnahmeprämien am PoS allen Formen von Online-Downloads als auch Spenden an wohltätige Organisationen. Neben den Mindestschwellen sollte auch bezüglich der Top-Prämien im Programm darauf geachtet werden, dass ihr Erwerb mit Hilfe von Bonuspunkten zumindest für die 5 % Top-Kunden möglich ist bzw. auch der Normalkunde glaubt, dass es ausreichend Kunden gibt, die diese Prämien erwerben können. Ansonsten droht ein Programm aus Sicht des Verbrauchers unglaubwürdig zu werden und damit das Image eines Unternehmens zu belasten, da es aus seiner Sicht quasi falsche Versprechungen macht. Ein hohes Punktevolumen zur Einlösung bietet sich vor allem bei sogenannten „hedonistischen" Prämien an, die ein exklusives Erlebnis versprechen (z. B. limitierte Events). Hier kann es zu Extraanstrengungen des Kunden kommen, für den einsichtig ist, dass man für den Erhalt solcher Genüsse eine Gegenleistung erbringen muss.[4]

Die Möglichkeiten der Wahl von Bonusschwellen lassen sich strategisch zu sechs unterschiedlichen Arten zusammenfassen, die neben der Höhe der Schwellen auch die Attraktivität der Prämien berücksichtigen. Abbildung 8.1 zeigt diese Klassifizierung auf.

Demnach werden bei den Einlöseschwellen idealtypisch drei Grade (niedrig, hoch, zu hoch) unterschieden und zwei Ausprägungen der Prämienattraktivität (niedrig, hoch) betrachtet. Ist sowohl die Attraktivität als auch die Einlöseschwelle niedrig, so handelt es sich um *Imagesenker*. Ge-

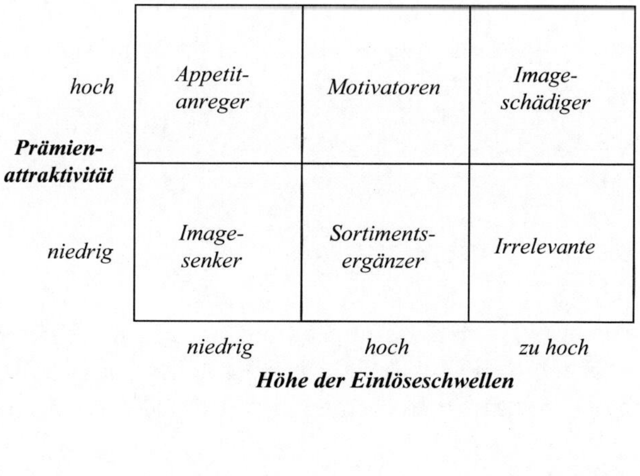

Abb. 8.1 Die sechs Prämienklassen in Abhängigkeit von Einlöseschwellen und Prämienattraktivität

[4] Vgl. Müller (2006, S. 44 ff. und Glusac (2009, S. 166 f.).

meint sind hier Produkte, die so geringwertig sind, dass sie anderenorts z. B. als Werbeartikel verschenkt werden. Diese Prämien senken das Image eines Programms, da in der Anschauung der Kunden die Wertlosigkeit der Prämien auf die Wertigkeit des Programms übertragen wird und der Kunde die Gegenleistung im Verhältnis zu seiner Anstrengung als tendenziell unfair erachtet.[5] Anders verhält es sich, wenn die Einlöseschwelle zwar niedrig, die Attraktivität der Prämien aber als hoch erachtet wird. Dies können die oben erwähnten Downloads genauso sein wie etwa der Rabatt in Form von Bargeld. Da diese Prämien wichtig sind, um Kunden mit Potenzial, die bislang aber noch keine hohen Umsätze bei einem Unternehmen tätigen, anzulocken, sollen Prämien dieser Art als *Appetitanreger* bezeichnet werden. Ihre Existenz ist somit ein wichtiger Bestandteil von Programmen. Genauso bedeutsam sind die *Motivatoren*. Hierunter verbergen sich Prämien mit relativ hohen Einlöseschwellen, die zugleich eine hohe Attraktivität für die Teilnehmer eines Programms besitzen. *Motivatoren* sollen sie deshalb heißen, weil sie faktisch Anreize schaffen, nutzbringendes Verhalten für das Programm betreibende Unternehmen zu induzieren, um so ein ausreichendes Kontingent an Bonuspunkten anzusparen. Ist die Einlöseschwelle hoch, die Attraktivität der Prämien jedoch eher gering, so kann eine ergänzende Aufnahme solcher Prämien ein Sortiment abrunden. Diese *Sortimentsergänzer* schaden nicht, sie bringen aber auch keinen sonderlichen Nutzen, außer in Bezug auf die wenigen Kunden, die entgegen der Masse hohen Gefallen an diesen Prämien finden. Ist die Einlöseschwelle nicht-attraktiver Prämien gar zu hoch, so ist ihre Existenz für ein Programm letztlich irrelevant, da ohnehin kaum jemand das erforderliche Maß an Bonuspunkten erwerben könnte. Anders, wenn mit solch hohen Einlöseschwellen ausgestattete Prämien zugleich ein hohes oder sehr hohes Attraktivitätsniveau aufweisen. Wie oben bereits erwähnt, können sie in diesem Fall zu Glaubwürdigkeitsverlusten des Programms und des betreibenden Unternehmens führen, sie sollen deshalb *Imageschädiger* heißen. Auf diese *Imageschädiger* ist nach Möglichkeit zu verzichten.

8.2.2 Punkteverfall

Generell ist eher zu empfehlen, Bonuspunkte mit einem Verfallsdatum auszustatten. Hierfür spricht nicht nur die gängige Praxis der Bonusprogramme, sondern explizit eine ganze Reihe von weiteren Argumenten:

---

[5] Vgl. hierzu auch Fassnacht und Winkelmann (2006, S. 442).

- Punkteverfall ist immer noch bei vielen Programmen üblich und damit ein vom Verbraucher gelerntes Verhalten. Dies bewirkt, dass die Einführung solcher Klauseln nicht zur Ablehnung eines Programms seitens der Programmteilnehmer und damit zur Imageschädigung des betreibenden Unternehmens führt.
- Das Kontingent verfallener Punkte kann zur Finanzierung von Programmen dienen. Gewährte, aber noch nicht ausgezahlte Bonuspunkte werden bilanziell als steuermindernde Rückstellungen verbucht. Verfallen die Punkte, so entsteht ein außerordentlicher Ertrag. Das Volumen verfallener Punkte liegt je nach Programm im Bereich zwischen 10 und 20 %, so dass auf Dauer ein Teil der Programmkosten aus diesem Bestandteil gedeckt werden kann. Werden Bonusprogramme von eigens dafür gegründeten Gesellschaften betrieben, so kann sich die Gebühr der angeschlossenen Unternehmen für den Programmbetrieb dadurch vermindern, weil sich die Gesellschaften teilweise aus dem Punkteverfall finanzieren. In diesem Fall übernehmen die Programm betreibenden Gesellschaften gegen Zahlung des Gegenwerts durch die angeschlossenen Partnerunternehmen die Verbindlichkeit gegenüber dem Kunden. Die Bonuspunkte können dann von dem gewährenden Partner-Unternehmen direkt, d. h. bereits vor deren Einlösung, als Aufwand geltend gemacht werden.
- Die Verfallsregelung kann die *Selektion von wertvollen Zielgruppen* unterstützen. Kunden, die Punkte verfallen lassen, erreichen entweder Einlöseschwellen nicht, sind also nicht hinreichend attraktive Kunden, oder interessieren sich gar nicht für Bonusleistungen in Form von Prämien, sondern z. B. mehr für die gebotenen Statusleistungen. Wenn allerdings der Verfall eine bestimmte Grenze überschreitet, bei einer 36-monatigen Gültigkeit von Punkten sind hier ca. 25 % als Maß anzusetzen, dann sollte dies als Warnzeichen interpretiert werden. Denn dies spricht dafür, dass ein Programm im Bereich Bonusgestaltung (unattraktive Prämien) oder Incentivierungs- (Vergabe von zu wenig Punkten) und Einlösemechanik (Definition zu hoher Mindestschwellen) nicht hinreichend attraktiv ausgestaltet wurde.
- Mit dem Automatismus des zeitlich bedingten Punkteverfalls erhöht sich für das Programm betreibende Unternehmen zudem die Möglichkeit, gegebenenfalls aus einem Programm auch aussteigen zu können, da die angebotenen Leistungen und die dafür notwendigen Prozesse nicht bis in alle Ewigkeit vorgehalten werden müssen.
- Ein eher rechtlich motiviertes Argument ist der Umstand, dass der Einbau einer Punkteverfallsregelung ggf. die Beantragung einer Banklizenz bei der Bundesanstalt für Finanzdienstleistungsaufsicht (BAFin) erspart. Nach Novellierung des Kreditwesengesetzes (KWG) wird die Verwal-

tung auch unverzinster Guthaben als Bankgeschäft betrachtet (§ 1 KWG, Abs. 1, Ziffer 1). Dementsprechend würden auch Guthaben an Rabattpunkten unter diese Regelung fallen, weswegen zum Betrieb eines Bonusprogramms eine Banklizenz erforderlich wäre. Mit dem Verfall von Punkte können die Guthaben aber unter Umständen als bedingte Guthaben betrachtet werden, wodurch der Erwerb einer solchen Lizenz nicht erforderlich ist. Zur Absicherung wird aber empfohlen, vor Aufnahme eines Bonusprogramms auf alle Fälle(!) eine Anfrage beim Bundesaufsichtsamt für das Kreditwesen einzuholen, um sich nicht durch Verstöße gegen das KWG strafbar zu machen.

Rechtlich zu beachten sind in Bezug auf Verfallsregelungen aber auch die Ausführungen von Kap. 4.1, nach denen der Verfallszeitraum nicht so kurz angesetzt werden darf, dass der Verbraucher sein Kaufverhalten erheblich ändern muss, um den Punkteverfall zu verhindern.

8.2.3 Zuzahlungsmöglichkeit

Die Frage, ob ein Programm die Möglichkeit einer Zuzahlung offerieren sollte oder nicht, lässt sich nicht mit einem klaren Ja oder Nein beantworten. Dafür spricht, dass der Erhalt attraktiver Prämien ermöglicht wird, auch wenn die gesammelten Punkte nicht ausreichen würden. Dagegen sprechen vor allem zwei Argumente:

- Insbesondere im Fall einer Muss-Zuzahlung kann Unmut bei den Verbrauchern aufkommen und damit sowohl das Programm selbst als auch das Image des Unternehmens beeinträchtigt werden.[6] Extrem problematisch wird Muss-Zuzahlung dann, wenn die Prämien an anderen Orten für Preise unterhalb der Muss-Zuzahlung erhältlich sind. In der Vergangenheit hat es diesen Fall in einigen Programmen gegeben. Im Internetzeitalter kann dies Image schädigend sein, denn Kunden ist ein Online-Preisvergleich innerhalb weniger Sekunden möglich.
- Im Falle der Kann-Zuzahlung besteht diese Gefahr zwar nicht, dafür wird allerdings die faktische Komponente der Kundenbindung zu sehr erodiert, da die Kunden jetzt nicht mehr unbedingt auf den Erhalt einer Prämie hinsparen müssen. Etwas auffangen lässt sich dieser Effekt, wenn

---

[6] Hierzu führt Ploss (2001, S. 29) aus: „Ein weiterer oft gemachter Fehler ist zu hohe Zuzahlung. Hieran krankt beispielsweise das Rabattmarken-Sammelsystem von HL und minimal: Zuerst muss der Verbraucher Unmengen an Rabattmarken sammeln und muss dann noch fast den üblichen Ladenpreis für eine Prämie bezahlen.“

eine Mindestzahl an erforderlichen Bonuspunkten vorliegen muss, bis die Zuzahlung möglich wird. Dies ist etwa bei ***PAYBACK*** der Fall, wo, wie oben angesprochen, 200 Punkte gesammelt werden müssen, bis eine Zuzahlungsoption gewährt wird.

8.3 Gestaltung der Einlöselogistik

Die Art, wie Kunden an ihre Prämien gelangen, beeinflusst ebenfalls sowohl die Kostenseite eines Programms, als auch die Attraktivität für die Kunden in Bezug auf die Bequemlichkeit, die mit dem Prämienerhalt verbunden ist. Vier unterschiedliche Varianten sollen hier näher beleuchtet werden.

- *Hol- vs. Bringschuld*: Holschuld soll in diesem Zusammenhang bedeuten, dass ein Kunde sich Prämien an einem definierten Ort selbst abholen muss. Bringschuld meint, dass das Unternehmen diese Prämien zum Kunden bringt, d. h. im Regelfall an seine postalische Anschrift sendet. Die Holschuld als Einlösemöglichkeit ist dann möglich und sinnvoll, wenn ein relativ kleines, überschaubares Prämiensortiment vorliegt, so dass die Lagerhaltung vor Ort einfach möglich ist und gleichzeitig eine hohe Anzahl an PoS vorhanden sind, damit für den Kunden keine hohen Wegekosten beim Abholen der Prämie entstehen. Ein gutes Beispiel für dieses Verfahren ist das Programm ***Shell CLUBSMART***. Einerseits besitzt *Shell* eine hohe Tankstellendichte und der Kunde sucht diese PoS ohnehin regelmäßig auf, andererseits umfasst das am PoS erhältliche Sortiment nur einen kleineren Teil des Prämiensortiments, die ohnehin zu den im Tankstellenshop angebotenen Produkten gehören.
- *Selbstversand vs. Fremdversand*: Die Frage, ob sich ein Unternehmen für den Betrieb eines Bonusprogramms ein eigenes Versandwesen aufbauen sollte oder diese Leistung lieber outsourced, hängt im Wesentlichen von den Infrastrukturvoraussetzungen ab, die es besitzt. Verfügt ein Unternehmen über eine Versandsparte oder ist gar überwiegend ein Versandhaus, kann sich die Erbringung als Eigenleistung anbieten, ansonsten ist hier zur Vermeidung von zu hohen Investitionen und anfänglichen Prozessmängeln Outsourcing eindeutig vorzuziehen.
- Eine für Kunden recht bequeme Möglichkeit des Prämienerhalts, die auch für die Unternehmen selbst prozesstechnisch wenig Zusatzaufwand bedeutet, ist die *Verrechnung von Bonuspunkten gegen die Bon-Summe beim regulären Einkauf an eigenen PoS*. Bei ***PAYBACK*** etwa können sich die Kunden bei einigen Partnerunternehmen (z. B. *Galeria Kaufhof*, *dm*, *real*) Gutscheine an eigens aufgestellten Terminals ausdrucken, bei der

OTTOcard besteht ausschließlich diese Möglichkeit der Einlösung. Diese Form der Prämienlogistik hat neben den eingesparten Prozesskosten für das Unternehmen den Vorteil, dass unter Umständen Cross- und Up-Selling mit eigenen Produkten stimuliert werden kann. Der Nachteil ist jedoch, dass keine kommunikative und emotionale Verbindung zwischen einer bestimmten Prämie und dem Sammeln von Rabattpunkten hergestellt wird. Vielmehr besteht die Gefahr, dass es sich psychologisch um einen rein monetären Nutzen handelt, den Kunden einfach „mitnehmen".

- Die *Einlösung von Bonuspunkten an fremden PoS* stellt eine Alternative zum vorigen Punkt dar. Hier verzichtet man zwar auf die Stimulierung von Cross- und Up-Selling, dafür entsteht beim Kunden eine besondere Attraktivität der Prämie durch eine hohe Flexibilität der Handhabung. Das Programm ***UBS KeyClub*** setzt auf diesen Mechanismus, indem Bonuspunkte zum Einkauf bei verschiedenen HHandelsketten genutzt werden können. Hierdurch suggeriert man dem Kunden, dass man vor allem *ihm* etwas Gutes tun möchte und ihm die Freiheit gewährt, seinen Bonus auf bequeme Art und Weise auch an anderen Orten einzulösen. Auf der anderen Seite ist das Angebot attraktiver eigener Prämien im Finanzdienstleistungsgeschäft ohnehin begrenzt, weswegen der ***UBS KeyClub*** stark auf Fremdprämien setzt.
- Die *Kompatibilität zwischen Programmwährungen* ist ein zunehmend anzutreffender Trend. Beliebt ist vor allem der Umtausch in Meilen von Vielflieger-Programmen, so etwa bei der ***DeutschlandCard*** in Punkte von *Airberlin topbonus* und bei ***PAYBACK*** in *Lufthansa*-Meilen. Damit kann man nicht nur die Attraktivität des Programms erhöhen, ohne die Bindung an das eigene Unternehmen zu schwächen, sondern erspart sich an dieser Stelle auch die Kosten der Prämienlieferung. Dafür sind Schnittstellen mit den Systemen der anderen Programme einzurichten, ein in der Regel nicht ganz aufwandsloses Verfahren.

8.4 Checkliste: Einlösemechanik

Vor Gestaltung der Einlösemechanik in einem Bonusprogramm sollten folgende Fragen beantwortet werden:

- ☐ Sind attraktive Prämien von guten Kunden realistischerweise in einem Jahr durch Ansparen von Bonuspunkten zu erwerben?
- ☐ Existieren Prämien mit niedrigen Einlöseschwellen, die vor allem potenziell hochwertige Kunden (Gelegenheitskäufer, die bislang überwiegend beim Wettbewerber einkaufen oder junge Menschen) ansprechen?

- ☐ Existieren Prämien, die durch ihre Geringwertigkeit oder Unerreichbarkeit das Image des Programms möglicherweise schädigen könnten?
- ☐ Wenn ein Statusprogramm angedacht ist: Sind die Schwellen zum Erwerb eines hohen Kundenstatus hoch genug, um maximal von 20 % der Kunden erreicht werden zu können?
- ☐ Ist Punkteverfall vorgesehen?
- ☐ Wenn Punkteverfall vorgehen ist: Profitiert das Unternehmen finanziell von verfallenen Punkten?
- ☐ Könnte Zuzahlung helfen, das Programm für Kunden attraktiver zu gestalten oder würde diese eher auf Ablehnung stoßen?
- ☐ Sind ausreichend PoS vorhanden und gleichzeitig die Menge der Prämien so begrenzt, dass sich die Möglichkeit der Abholung von Prämien durch Kunden am PoS anbietet?
- ☐ Liegt genügend Infrastruktur-Know-how vor, um die Versendung der Prämien in eigener Regie durchzuführen oder ist das Outsourcing dieser Leistung zu bevorzugen?
- ☐ Erhöht sich die Attraktivität des Programms aus Kundensicht erheblich, wenn Bonuspunkte entweder am eigenen oder fremden PoS zur teilweisen Begleichung von Kaufsummen verwendet werden können?
- ☐ Kann durch Währungskompatibilität mit anderen Programmen eine Attraktivitätssteigerung erreicht werden, ohne die Bindung an das eigene Programm zu unterminieren?

Kapitel 9
Partnering

Kaum ein Programm kommt heut ganz ohne Partnerunternehmen aus. Neben den großen Multipartner-Programmen wie ***PAYBACK*** und ***DeutschlandCard*** existiert ein schier grenzenloses Spektrum an Kooperationsmöglichkeiten auf allen Programmebenen. Diese Kooperationen sollen im Folgenden als *Partnering* bezeichnet werden. Partnering in diesem Sinne kann dabei drei Dimensionen in Gänze oder zum Teil betreffen:

- Die Möglichkeit für Kunden, Bonuspunkte der gleichen Währung bei verschiedenen Unternehmen zu sammeln. Diese Partner werden als Sammelpartner bezeichnet. Die Klassifizierung in 9.2 richtet sich vor allem daran aus.
- Die Möglichkeit für Kunden, Punkte bei anderen Unternehmen einzulösen. Diese Partner sollen als Prämienpartner bezeichnet werden.
- Der gemeinsame bzw. teilweise gemeinsame Betrieb des Programms im Sinne von gemeinsamer Kommunikation und/oder einer partnerschaftlich genutzten Infrastruktur.

Im Verlauf des Kapitels soll zunächst aufgezeigt werden, welche generellen Vorteile Partnering bringt (Kap. 9.1). Im Anschluss daran werden vier idealtypische Formen des gemeinschaftlichen Programmbetriebs mit Vor- und Nachteilen aufgezeigt (Kap. 9.2). Die Angabe von Kriterien zur Auswahl der jeweils optimalen Kooperationsform (Kap. 9.3) und die zugehörige Checkliste (Kap. 9.4) runden das Kapitel ab.

9.1 Generelle Vorteile von Partnering

Ob Partnering für den Betrieb eines Bonusprogramms sinnvoll ist oder nicht, lässt sich nur mit Blick auf die jeweilige Situation und das jeweilige Unternehmen beurteilen. Unbestritten existieren aber generell Vorteile, die der Verbundbetrieb eines Programmes mit sich bringt.

T. Lauer, *Bonusprogramme*,
DOI 10.1007/978-3-642-19118-3_9,

9.1.1 Kumulationseffekt

Der Basiseffekt des Partnerings in Bezug auf Sammelpartner liegt in der Tatsache begründet, dass durch die Möglichkeit des Erwerbs von Bonuspunkten bei verschiedenen Partnern Kunden entweder schneller die erforderliche Punktzahl für eine Prämie erlangen können oder überhaupt die Möglichkeit erhalten, ausreichend Punkte für eine attraktive Bonusleistung zu sammeln. Dieser Effekt soll als *Kumulationseffekt* bezeichnet werden. Abbildung 9.1 soll diesen Zusammenhang graphisch erläutern.

Die Abbildung zeigt für die beiden Alternativen „Programm ohne Partner" und „Programm mit Partnern" beispielhaft die Punkte, die ein beliebiger Kunde innerhalb eines Jahres durch Verhalten im Rahmen eines Bonusprogramms erwerben könnte. Wenn nun die Einlöseschwelle für eine vom Kunden gewünschte, attraktive Prämie bei 1000 Bonuspunkten liegt, so ist es ihm im Programm ohne Partner nicht möglich, genügend Punkte für diese Prämie innerhalb eines Jahres zu erhalten. Anders beim Programm mit Partnern, hier reicht die Punktzahl völlig aus. Es ist nun unmittelbar einsichtig, dass aus Sicht des Kunden das Programm mit Partnern Attraktivitätsvorteile aufweist. Profitiert nun aber auch das Programm betreibende Unternehmen davon? Um diese Frage zu beantworten, geht man am besten erneut auf die im Zusammenhang mit der Incentivierungsmechanik angeführte VIE-Motivationstheorie zurück (vgl. Kap. 7.1). Demnach waren der Wert einer Belohnung als auch die berechtigte Erwartung, durch Verhalten tatsächlich eine Belohnung zu erhalten, ausschlaggebend für die Möglichkeit, Kunden zu einem gewünschten Verhalten – z. B. Produktkauf oder Preisgabe von

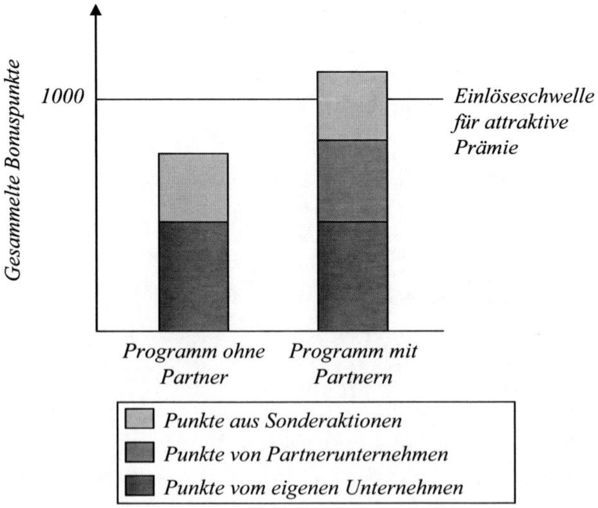

Abb. 9.1 Der schnellere Erwerb von Bonuspunkten in Partnerprogrammen. (Nach Lauer 2000, S. 69)

Wissen – zu motivieren. Im Rahmen des Partnerprogramms steigt aber nun sowohl der Wert der potenziell möglichen Belohnung, als auch gleichzeitig die berechtigte Erwartung, eine solche Prämie tatsächlich zu erreichen, durch die Chance der Kumulation von Punkten unterschiedlicher Unternehmen an. Dieser letzte Punkt wird umso bedeutender, wenn ein Programm, wie es zumeist der Fall ist, eine Punkteverfallsregelung gemäß Kap. 8.1 beinhaltet.

Wenn nun aber die Motivation der Kunden steigt, ein durch das Programm betreibende Unternehmen intendiertes Verhalten zu zeigen, dann profitiert auch das Unternehmen selbst vom Kumulationseffekt im Partnerprogramm. Insbesondere werden dadurch eine erhöhte Kundenbindung, aber auch höhere Kaufanreize für Cross- und Up-Selling sowie Anreize für sonstiges vorteilhaftes Kundenverhalten erzeugt. Man kann also durchaus behaupten, dass die einzelnen Bonuspunkte für den Kunden im Rahmen von Partnerprogrammen verhältnismäßig wertvoller sind, als wenn ein Unternehmen ein Bonusprogramm gänzlich ohne Partner betreibt. Eine aktuelle Studie von TNS emnid bestätigt dies. Demnach geben 68 % der Befragten an, dass die Attraktivität einer Bonuskarte mit der Anzahl der Läden steigt, in denen sie eingesetzt werden kann. Es ist damit das wichtigste Attraktivitätsmerkmal aus Kundensicht überhaupt.[1]

9.1.2 *Weitere Vorteile*

Neben dem Kumulationseffekt existieren noch zwei weitere generelle Vorteile der Kooperation beim Betrieb von Bonusprogrammen:

- *Unterbinden der Gefahr zu vieler Karten*: Oben wurde bereits darauf verwiesen (vgl. Kap. 1.2.4 und 6), dass eine Konkurrenz um den begrenzten Raum im Portemonnaie besteht und die Anzahl von lediglich drei Karten im Portemonnaie von 85 % der Befragten Kunden als ideal angesehen wird.[2] Der tatsächliche Durchschnitt liegt bei 4,2 Karten pro Kunde.[3] Partnerübergreifende Programme, bei denen Bonuskarten in verschiedenen Unternehmen einsetzbar sind, bieten hier einen Ausweg und erhöhen die Akzeptanz beim Kunden.
- *Kostenteilung*: Die Teilung der nicht unerheblichen Kosten für ein Bonusprogramm kann in zweifacher Weise stattfinden.[4] Zum einen durch

[1] Vgl. TNS emnid (2010, S. 7).

[2] Vgl. Ploss (2002).

[3] Vgl. TNS emnid (2010, S. 3).

[4] Vgl. Lauer (2002, S. 105).

die Aufteilung von fixen und sprungfixen Kosten. Diese finden sich etwa bei der Infrastruktur (z. B. beim Punkteverwaltungssystem und dem Customer-Service-Center, vgl. Kap. 6). Zum anderen existieren auch Synergieeffekte hinsichtlich der Kosten pro Teilnehmer. Hierunter fallen die Versendung von Kontoauszügen oder Prämienkatalogen, aber auch die gesamten Kosten der Anmeldung eines Teilnehmers zum Programm.

9.2 Partnering-Arten

Wenn in der Einleitung zum vorliegenden Kapitel mit Punkteakkumulation, Gemeinschaftskommunikation sowie partnerschaftlicher Infrastrukturnutzung auch bereits die wesentlichen Kriterien für die Wahl von Partneringstrategien genannt wurden, so ist Partnering doch nicht gleich Partnering. Die in der Realität anzutreffenden Formen der Kooperation sind so vielfältig wie die Anzahl der existierenden Programme. Deshalb sollte man bei der Gestaltung eines eigenen Programms auch nicht davor zurückschrecken, einen ganz eigenen Weg zu gehen, wenn dieser gemäß der unten noch aufzuführenden Kriterien sinnvoll erscheint. Um dafür eine Entscheidungshilfe zu geben und Vor- und Nachteile einzelner Kooperationsvarianten herauszustellen, macht es Sinn, idealtypisch die in Abb. 9.2 aufgeführten Kooperationstypen zu unterscheiden.

Die vier Typen stellen dabei Eckpunkte eines Kontinuums dar, an dessen einem Extrem („Aktionen mit anderen Programmen“) die weitgehende Anpassung an ein existierendes Programm steht, und an dessen anderem Ende („Aufbau eines rein eigenen Programms“) jegliche Einflussnahme von außen ausgeschlossen wird. Im Folgenden sollen diese vier Typen näher mit ihren spezifischen Vor- und Nachteilen beleuchtet werden.

Strategie 1: **Beteiligung an Multipartner-Programmen**	*Strategie 3:* **Aufbau eigenes Partnerprogramm**
Strategie 2: **Aktionen mit anderen Programmen**	*Strategie 4:* **Aufbau eigenes Programm ohne Partner**

Abb. 9.2 Die idealtypischen Kooperationstypen. (in Anl. an Lauer 2002, S. 106)

9.2.1 Aktionen mit anderen Programmen

Die Kategorie „Aktionen mit anderen Programmen“ beinhaltet zweierlei: Zum einen eine Kurzfristigkeit, das bedeutet, dass Bonuspunkte hier nur vorübergehend oder eben aktionsweise offeriert werden. Zum anderen werden diese Punkte im Rahmen eines bereits bestehenden, fremden, d. h. von einem anderen Unternehmen betriebenen Bonusprogramm vergeben. Die Abwicklung sieht zumeist so aus, dass das Unternehmen, welches Bonuspunkte vergeben möchte, ein bestimmtes Kontingent an Punkten beim Programmbetreiber erwirbt. Der Preis ist dabei in aller Regel von der Höhe des Kontingents abhängig und sinkt, je größer dieses ist. Zu zahlen ist pro Bonuspunkt zweierlei: Erstens der Gegenwert im Sinne der dafür einlösbaren Prämien und zweitens ein Aufschlag für das gesamte Handling von Punkteverwaltung, über Programmgestaltung, bis hin zur Einlösung und Versendung einer Prämie.

Das Programm *Miles & More* offeriert zum Beispiel regelmäßig anderen Unternehmen die Möglichkeit, mittels zeitlich begrenzter Aktionen teilzunehmen. So gab es im November 2010 etwa 15.000 Prämienmeilen, wenn man ein Zweijahresabo der Zeitschrift *Focus Money* abschloss.

Die Vorteile des aktionsweisen Setzens auf ein fremdes Programm sind vielfältig, angeführt seien hier vor allem:[5]

- *Geringe Vorkosten*: Dadurch, dass weitgehend auf gegebene Infrastrukturen und eine eingeführte Programmmarke zurückgegriffen werden kann, fallen eine Reihe ansonsten erforderlicher Investitionen weg. Notwendig ist allenfalls eine Anpassung der PoS, um ein Einbuchen erworbener Punkte zu ermöglichen sowie werbliche Kommunikation, um die Verbraucher auf die aktionsweise Möglichkeit des Erwerbs von Bonuspunkten aufmerksam zu machen.
- *Schnelle Einsetzbarkeit*: Sie entsteht aus denselben Gründen, die für die geringen Vorlaufkosten verantwortlich sind, d. h. in erster Linie dem Verzicht des Aufbaus eigener Infrastrukturen.
- *Geringes wirtschaftliches Risiko in der Abwicklung*: Wird ein Programm selbst aufgebaut oder erfolgt eine Beteiligung an den Investitionen zum Aufbau, so bedeutet dies eine riskante Vorabinvestition. Durch die Komplexität eines solchen Vorhabens ist es trotz umfangreicher Wirtschaftlichkeitsberechnungen ex ante nicht immer genau möglich, die tatsächlich entstehenden Kosten zu kalkulieren. Die bequeme Variante der

[5] Vgl. Wiencke und Koke (1994, S. 37 f.).

aktionsweisen Incentivierung im Rahmen eines anderen Programms ist hingegen nahezu zu 100 % kalkulierbar. Hierzu gehört auch die Möglichkeit, bei nicht eintretenden Erfolgen notfalls kurzfristig eine Aktion wieder einstellen zu können. Im Gegensatz zum Aufbau von auf Dauer angelegten Bonusprogrammen wird in diesem Fall bei den Kunden nicht die Erwartung geweckt, über einen längeren Zeitraum von Boni profitieren zu können, so dass keine Unzufriedenheit bei Programmstopp resultiert.

- *Erweiterte Zielgruppenansprache*: Sofern die eigenen Zielgruppen zu wesentlichen Teilen auch Zielgruppen des fremden Programmes sind, kann eine aktionsweise Incentivierung dafür genutzt werden, neue Kunden für die eigenen Produkte zu gewinnen. Dies ist ein Grund, warum *Miles & More* gern als Aktionsplattform genutzt wird, denn hier kann eine finanziell attraktive Klientel vermutet werden.
- *Positiver Imagetransfer*: Auch die Förderung des eigenen Images kann Ziel einer Kooperation sein. Bedingung dafür ist jedoch, dass das Programm als auch sein Betreiber selbst ein hohes Image besitzen. Außerdem sind auch hier die Zielgruppen des Programms insofern zu betrachten, als dass das Image des Programms auch zu den Wertvorstellungen der eigenen Zielgruppen passen sollte.

Den vielen Vorteilen einer rein aktionsweisen Incentivierung im Rahmen eines fremden Programms stehen aber auch erhebliche Nachteile gegenüber:

- *Kein eigenes Profil*: Mit dem reinen „Andocken" an ein anderes Programm, in welchem man noch nicht einmal als dauerhafter Partner vertreten ist, gewinnt das Unternehmen in emotionaler Hinsicht kaum eigenes, zusätzliches Profil.
- *Keine dauerhafte Kundenbindung*: Naturgemäß eignet sich diese Maßnahme für die Nutzung kurzfristiger Cross- und Up-Selling-Potenziale, kann aber nicht dazu dienen, eine dauerhafte Bindung an das Unternehmen zu erreichen.
- *Eingeschränkte Gewinnung von Kundenwissen*: Vor dem Hintergrund der Zielsetzung einer langfristigen Kundenwertsteigerung wiegt vielleicht am schwerwiegendsten, dass durch solche Aktionen nur beschränkt Kundenwissen erworben wird. So schließt die Vertragsgestaltung mit den Programmbetreibern in der Praxis entweder Wissenstransfer ganz aus, oder das transferierte Wissen umfasst allenfalls die Daten, die direkt mit der incentivierten Aktion zusammenhängen. So erfährt ein Unternehmen weder dauerhaft etwas über seine Kunden, noch ist das Wissen besonders umfangreich, um daraus tiefer gehende Erkenntnisse abzuleiten.

9.2.2 Beteiligung an Multi-Partnerprogrammen

Multipartner-Programme sind bezüglich der Teilnehmeranzahl nicht nur in Deutschland die bedeutendste Form der Bonusprogramme. Multipartner-Programme sollen hier solche Bonusprogramme bezeichnen, die von einem neutralen Betreiber, d. h. einem Unternehmen welches genau für diesen Zweck gegründet wurde, branchenübergreifend betrieben werden. Zumeist wird teilnehmenden Unternehmen dabei eine Exklusivität für ihre Branche eingeräumt. Die bekanntesten Beispiele sind im deutschsprachigen Raum ***PAYBACK*** und ***DeutschlandCard***.

Die Teilnahme an Multipartner-Programmen ist in der Regel eine auf Dauer angelegte. Um Partnerunternehmen zu werden, sind verschiedene Entgelte zu zahlen. Diese umfassen zumeist:

- einen einmaligen Beitrag zur Beteiligung an den Infrastrukturkosten,
- einen Werbekostenzuschuss für die Programmwerbung, in deren Rahmen auch die Partnerunternehmen genannt werden,
- eine an der Teilnehmerzahl und/oder dem Punktevolumen bemessene Gebühr für das laufende Handling wie Bonuspunkteverwaltung, Infrastrukturbereitstellung, Prämienmanagement etc.,
- den Gegenwert der vergebenen Punkte.

Mit dem Zahlen der Entgelte sind zumeist alle weiteren Leistungen einschließlich der Vergabe der Prämien abgegolten.

Die dauerhafte Beteiligung an Multipartner-Programmen hat eine Reihe spezifischer Vorteile, so etwa:

- *Optimale Nutzung des Kumulationseffekts*: Die Multipartner-Programme sind sicherlich die Kooperationsform, die die in 9.1.1 aufgezeigten Nutzen des Kumulationseffekts am deutlichsten ausschöpfen. Dadurch, dass hier in der Regel kein Unternehmen das Programm dominiert, schließen sich viele und oft auch viele große Partner zusammen. Beim Blick auf die Liste der Partnerunternehmen von ***PAYBACK*** mit *Aral*, *Kaufhof* oder *dm* wird dies deutlich.
- *Kostenersparnispotenzial*: Wenn auch die Beteiligung an Multipartner-Programmen teurer ist als das aktionsweise Setzen auf fremde Programme (s. Kap. 9.2.1), so werden im Vergleich zum Aufbau eines eigenen Programms jedoch eindeutig Kosten gespart. Allerdings wird dieser Effekt bisweilen etwas überschätzt. So können zwar Kosten wie Customer-Service-Center, Internetauftritt, Punkteverwaltungssystem, Teilnehmerwerbung und – anmeldung oder Teile der Programmkommunikation (z. B. Kontoauszüge) gemeinschaftlich betrieben werden, jedoch sind dennoch

erhebliche Investitionen zu kalkulieren, da z. B. alle eigenen PoS in geeigneter und vom Programm vorgegebener Form Daten erfassen müssen oder ein eigenes DWH aufzubauen ist, um Daten selbst intensiver nutzen zu können. Ein weiterer Effekt ist, dass in einem Partnerprogramm zum Teil Leistungen enthalten sind, die man bei einem rein eigenen Programm nicht angeboten hätte. Diese Leistungen werden über die Entgelte aber letztlich mitgezahlt. Zudem muss das Betreiberunternehmen selbst Gewinne erwirtschaften, weswegen die Entgelte nicht nur kostendeckend sind.
- *Erweiterte Ansprache potenzieller Kunden*: Ein großer Vorteil von branchenübergreifenden Partnerprogrammen ist zweifelsohne, dass viele Mitglieder geworben werden, unter denen sich auch potenzielle Neukunden für ein angeschlossenes Unternehmen befinden. Im Rahmen der vielfältigen Programmkommunikation (s. Kap. 10) können diese potenziellen Kunden mit Hilfe der Anwendung von Data-Mining-Techniken (vgl. Kap. 2.2.3.2) identifiziert und gezielt angesprochen werden. Um diesen Effekt jedoch ausnutzen zu können, muss der Zugang zu diesen Kunden vertraglich möglich sein und ein Mindestmaß an Zielgruppen-Übereinstimmung der restlichen Teilnehmer mit den eigenen Kunden vorliegen. Wenn zusätzlich Incentivierungsdaten anderer Partner, also Wissen, für welches Verhalten Kunden bei Partner-Unternehmen Bonuspunkte bekommen haben, mitgenutzt werden dürfen, so ergibt sich zudem ein vertieftes Verständnis über potenzielle als auch eigene Kunden, welches generell als Vorteil für Cross- und Up-Selling-Aktivitäten zu werten ist.

Neben den Vorteilen existieren auch bei dieser Kooperationsform einige spezifische Nachteile:

- *Geringere Flexibilität in der Gestaltung*: Zwar wird angeschlossenen Unternehmen in aller Regel über Gremien, wie etwa Beiräten, eine Mitsprache eingeräumt, die je nach Bedeutung für das Programm größer oder kleiner ausfallen kann, jedoch erfolgt dadurch immer auch eine Abstimmung mit den anderen Partnern, weswegen eigene Interessen nicht vollständig durchgesetzt werden können. Zudem hat der unabhängige Programmbetreiber, der ja letztlich mit dem Betrieb Gewinne erzielen möchte, ebenfalls Eigeninteressen, die er aufgrund seiner zentralen Stellung auch ohne große formale Ermächtigung gut durchsetzen kann. Wenn ein Bonusprogramm in der künftigen Marketing- und Vertriebsstrategie eines Unternehmens einen hohen Stellenwert besitzt, so sollte man sich zumindest für einen genau definierten Katalog Vetorechte einräumen lassen. Hierbei ist jedoch zu bedenken, dass zu viele Vetorechte von zu vielen Partnerunternehmen die Handlungsmöglichkeiten eines Programms in hohem Maße einschränken können. Damit existiert ein sogenanntes

Gefangenen-Dilemma:[6] Für jeden Einzelnen ist es von Vorteil, wenn er sich Vetorechte einräumen lässt. Besitzen alle Parteien aber solche Rechte, kann dies dazu führen, dass die Entwicklung und der Betrieb eines sinnvollen, attraktiven Programms nicht mehr möglich sind.

- *Verwässerung der Corporate Identity (CI)*: Möchte ein Unternehmen mit einem Programm nicht nur kurzfristig Entscheidungen der Kunden über Incentives beeinflussen, sondern langfristig eine emotionale Bindung an Marke und Unternehmen aufbauen, so besitzt ein Partnerprogramm den Nachteil, dass letztlich nicht der Name des eigenen Unternehmens, sondern der des Programms in den Vordergrund gerückt wird. Stimmen zudem Anmutung, Image, Slogans etc. des Partnerprogramms mit der eigenen CI nicht überein, so konterkariert die Programmteilnahme gegebenenfalls eigene PR- und Werbeaktivitäten. Die Textilhandelskette *Peek und Cloppenburg* hat sich aus diesem Grund gegen die Teilnahme an einem Multipartner-Programm entschieden und setzt stattdessen auf Kooperationen im Sinne von gegenseitiger Währungskompatibilität mit *Amex* und *Lufthansa*, bei denen ein höherer Zielgruppenfit vorliegt.[7]
- *Erhöhte Abhängigkeit*: Die Tatsache, dass das Programm nicht vom eigenen Unternehmen betrieben wird, führt nicht nur zu einer eingeschränkten Flexibilität bei der Gestaltung, sondern erhöht auch die Abhängigkeit von der Betreibergesellschaft. Ein auf Dauer angelegtes Programm besitzt stets auch einen Stellenwert bei den eigenen Kunden, die zumindest die Dauerhaftigkeit dieser Leistung erwarten. Ein Ausstieg ohne negative Effekte bei der eigenen Klientel erscheint also kaum möglich. Damit würde ein Ausstieg aber bedeuten, dass man von einem auf den anderen Moment das Programm in eigener Regie oder durch einen anderen Betreiber weiterführen müsste. Schon allein wegen der hohen Investitionen in die erforderliche Infrastruktur sowie des zeitlichen Vorlaufs, den ein solcher Schritt bedingt, kein leichtes Unterfangen. Erschwert wird es zusätzlich, weil die Kunden im Rahmen des Multipartner-Programms den Kumulationseffekt genießen durften, auf den sie möglicherweise ihre Verhaltensweisen bei der Wahl von Produkten ausgerichtet haben. Dieser Effekt ist bei einem Ausstieg aus dem bisherigen Partnerprogramm aber nicht oder zumindest nicht in der gleichen Partnerstruktur ersetzbar.
- *Incentivierung von zielgruppenfremden Personen*: Jedes Bonusprogramm ist der Gefahr ausgesetzt, dass Bonuspunkte auch an Personen vergeben werden, die nicht zur Zielgruppe des Programms gehören. Im Falle der partnerübergreifenden Programme ist diese Gefahr jedoch besonders hoch. Grund dafür sind Kunden, die Bonuspunkte zur Ergänzung ihres

[6] Vgl. Bamberg und Coenenberg (2000, S. 211 ff.).

[7] Vgl. Bender (2008).

bei anderen Unternehmen gesammelten Punktepolsters quasi einfach mitnehmen. Dieses Quantum an Kunden ist dann besonders hoch, wenn ein Unternehmen sehr hohe Marktanteile besitzt, so dass ohnehin viele Kunden Produkte des Unternehmens nachfragen. Die Kundenbindung ist dann faktisch ohnehin hoch und Neukunden sind auch nicht mehr in größerem Ausmaße zu gewinnen. Für die Kunden aber bedeutet die Vergabe von Bonuspunkten eine Attraktivitätssteigerung des Multipartner-Programms, von der dann jedoch vor allem die anderen angeschlossenen Unternehmen profitieren.

- *Potenzielle Austauschbarkeit der Punkteguthaben*: So vorteilhaft der mit partnerübergreifenden Programmen erzeugte Kumulationseffekt auch ist, so sehr birgt er auch die Gefahr der nicht-spezifischen Kundenbindung in sich. Bindung findet hier unter Umständen vor allem an das Programm selbst und nicht seine Mitgliedsunternehmen statt. Grund dafür ist die potenzielle Austauschbarkeit von Punkten. Je mehr Partner einem Programm angehören, desto größer sind auch die Wahlmöglichkeiten für Kunden, sich die erforderliche Punktzahl für eine attraktive Prämie zu erarbeiten. D. h., dass die „Schmerzen", auf ein vermeintlich interessanteres Angebot eines Wettbewerbers zurückzugreifen, aus Sicht des Kunden relativ gering sind (= Substitutionseffekt). Auf diese Weise wird aber die faktische Kundenbindung des Programms (vgl. Kap. 2.2.1) eingeschränkt. Damit wird deutlich, dass Bonuspunkte, wie in Kap. 9.1.1 erwähnt, durch den Kumulationsaspekt zwar an Wert gewinnen, auf der anderen Seite aber der spezifische Wert des durch ein Unternehmen vergebenen Punktes mit der Anzahl der Partner bzw. Kumulationsmöglichkeiten auch abnimmt. Abbildung 9.3 verdeutlicht diesen gegenläufigen Zusammenhang.

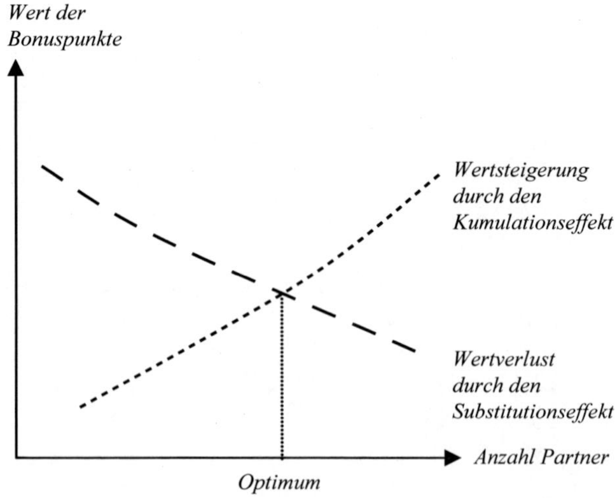

Abb. 9.3 Der Trade-off von Wertsteigerung und Wertminderung der Bonuspunkte in Partnerprogrammen

Demnach besteht ein sogenannter Trade-off zwischen beiden Effekten. Das Optimum liegt dort, wo die Addition beider Effekte ihr Maximum erreicht, also im Schnittpunkt. In der Realität ist dieser Schnittpunkt letztlich nur über Versuch und Irrtum oder aus Kundenbefragungen zu ermitteln. Man sollte sich aber seiner Existenz bewusst sein, wenn man verschiedene Programme hinsichtlich des potenziellen Nutzens für das eigene Unternehmen vergleicht.

- *Konzentration auf Punktesammeln und nicht das Produkt*: Neben der faktischen Kundenbindung wird auch die emotionale Bindung in Partnerprogrammen eingeschränkt. So steht, wie oben gesehen, in der Kommunikation nicht nur das Programm selbst an erster Stelle, vielmehr werden die Kunden letztlich vor allem durch die verbesserte und reelle Möglichkeit ausreichend Punkte zu sammeln für das Programm geworben. Damit wird der Fokus aber auf „Sammeln" und nicht auf das Produkt oder Unternehmen gelegt. Mit der faktischen Austauschbarkeit der Punkte geht also evtl. auch eine emotionale Gleichgültigkeit einher.[8]

9.2.3 Implementierung eines eigenen Partner-Programms

Wer vor den Abhängigkeiten und Verwässerungen eines Multipartner-Programms zurückschreckt, den Kumulationseffekt aber dennoch nicht ganz außer Betracht lassen möchte, für den bietet sich möglicherweise die Implementierung eines eigenen Bonusprogramms an, welches zugleich für Partner offen ist. Kennzeichnend für ein solches Modell ist, dass ein Unternehmen, welches selbst Bonuspunkte vergeben möchte, der Initiator für das Programm ist und nicht etwa eine neutrale Betreibergesellschaft. Damit wird ein so initiiertes Programm aber zugleich auch in gewisser Hinsicht mit seiner CI (etwa durch Programmname, Name der Währung oder Logo) auf dieses Unternehmen ausgerichtet sein. Dabei ist es gleichzeitig gegenüber der Aufnahme von Partnern offen. Diese Partner besitzen nun aber keinen gleichgestellten Status, wie etwa im partnerübergreifenden Programm, sondern müssen sich in großen Teilen den Konzepten und Regeln des Programms unterwerfen.

Eine solche Vorgehensweise bietet nun, wie angedeutet, bestimmte Vorteile:

---

[8] Vgl. Dowling und Uncles (1997, S. 77).

- *Aufbau eigenen Kundenwissens*: Das durch den Programmbetrieb erworbene Kundenwissen im Rahmen partnerübergreifender Programme ist häufig ganz oder zumindest teilweise Eigentum des Programmbetreibers. Die Nutzung dieser Daten ist dann entweder nicht, nur eingeschränkt (z. B. nur einmalig) oder gegen gesonderte Gebühr möglich. Diese Schwierigkeiten bestehen beim Betrieb eines eigenen Programms nicht. Zudem kann gegenüber angeschlossenen Partnern vertraglich darauf gedrängt werden, dass Wissen über das Verhalten der Kunden in Bezug auf diese Partner (z. B. Einkaufsverhalten bei den Partnern) auch für eigene Zwecke genutzt werden kann.
- *Individuelle Gestaltung*: Ein von eigener Hand geplantes Programm bietet die Gewähr, dass die gesamte Programmkonzeption in ihren Grundzügen den eigenen Interessen entspricht und so die anvisierten Nutzen auch erreicht werden können. Zur Aufnahme von Partnern wird man zwar immer auch ein Stück weit deren Interessen entgegenkommen, aber nur soweit, wie das eigene Konzept dadurch nicht konterkariert wird.
- *Uneingeschränkte Datennutzung* (im Rahmen des gesetzlich Möglichen): Selbstverständlich ist beim Betrieb eines Bonusprogramms gerade in Deutschland, wo Verbraucher an dieser Stelle besonders sensibel reagieren, streng auf die Einhaltung datenschutzrechtlicher Bestimmungen zu achten (s. Kap. 4.2). Deswegen sollten von vornherein die datenschützenden Behörden auf Landes- und Bundesebene einbezogen und Kunden mit der Anmeldung zum Programm transparent über die Nutzung der Daten aufgeklärt und ihre Zustimmung dazu eingeholt werden. Im Rahmen der verbleibenden Möglichkeiten ist das Unternehmen bei der Nutzung der Daten aber frei. Weder muss für die Nutzung – wie bisweilen im Falle partnerübergreifender Programme – gesondert gezahlt werden, noch ist die Nutzung zeitlich limitiert. Dies eröffnet aber die Möglichkeit, Kundenwissen tatsächlich im Sinne des Kap. 2.2.3.2 zur Steigerung des Kundenwerts einzusetzen.

Aber auch der Betrieb eines eigenen Bonusprogramms, welches für Partner offen ist, besitzt Nachteile:

- *Schwierigkeit attraktive Partner zu gewinnen*: Da Partner im Rahmen eines solchen Programms in der Regel nur begrenzten Einfluss und somit eher einen „Junior-Status" besitzen, sind bedeutende Unternehmen nur begrenzt gewillt, an einem solchen Programm zu partizipieren. Damit wird aber die Möglichkeit für Kunden, durch ihr gewohntes Einkaufsverhalten zahlreiche Bonuspunkte zu sammeln, begrenzt. Der Kumulationseffekt (vgl. Kap. 9.1.1) ist somit nur eingeschränkt vorhanden. Abschwächen lässt sich dieser Nachteil, wenn die Partnerunternehmen thematisch Bezug zum Programm haben. Ein gutes Beispiel ist der ***Shell CLUBSMART***, wo als Partner der *ADAC* und der Autovermieter *Sixt* angeschlossen sind. Rund um das Thema Autofahren lässt sich hier also eine Kumulation kundenseitig erzeugen.

- *Hohe (Vorab-)Kosten*: Ein eigenes Programm zu initiieren bedeutet zugleich die notwendigen Investitionen für Programmkonzeption, Programmbewerbung und Infrastrukturaufbau selbst zu tragen. Inwieweit eine nachträgliche Beteiligung an diesen Investitionen durch die anzuschließenden Partner möglich ist, bleibt bei Aufbau des Programms unsicher. Die Alternative in Form einer Akquisition der Partner vor Aufbau würde aber in aller Regel bedeuten, dass diese Partner als Ausgleich für ihre frühe Bindung höhere Mitspracherechte reklamieren.
- *Hohe Verbindlichkeit gegenüber Kunden*: Ist die eigene CI, das eigene Branding ein Vorteil in Richtung emotionaler Kundenbindung, so erwächst gleichzeitig daraus der Nachteil, mit Aufnahme des Programmbetriebs eine hohe Verbindlichkeit für den Fortbestand des Programms gegenüber den Kunden einzugehen. Ein „Zurück" ist unter diesen Umständen besonders schwierig. Man stelle sich dazu einfach nur vor, die *Deutsche Lufthansa* würde das Programm *Miles & More* samt aller Leistungen für *Frequent Traveller* und *Senatoren* einstellen.

Ein Beispiel für ein eigenes Programm mit angeschlossenen Partnern ist der ***Shell CLUBSMART***. Für Shell stand und steht es im Vordergrund eine auch emotionale Bindung an das eigene Unternehmen zu erreichen und maximale Flexibilität zu besitzen. Als Stand-Alone-Programm gestartet, sind zumindest der *ADAC* und *Sixt* bereits als große Partner geworben worden. Ein weiterer Ausbau in dieser Hinsicht ist geplant.

9.2.4 Implementierung eines rein eigenen Programms

Rein eigen betriebene Programme finden sich vor allem in den USA und Großbritannien, oftmals im Einzelhandel,[9] da hier Verbraucher den eigenen Vorteil der Datennutzung durch Unternehmen in Form gezielter Angebote positiv akzeptieren.[10] Wegen der Rechtslage im Datenschutz und der hohen Sensibilität der Verbraucher für dieses Thema gelten diese Argumente im deutschsprachigen Raum weniger. Rein eigene Programme haben hierzulande meist die Form von Kundenclubs, die allerdings nur in

[9] Vgl. Ploss (2001, S. 20).

[10] Vgl. Ploss (2002).

wenigen Fällen eine klassische Bonuskomponente mit verhaltensbedingter Vergabe von Bonuspunkten aufweisen. Mitglieder von Kundenclubs erhalten hingegen in aller Regel Leistungen unabhängig von gezeigtem Verhalten, insbesondere unabhängig vom getätigten Kaufvolumen.[11] Bei den im Buch vorgestellten Programmen verzichten somit nur der ***UBS KeyClub*** aus der Schweiz sowie der ***Dunas Club*** aus Spanien auf Sammelpartner. Beide Programme setzen aber stark auf Partner bei der Prämieneinlösung.

Die Vorteile eines rein eigenen Programms sind ähnlich gelagert wie beim selbst implementierten Programm, welches für Partner offen ist. Wenn es eher Clubcharakter aufweist, ist vor allem die emotionale Bindung sehr hoch und die Programmkommunikation genießt einen besonders hohen Aufmerksamkeitswert bei den Mitgliedern. Gegenüber dem eigenen Programm, welches für Partner offen ist, kommen aber zwei spezifische Nachteile hinzu:

- *Keinerlei Kumulationseffekt*: Ohne Sammelpartner ist die Möglichkeit von Kumulationseffekten ausgeschlossen. Bewegt sich der Gegenwert der Incentivierung im gewöhnlichen Rahmen, d. h. zwischen 0,5 % und 5 %, so wird es vermutlich nur absoluten Top-Kunden möglich sein, innerhalb eines überschaubaren Zeitraums genügend Bonuspunkte für den Erhalt einer attraktiven Prämie anzusparen.
- *Konzentration auf ohnehin hochaffine Kunden*: Wie beim reinen Kundenclub besteht auch wegen der geringen Kumulationsmöglichkeit die Gefahr, dass ohnehin nur die bereits hochaffinen Kunden Mitglieder eines solchen Programms werden.[12] Bei diesen ist jedoch die Kundenbindung ohnehin nicht in Frage gestellt und wegen der hohen Affinität auch ein Gutteil der Möglichkeiten für Cross- und Up-Selling bereits ausgereizt.

9.3 Kriterien zur Auswahl

Aus den obigen Ausführungen des Abschn. 9.2 ist nun deutlich geworden, welche Vor- und Nachteile die einzelnen Formen des Partnerings aufweisen. Für was soll man sich nun aber entscheiden? Um dies zu beantworten, bietet sich die nähere Betrachtung der folgenden sieben Kriterien an.

---

[11] Vgl. Butscher (1998, S. 55).

[12] Vgl. Diller (1996).

- *Kosten*: Kosten für den Aufbau und den Betrieb eines Programms sind dann ein wichtiges Argument, wenn ein Unternehmen aus Gründen seiner Größe oder Finanzlage nicht zu größeren Investitionen in der Lage ist oder nur geringe Nutzenbeiträge durch ein Bonusprogramm erwartet. In diesen Fällen sollten Kooperationen aus Kostengründen gesucht werden, die entweder nur aktionsweise (besonders kostengünstig) oder dauerhaft mit der Teilnahme an einem Partnerprogramm angelegt sind. Allerdings sollte man kritisch prüfen, ob durch eine alternative Programmgestaltung – z. B. das papiergestützte Sammeln von Punkten (vgl. Kap. 6.2) – nicht möglicherweise ein kostengünstigerer Eigenbetrieb möglich ist.
- *Image und Marke*: Image und Marke können starke Auswirkung auf die Richtung einer Kooperationsentscheidung haben. Besitzt ein Unternehmen eine, möglicherweise mit großem finanziellem Aufwand aufgebaute Marke mit hohem Ansehen, so droht die Verwässerung dieses Images durch Kooperation. Ist das Image hingegen niedrig und/oder die Bekanntheit gering, dann kann der Anschluss an ein partnerübergreifendes Programm oder die Kooperation mit bestehenden Programmen anderer Unternehmen von Vorteil sein. Für Partner des gut bekannten und hochwertige Zielgruppen umfassenden Programms *Miles & More* trifft dies sicherlich in hohem Maße zu.
- *Erwerb und Nutzung von Kundenwissen*: Partnerprogramme bieten die Möglichkeit, Wissen über Kunden auch außerhalb der eigenen Produktwelt zu erlangen. Auf der anderen Seite ist aber zu beachten, dass dieses Wissen oftmals nicht frei verfügbar ist. Außerdem sollte man prüfen, ob die Auswahl der Partner überhaupt relevantes Wissen für den Absatz der eigenen Produkte bringt. Dies hängt sowohl von den Zielgruppen der anderen Partnerunternehmen als auch deren Branchenzugehörigkeit ab. So bringt das Wissen über die Mitglieder eines Kundenclubs im Bereich „Motorrad" dem Anbieter von Babynahrung vermutlich wenig.
- *Gestaltungsfreiheit*: Wer sehr stark auf eine emotionale Bindung der Kunden setzt, sollte darauf achten, dass er genügend Freiheit bei der Ausgestaltung eines Programms besitzt, um die eigenen Inhalte implementieren und anschließend zum Kunden transportieren zu können.
- *Zielgruppenübereinstimmung*: Vor Auswahl von Partnern oder der Beteiligung an bestehenden Programmen ist unbedingt zu untersuchen, ob eine hinreichend große Überschneidung der Zielgruppen vorhanden ist. Dies kann beispielsweise über die testweise und zufällige Selektion von Kundendaten geschehen, die dann mit den Daten der eigenen Klientel verglichen werden. Eine andere Alternative bietet der Vergleich von Marktforschungen zu den Zielgruppen der Unternehmen.

- *Share of Bonus*: Der Begriff *Share of Bonus*[13] soll hier die Fähigkeit eines Unternehmens bezeichnen, dem durchschnittlichen Kunden Bonuspunkte mit einem hohen Gegenwert zu gewähren. Die Höhe des Share of Bonus ist von zwei Bestandteilen abhängig. Zum ersten dem Share of Wallet, d. h. dem Anteil an den durchschnittlichen Ausgaben eines Haushaltes, der für die von einem Unternehmen angebotenen Produkte ausgegeben wird. So ist der Share of Wallet für Lebensmittel oder PKW höher als beispielsweise für den Kauf von Musikträgern wie CDs. Zum zweiten steigt der Share of Bonus mit dem Share of Market, das heißt dem Marktanteil, den ein Unternehmen hat. Liegt der Marktanteil bei 100 %, so wird bei jedem Verbraucher der gesamte Share of Wallet einer Produktkategorie für Produkte des betreffenden Unternehmens verausgabt. Bei 10 % Marktanteil fallen pro Durchschnitts-Kunden hingegen lediglich 10 % des Share of Wallet an. Je höher nun der Share of Bonus eines Unternehmens ist, desto größer ist sein Potenzial, auch ohne Kumulationseffekt bei zahlreichen Kunden für den Erhalt einer attraktiven Prämie in einem überschaubaren Zeitraum zu sorgen. Der Kumulationseffekt spielt für die Entscheidung des Partnerings in diesen Fällen also eine geringere Rolle und der eigene Betrieb eines Programms rückt in den Vordergrund.
- *Infrastrukturvoraussetzungen*: Partnering ermöglicht in Form der Beteiligung an einem partnerübergreifenden Programm oder der aktionsweisen Nutzung eines bestehenden Programms den teilweisen oder vollständigen Verzicht auf den Aufbau eigener Infrastrukturen. Kriterien für diese Entscheidung sind vor allem:[14]
  - die Möglichkeit, ausreichend qualifiziertes Personal zur Verfügung zu stellen
  - Erfahrungen mit der Führung von Kundenkonten
  - Erfahrungen mit Kundenkarten
  - Erfahrungen und Kapazitäten beim Versand von Produkten
  - Erfahrungen beim Aufbau und Betrieb von DWH
  - Erfahrungen und Kapazitäten für den Betrieb eines Lettershops
  - Erfahrungen und Kapazitäten zum Betrieb eines Call-Centers.

Bestehen hinsichtlich dieser Bereiche zahlreiche Lücken, so kann dies ein wichtiges Argument gegen den Aufbau eines eigenen Programms sein.

Abbildung 9.4 fasst alle genannten Kriterien nochmals zusammen und bezieht sie auf die vier dargestellten idealtypischen Formen des Partner-

[13] Vgl. Lauer (2000, S. 69).

[14] Vgl. hierzu auch die Checkliste bei Wittbrodt (1995, S. 50 f.).

Abb. 9.4 Kriterien für die Wahl der Form des Partnerings. (in Anlehnung an Lauer 2002, S. 106)

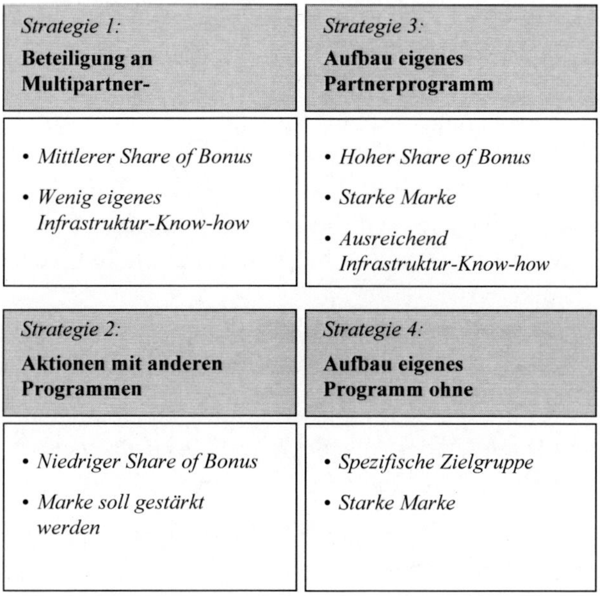

ings aus Kap. 9.2. Demnach kommt die Beteiligung an einem Multipartner-Programm vor allem dann in Betracht, wenn der Share of Bonus eines Unternehmens mittelhoch ist und nur wenig eigens Infrastruktur-Know-How vorliegt. Ein hoher Share of Bonus, eine zugleich starke Marke und ausreichend Infrastruktur-Know-how sprechen für den Betrieb eines eigenen Programms, welches für Partner offen ist. Ist hingegen die Zielgruppe ausgesprochen spezifisch und stark der Marke verbunden, so sollte eher ein eigenes Programm in clubähnlicher Form gewählt werden. Nur im Fall eines geringen Share of Bonus und eines nicht ausreichenden Images bzw. mangelnder Bekanntheit bieten sich fallweise Aktionen mit bestehenden Programmen an.

9.4 Checkliste: Partnering

Bei der Auswahl der Art des Partnerings sind folgende Fragen zu erörtern:

- □ Sind ausreichend finanzielle Mittel für den Aufbau eines eigenen Programms vorhanden oder könnte dies alternativ in kostengünstiger papiergestützter Form betrieben werden?
- □ Besitzt das Unternehmen selbst einen hohen Bekanntheitsgrad und ein gutes Image?

- ☐ Besteht Interesse an Wissen über die Kunden auch außerhalb des eigenen Produktbereichs?
- ☐ Ist man bereit, Einschränkungen bei der Gestaltungsfreiheit des Programms in Kauf zu nehmen?
- ☐ Stimmen die Zielgruppen der anderen Partner in einem Programm oder eines aufzunehmenden Partners mit den eigenen weitgehend überein?
- ☐ Reicht das eigene Vermögen, Bonuspunkte zu vergeben, für die Gewährung von attraktiven Prämien innerhalb eines überschaubaren Zeitraums aus?
- ☐ Ist genügend Infrastruktur-Know-how für den Betrieb eines Bonusprogramms vorhanden und sind freie Kapazitäten dafür verfügbar?

Sollte die Wahl auf die Beteiligung an einem Multipartner-Programm fallen, so sollten bei der Ausgestaltung dieser Partnerschaft zusätzlich noch folgende Fragen berücksichtigt werden:

- ☐ Wurde für wichtige Entscheidungen der Programmgestaltung ein Vetorecht eingeräumt?
- ☐ Profitiert man finanziell, wenn man das Programm selbst bewirbt?
- ☐ Profitiert man finanziell vom Verfall der Bonuspunkte?
- ☐ Werden die Entgelte mit der Anzahl der in das Programm gebrachten Teilnehmer und des vergebenen Volumens an Bonuspunkten verhältnismäßig günstiger?
- ☐ Besteht die Möglichkeit, die im Programm erworbenen Kundendaten dauerhaft und zu einem vertretbaren finanziellen Aufwand zu nutzen?
- ☐ Existiert eine Ausstiegsklausel, die das Verlassen des Programms realistisch ermöglichen würde?

Kapitel 10
Kommunikation

Wenn auch der kommunikative Auftritt für den Erfolg eines Programms eine nicht unerhebliche Rolle spielt, so soll ihm hier doch nur ein verhältnismäßig begrenzter Raum eingeräumt werden. Der Grund dafür ist ähnlich gelagert wie im Falle rechtlicher Fragen zum Betrieb von Bonusprogrammen. Kommunikative Gestaltung ist eine Spezialistenaufgabe, die bei der Einführung eines Bonusprogramms unbedingt in die Hände einer Werbeagentur gegeben werden sollte. Was hier als gut und erfolgversprechend angesehen wird, hängt zudem in äußerst hohem Maße vom jeweiligen Unternehmen ab und nicht zuletzt auch vom schlichten Geschmack der beteiligten Parteien. Das vorliegende Kapitel wird sich deshalb nicht auf die gestalterischen Aspekte konzentrieren, sondern sich vielmehr der programmstrategischen Frage zuwenden, welche kommunikativen Elemente unter welchen Bedingungen überhaupt zum Einsatz kommen sollten. Dabei sind drei wesentliche Gruppen an Elementen zu unterscheiden:

- die Kommunikation zur Werbung von Teilnehmern (Gegenstand des Kap. 10.1),
- die regelmäßige Kommunikation mit Teilnehmern des Programms (s. Kap. 10.2),
- die Elemente eines Programms, welche sein Erscheinungsbild, also die Programm-CI bestimmen (Kap. 10.3).

Daneben findet auch Kommunikation statt, die zur reinen Abwicklung des Programms durchgeführt wird und zumeist vom Kunden ausgeht, etwa wenn Kunden im Customer-Service-Center anrufen, um eine Prämie einzulösen. Diese Form der Kommunikation gehört eher in den Bereich Infrastruktur und wurde im Zusammenhang mit dem Customer-Service-Center (vgl. Kap. 6.1.1.2 sowie 1.1.3) bereits angesprochen.

T. Lauer, *Bonusprogramme*,
DOI 10.1007/978-3-642-19118-3_10, © Springer-Verlag Berlin Heidelberg 2011

10.1 Werbekommunikation

Werbekommunikation soll hier alle Arten der Kommunikation zur Werbung von Mitgliedern umfassen. Kapitel 10.1.1 gibt zunächst einen Überblick über mögliche Formen der Mitgliederwerbung in Bonusprogrammen, Kap. 10.1.2 schließt sich mit einem Kriterienkatalog zur Wahl des optimalen Kommunikationsmix an.

10.1.1 Formen der Mitgliederwerbung

Gemäß der üblichen Aufteilung der Kommunikation soll hier vor allem die klassische Kommunikation von der Verkaufsförderung und der Direktwerbung unterschieden werden.

Klassische Kommunikation: Unter klassische Kommunikation fallen Instrumente wie TV- und Hörfunkspots, Werbeanzeigen in Zeitungen und Zeitschriften, Pop-Ups oder Links auf bekannten Webpages sowie Plakatwerbung. Kennzeichen der klassischen Kommunikation ist, dass der Adressatenkreis nur bedingt eingrenzbar ist. Die einzige Möglichkeit, den Empfängerkreis zu steuern, besteht in der Auswahl des Mediums, da die Wahl von Medien üblicherweise sehr stark von persönlichen Neigungen und soziodemographischen Faktoren wie Alter, Bildung und Einkommen abhängt. Klassische Kommunikation ist in der Startphase eines Programms in gewissem Rahmen unabdingbar, um eine Grundbekanntheit des Programms zu gewährleisten. Nur wer sich von vornherein auf bestehende und namentlich bekannte eigene Kunden stützen möchte, könnte darauf ganz verzichten. Aber auch in diesem Fall kann klassische Werbung zur Unterstützung einer parallelen, direkten Werbekampagne unerlässlich sein, um die Aufmerksamkeit der Kunden bei der direkten Ansprache überhaupt zu gewinnen.

Der sparsame Umgang mit klassischer Kommunikation kann aber empfehlenswert sein, weil diese Form der Kommunikation relativ kostspielig ist. Grund sind die hohen Streuverluste, die aus der nur bedingt möglichen Eingrenzung der Empfänger resultieren. Dies ist deshalb von Relevanz, weil sich die verbreitenden Medien wie Radio, TV oder Zeitschriften in aller Regel die gesamte Menge der Empfänger bezahlen lassen. Das bedeutet, dass ein Inserat in einer weit verbreiteten Zeitschrift oder einem TV-Sender mit hohen Einschaltquoten pro Schaltung leicht einen sechsstelligen Euro-Betrag erreicht. Ein Bonusprogramm konkurriert hier mit Produkten wie Zahnpasta, Schokoriegeln oder PKW, die potenziell nahezu alle Rezipienten eines Spots oder einer Anzeige ansprechen. Die Kosten der Kommunikation für Klassik können reduziert werden, wenn man ohnehin ausgestrahlte Spots für Produkte des eigenen Unternehmens quasi als

„Trittbrettfahrer" nutzt. Eine kurze Sequenz am Ende eines Spots, die auf ein Bonusprogramm hinweist, kann hier ausreichen. So wird mit einem gegebenen Werbeetat nicht nur eine anhaltendere und damit wirkungsvollere Werbung ermöglicht, sondern zugleich auch eine Verbindung zwischen Produkten und Programm hergestellt, die für eine emotionale Kundenbindung von großer Wichtigkeit ist.

Klassische Kommunikation allein reicht zur Anmeldung nicht aus. Vielmehr ist sie lediglich eine Aufforderung zur Teilnahme. In ihr müssen Kanäle wie Internetadressen, PoS oder Telefonnummern angegeben werden, die der Kunde kontaktieren kann, um sich verbindlich anzumelden. In aller Regel bekommt er dann Anmeldeunterlagen postalisch oder elektronisch übermittelt, die aus einem Leistungsfolder, der alles Wissenswerte zum Programm enthält, sowie einem Anmeldeformular bestehen.

Nicht direkt der klassischen Kommunikation zuzurechnen aber in ihrer Wirkung ähnlich ist die *Öffentlichkeitsarbeit* (PR). Eine gute Presse für ein Programm, seine häufige Nennung in bekannten und relevanten Medien, kann oftmals für wenig Geld eine sehr hohe Wirkung erzielen.

Verkaufsförderung: Zur Verkaufsförderung (Engl.: *Sales Promotion*) gehören alle Maßnahmen, die am Verkaufsort selber zusätzliche Anreize zur Teilnahme an einem Bonusprogramm schaffen.[1] Beispiele sind gesonderte Aktionsstände zur Anwerbung von Programmteilnehmern mit eigenem Personal am regulären PoS, spezielles Displaymaterial am PoS, bei dem direkt Anmeldeformulare ausgelegt werden, oder das Verpacken von Anmeldeformularen in Einkaufstüten durch das Verkaufspersonal. Verkaufsförderung zielt in aller Regel auf den kurzfristigen Absatz- bzw. Werbeerfolg. Der Vorteil im Rahmen der Bewerbung von Bonusprogrammen liegt eindeutig darin, dass die Anmeldeunterlagen potenziellen Teilnehmern direkt ausgehändigt werden können oder sogar der Teilnahmedruck durch Ausfüllen und Abgeben der Unterlagen am Promotion-Stand gegen Erhalt einer Prämie – z. B. einem Grundguthaben an Bonuspunkten – wirkungsvoll erhöht werden kann. Hat sich ein Unternehmen ohnehin für einen papiergestützten Sammelmechanismus – etwa ein Rabattheft – entschieden (vgl. Kap. 6.2), so ist die Verkaufsförderung am PoS die ohnehin beste Maßnahme. Mit jedem Kaufakt kann hier das Medium direkt an die Kunden überreicht werden und dies mitsamt der ersten Marken zum Einkleben. Hieraus wird schon deutlich, dass eine besondere Akzentuierung von Verkaufsförderungsmaßnahmen vor allem dort Sinn macht, wo Unternehmen eine hohe, flächendeckende Zahl an PoS besitzen, die regelmäßig von Kunden frequentiert werden. Ein nicht PoS-gestütztes Vorgehen, etwa der Besuch von Events oder Gastronomiebetrieben durch Promotionteams, kann allein immer nur eine unterstützende

[1] Vgl. Zerres (1997, S. 93)

Maßnahme sein. Generell zu berücksichtigen ist im Zusammenhang mit Verkaufsförderung aber, dass Kunden nicht ständig auf eine Teilnahme am Programm angesprochen werden sollten. Dies kann andernfalls auch zu Reaktanz und damit einer Programmverweigerung führen.[2]

Auch zur Verkaufsförderung zu rechnen ist Werbung für das Programm im Rahmen des eigenen Internetauftritts. Diese sollte auf alle Fälle erfolgen, funktioniert aber in der Regel nur dort im großen Stil, wo Unternehmen auch eine häufig durch Kunden besuchte Internetseite betreiben. Dies trifft natürlich automatisch dann zu, wenn E-Commerce ein wesentlicher Bestandteil des Geschäftsmodells ist.

Direktwerbung: Die Direktwerbung bezeichnet im Zusammenhang mit der Mitgliederwerbung von Bonusprogrammen vor allem das Versenden von Werbebriefen, E-Mails oder SMS an potenzielle Teilnehmer.[3] Bei der Gestaltung der Werbebotschaften sollte man besondere Vorsicht walten lassen, denn die hohen Erwartungen des Mitglieds müssen von Beginn an voll erfüllt werden. Hierbei ist insbesondere – soweit möglich – auf eine persönliche, namentliche Ansprache zu achten.[4] Der direkte Versand besitzt vor allem bei persönlicher Ansprache durch ein Unternehmen, mit dem eine Kundenbeziehung besteht, den Vorteil erhöhter Aufmerksamkeit. Zudem können auch hier alle erforderlichen Anmeldeunterlagen beigefügt werden, evtl. mit Vorabausfüllung von Name und Anschrift, um dem Kunden das Ausfüllen zu erleichtern. Eine weitere, in der Praxis erfolgreich erprobte Unterstützungsmöglichkeit ist der Einsatz sogenannter Responsebeschleuniger, etwa die Vergabe einer attraktiven Prämie oder eines hohen Startguthabens an die ersten 1000 Einsender.

10.1.2 Optimaler Kommunikationsmix

Aus dem oben Gesagten lassen sich nun eine Reihe von Kriterien zur optimalen Gestaltung des Kommunikationsmix ableiten. Wie gesagt, es geht um

[2] Vgl. Musiol und Kühling (2009, S. 75)

[3] Vom Versenden von Werbe-SMS, Werbe-E-Mails und Werbe-Faxen wird hier schon aus rechtlicher Sicht abgeraten, wenn nicht vorab das schriftliche Einverständnis der Kunden zu dieser Form der Ansprache vorliegt. Ebenfalls problematisch ist die direkte telefonische Kundenwerbung, die in Deutschland nicht erlaubt ist. Allerdings besteht hier ein gewisser Graubereich, da das Angebot der Teilnahme an einem Bonusprogramm bei bestehenden Kunden ggf. als Teil der erlaubten Kundenbetreuung aufgefasst werden könnte. Dies gilt umso mehr, wenn ein laufendes Vertragsverhältnis (z. B. die Belieferung mit Strom oder Erdgas) die Kundenbeziehung begründet. Vor solchen Aktionen sollte aber auf jeden Fall eine Prüfung von juristischer Seite unternommen werden.

[4] Vgl. Wiencke und Koke (1994, S. 62 f.).

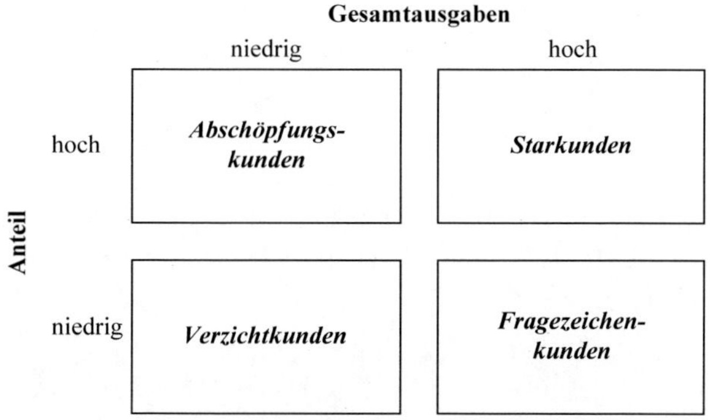

Abb. 10.1 Kundensegmentierung von Programmteilnehmern nach Ausgabenanteil und Gesamtausgaben (in Anl. an Müller 2006, S. 209 f.)

den Mix! In aller Regel bietet es sich an, alle drei in Kap. 10.1.1 aufgezählten Kommunikationsmethoden zugleich einzusetzen, Unternehmen sollten aber vorab planen, welchem der Kommunikationskanäle das Hauptgewicht zukommen soll. Folgende Kriterien sind dafür ausschlaggebend:[5]

- *Die Zielgruppe des Programms*: Entscheidend ist hier vor allem, ob sich das Programm an bestehende oder aber auch potenzielle Kunden wendet. Spielen potenzielle Kunden eine wichtige Rolle, so bietet sich auf jeden Fall der Weg über klassische Kommunikation an.
- *Kundenwert*: Bezüglich des finanziellen Aufwandes, der für die Kommunikation veranschlagt wird, kann eine Differenzierung nach Kundenwert sinnvoll sein. Müller unterteilt so etwa Kunden in vier Gruppen, die sich einerseits hinsichtlich ihres Ausgabenanteils beim betreffenden Unternehmen, andererseits hinsichtlich ihrer generellen Ausgabenhöhe und damit finanziellen Potenz unterscheiden.[6]
  Abbildung 10.1 zeigt diese vier Segmente. In diesem Fall sollte zum Beispiel die Kommunikation für Star- und Fragezeichenkunden durchaus hochwertig sein. In Bezug auf die Fragezeichenkunden wäre zudem nachzuhalten, ob eine Reaktion auf eine vorübergehend verstärkte Kommunikation erfolgt oder nicht. Im letzteren Fall sind die Kommunikationsaktivitäten nach gewisser Zeit deutlich zu reduzieren. Bei den beiden anderen Zielgruppen sollte man auf direkte Werbemaßnahmen aus Kostengründen ganz verzichten.
- *Namentliche Bekanntheit der Kunden*: Sind die Kunden namentlich bekannt, so kann das Schwergewicht der Programmwerbung durchaus auf die Direktwerbung gelegt werden. Im anderen Falle ist davon abzuraten, da nicht namentlich versendete Mailings von Firmen, mit denen keine Kundenbeziehung besteht, nur zu einem geringen Prozentsatz Beachtung

[5] Vgl. auch Wiencke und Koke (1994, S. 93 f.).
[6] Vgl. Müller (2006, S. 209 f.).

finden. In diesem Falle kann ein solches Mailing nur die Ergänzung zur klassischen Kommunikation sein.

- *Eingrenzbarkeit der Zielgruppe*: Soll bewusst nur eine eng begrenzte Zielgruppe angesprochen werden, so empfiehlt sich der Einsatz von Klassik nur dann, wenn Medien existieren, die innerhalb dieser Zielgruppe einen hohen Verbreitungsgrad besitzen und zugleich, zur Vermeidung von Streuverlusten, auch nur von dieser Kundengruppe genutzt werden. Dies können z. B. Fachzeitschriften sein. Sind bei eng begrenzten Zielgruppen Kunden namentlich bekannt, so bietet sich die direkte Werbung an. In diesem Fall kann auch die Werbung über Promotions mit Hilfe speziell geschulter Teams an Orten erfolgen, wo sich diese Zielgruppen in aller Regel aufhalten (z. B. Motorradtreffs bei einem Programm eines Händlers für Motorradbedarf). Zielt ein Programm auf eine möglichst hohe Mitgliederzahl und sind die Zielgruppen kaum eingegrenzt, so empfiehlt sich im Gegensatz dazu der Einsatz möglichst weitverbreiteter Medien als Werbeträger. So wurde das Programm ***PAYBACK***, welches Kunden unterschiedlichster Unternehmen als Adressaten hat, bei seiner Einführung auch mit einer groß angelegten TV-Kampagne beworben. Gleiches tut die noch relativ junge ***DeutschlandCard*** mit TV-Spots.
- *Medienverhalten der Zielgruppe*: Selbstverständlich sollte sich die Auswahl der Werbemedien auch nach ihrer Akzeptanz bei den relevanten Zielgruppen richten. So können Promotions und Internet-Werbung bei eher jugendlichen Gruppen wirksamer sein als bei älteren Personenkreisen.
- *PoS-Stärke*: Hiermit ist die Anzahl, Verteilung und Besuchsfrequenz von PoS gemeint. Unternehmen, die in dieser Hinsicht gut abschneiden, haben durchaus die Möglichkeit, Kunden für ihr Programm hauptsächlich am PoS zu werben. Dafür ist allerdings das Personal flächendeckend entsprechend zu schulen.

10.2 Regelmäßige Kommunikation

War die Programmwerbung erfolgreich und ist ein Kunde zum Programmteilnehmer geworden, so gilt es, seine Aufmerksamkeit im Rahmen des Programms stets aufs Neue zu erobern, um so eine tiefere, emotionalere Kundenbindung aufzubauen und Werbebotschaften mit höherem Aufmerksamkeitswert zu transportieren. Die Elemente einer solchen regelmäßigen Kommunikation wurden unter 1.1.3 bereits aufgezählt. Es sind dies:

- der Kontoauszug,
- das Kundenmagazin bzw. der Newsletter,
- der Internetauftritt des Programms,
- Mitgliedertreffen bzw. die Veranstaltung von sonstigen Events.

Der *Kontoauszug*, der den Kunden den Stand der bislang angesparten Bonuspunkte anzeigt, ist ein Basismedium der Programmkommunikation. Sein Aufmerksamkeitswert ist in der Regel sehr hoch, da sich Kunden zumeist dafür interessieren, wieviel Punkte sie bereits erworben haben. Diese erhöhte Aufmerksamkeit bietet die Chance, auch Werbebotschaften zu transportieren. So ist es mittlerweile sehr beliebt, Coupons mit Preisvergünstigungen angeschlossener Partnerunternehmen beizufügen. Im Zusammenhang mit der Höhe des jeweiligen Punktestands kann auch auf Prämien verwiesen werden, die für das Unternehmen selbst einen Nutzen haben, z. B. weil dadurch Lock-In-Effekte erzeugt werden (vgl. Kap. 5.3.1). Ein Kontoauszug sollte wegen dieser Vorteile in aller Regel auch Bestandteil eines Programmes sein, egal ob in Papierform oder, kostenmäßig noch günstiger, als E-Mail. Als zeitlicher Rhythmus hat sich hier ein viertel bis ein halbes Jahr bewährt. In papiergestützten Programmen kann die Funktion des Transports von Werbebotschaften auch durch das Rabattheft selbst übernommen werden, welches ja quasi einen permanenten Kontoauszug darstellt, der bei jedem Einkleben von Rabattmarken aktualisiert wird. Eine andere Möglichkeit stellt das Versenden der erworbenen Guthaben als Gutscheine dar, die beim Einkauf eingelöst werden können. Dies geschieht z. B. vierteljährlich beim ***USB KeyClub***.

Ob ein Programm auch ein *Kundenmagazin* bzw. einen *Newsletter* beinhalten sollte, ist schon weit weniger eindeutig zu beantworten. Die Funktion, Programmteilnehmer zu Programmneuerungen oder Produkten zu informieren, kann auch über einen ausgedehnten Kontoauszug wahrgenommen werden. Außerdem ist ein Kundenmagazin ein auf der Kostenseite nicht zu vernachlässigender Faktor, sofern es zumindest eine hochwertige Anmutung aufweisen soll, was bei den meisten Programmen vorausgesetzt werden kann. Sinnvoll ist ein Kundenmagazin vor allem dann, wenn der Aufbau einer emotionalen Beziehung zu den Kunden eindeutig im Vordergrund steht, wie etwa beim reinen Kundenclub, der kaum auf dieses Medium verzichten kann. Auf jeden Fall sollten aber auch rein redaktionelle Beiträge ohne Unternehmensbezug beinhaltet sein, um als Magazin selbst einen Eigenwert zu generieren und nicht nur als reine Werbung betrachtet zu werden. Redaktionelle Beiträge zu finden, die Programmmitglieder ansprechen, fällt dabei umso leichter, je homogener die Programmteilnehmer in Bezug auf ihre Interessen sind. Auch dies ist eher im Kundenclub als in groß angelegten Programmen mit diffusen Zielgruppen der Fall. Nur mit redaktionellen Beiträgen kann das Lesen des Magazins überhaupt stimuliert und den eher werblichen Beiträgen ein hoher Glaubwürdigkeitswert seitens der Kunden beigemessen werden.

Ein *Internetauftritt* hingegen ist Pflichtbestandteil von Bonusprogrammen, vor allem, wenn diese kartengestützt sind. Hier wird es mit weniger Kosten möglich, auch bei unterschiedlichsten Interessen der Zielgruppen für die jeweiligen Segmente Informations- und Interaktionsangebote zu bieten. Auch wenn das Internet sowohl die Funktionen des Kontoauszugs als auch des Kundenmagazins übernehmen kann, so hat es doch auch einen gewaltigen Nachteil. Die Erstaktion zum Erhalt von Informationen muss vom Kunden selbst ausgehen, er wird also auf Neuigkeiten oder seinen Punktestand nicht gestoßen. Deshalb sollte genau abgewogen werden, ob tatsächlich große Teile der Klientel so regelmäßige Online-Nutzer sind, dass auch die Webpage des Programms regelmäßig besucht wird. Gegebenenfalls kann hier aber eine Kombination aus E-Mail und Internetauftritt erfolgen, sofern der Kunde dies wünscht. D. h., ausgewählte Botschaften werden dem Kunden per E-Mail, z. B. mit Link zur Webpage, bekannt gemacht. Andere Möglichkeiten einer erhöhten Aufmerksamkeit sind Elemente auf einer Page, die für sich genommen nutzenstiftend sind. Dies können Unterhaltungs- (z. B. Online-Spiele) oder aber auch Informationsangebote (z. B. aktuelles Reisewetter, aktuelle Stausituation) sein. In der mittlerweile vielfältigen Welt kostenloser Internetangebote wird es aber zunehmend schwieriger, sich hier von Alternativangeboten zu differenzieren und Aufmerksamkeit zu generieren. Aus Kostengründen empfiehlt es sich, große Teile der Kundeninteraktion über das Web ablaufen zu lassen. Um Kunden zu motivieren dies zu tun, kann z. B. auch eine Punkteprämie dafür gewährt werden, seine Kommunikation von Papier auf Internet umzustellen. Wichtig ist in diesem Zusammenhang, Prinzipien der nutzerfreundlichen Gestaltung von Webpages zu beachten. Im Bereich der Bonusprogramme bietet sich in dieser Hinsicht an, bei der Strukturierung auf jeden Fall die folgenden Unterpunkte aufzunehmen:

- Allgemeine Programminfos
- Anmeldung zum Programm
- Punkte sammeln, inkl. Informationen zum aktuellen Punktestand
- Punkte einlösen bzw. Prämien bestellen

Künftig werden auch Mobile-Services immer wichtiger für die Kommunikation im Rahmen von Bonusprogrammen sein, ***PAYBACK*** hat hier auf Basis eines *iPhone Apps* schon erste Schritte unternommen.

Mitgliedertreffen bzw. Events bieten sich außer bei überschaubaren Kundenclubs nur als ergänzende Maßnahme an, die aber in besonderer Weise die emotionale Verbundenheit zu Programmen unterstützen. Als Spitze des

Eisbergs und gelebtes Zeichen von Kundennähe sollten sie punktuell zum Einsatz kommen.

10.3 Elemente der Programm-CI

Abschließend soll auf die Gestaltungselemente eines Bonusprogramms eingegangen werden, die seine CI maßgeblich prägen. Hierzu zählen vor allem das Sammelmedium in Form von Kundenkarte oder Rabattheft sowie der Name des Programms selbst und der zu sammelnden Währung. Da diese Aufgaben, wie in der Einleitung des Kapitels erwähnt, in hohem Ausmaß Spezialaufgaben von Werbeagenturen sind, sollen hier nur kurz einige Basisaspekte erwähnt werden.

Die Gestaltung des Sammelmediums: In Bezug auf die Gestaltung von *Kundenkarten* sind – außerhalb technischer Aspekte wie Magnetstreifen, Kartennummer oder Unterschriftsfeld – vor allem folgende Punkte zu beachten:[7] Die Karte sollte die CI und das Image des ausgebenden Unternehmens widerspiegeln und auf keinen Fall minderwertiger erscheinen. Eigenschaften zur Herstellung einer hochwertigen Anmutung sind z. B. die Verwendung von Metallicfarben, goldenen oder silbernen Prägefolien oder das Aufbringen von Hologrammen. Bei Programmen mit Statusstufen sollte der Statuslevel durch differenzierte Karten unmittelbar ersichtlich werden (z. B. Gold-Card) und die Anmutung schrittweise hochwertiger erscheinen.

Ähnliches gilt selbstverständlich auch für die Gestaltung von Rabattheften oder anderen Sammelmedien. So hatte z. B. *Aral* einst bei der Gestaltung der *Danknote* mit Hologramm und Silberstreifen typische Eigenschaften von Papiergeld übernommen, um so die Hochwertigkeit der *Danknoten* zu unterstreichen.

Der Programmname und der Name der Programmwährung: Die Programmnamen werden zumeist so gestaltet, dass leicht ersichtlich wichtige differenzierende Merkmale des Programms betont werden. Einige Beispiele sollen dies aufzeigen:

- ***PAYBACK***: Im Programm ***PAYBACK*** lag der Fokus zunächst eindeutig auf der Bonusart Rabatt. Folgerichtig findet sich das Motiv „Geld zurück" auch im Programmnamen. Da es zugleich ein partnerneutrales Programm ist, weisen der Programmname und das Logo keinerlei Bezüge zu anderen Unternehmen auf. Mit dem Logo herausgestellt wird aber das Thema Punkte bzw. Sammeln in Form eines angedeuteten Rabattmarkenheftes.

[7] Vgl. auch die Checkliste bei Wittbrodt (1995, S. 49)

- ***DeutschlandCard***: Wie bei ***PAYBACK*** wird hier im Logo auch das Thema Punkte direkt gezeigt und die Farben sind partnerneutral gehalten.
- ***Shell CLUBSMART***: Als Programm der Tankstellenkette Shell erfolgt hier richtigerweise das Branding in starker Anlehnung an die Unternehmens-CI.
- ***UBS KeyClub***, der Schlüssel als Unternehmenslogo der UBS, hat hier namensgebend dem Bonusprogramm Pate gestanden.
- *Webmiles*: Als ebenfalls partnerneutrales Programm wurde auch hier ein Name ohne Bezug zu anderen Unternehmen gewählt. Der Bestandteil *„Web"* zeigt direkt auf, dass hier E-Commerce-Umsätze im Fokus der Incentivierung stehen. Mit der zweiten Worthälfte *„Miles"* wird Bezug auf das bis dato erfolgreichste deutsche Bonusprogramm *Miles & More* genommen, so dass Kunden sofort ersehen, dass es sich um ein Bonusprogramm handelt, positiver Imagetransfer inklusive.
- *Miles & More*: Das Vielfliegerprogramm, welches nicht nur auf Freiflüge im Sinne von Bonusmeilen (*„Miles"*), sondern vor allem den Erwerb von Statusleveln setzt, deutet diesen Umstand durch den Zusatz *„More"* an.

Bezüglich der Währungen bürgert es sich außerhalb der Vielflieger-Programme zunehmend ein, diesen keinen spezifischen Namen zu geben und einfach von Punkten zu sprechen.

10.4 Checkliste: Kommunikation

Bei der Wahl des bevorzugten Werbemediums sind folgende Fragen zu erörtern:

☐ Welche Zielgruppe steht im Vordergrund und ist diese Zielgruppe qualitativ und quantitativ eingrenzbar?
☐ Welche Medien werden von der Zielgruppe bevorzugt genutzt?
☐ Sind die potenziellen Programmteilnehmer in großer Anzahl namentlich bekannt?
☐ Besitzt das Unternehmen eine hohe flächendeckende Anzahl an PoS, die von Kunden regelmäßig besucht werden?

Bei der Wahl der Bestandteile der regelmäßigen Kommunikation rücken folgende Fragen in den Vordergrund:

☐ Steht die emotionale Bindung der Kunden eindeutig im Vordergrund des Programms?
☐ Gibt es eine relativ homogene Zielgruppe mit gleichgearteten Themen und Interessen?
☐ Nutzen große Teile der Zielgruppe intensiv das Internet?

Bei der Gestaltung der CI-prägenden Elemente sind Fragen zu stellen wie:

- ☐ Besitzt die Kundenkarte oder das Rabattheft eine zumindest gleich hohe Anmutung wie die Unternehmensmarken oder das Unternehmen selbst?
- ☐ Lässt sich eine Differenzierung von Statusleveln auch an der Wertigkeit der Kundenkarten ablesen?
- ☐ Besteht ein Bezug des Programmnamens zu wesentlichen Elementen oder Inhalten des Programms?

Teil III
Implementierung und Betrieb von Bonusprogrammen

Kapitel 11
Business-Case und Szenarioanalyse

Nachdem in den vorangegangenen Kapiteln die möglichst optimale Konzeption eines Bonusprogramms unter den jeweils gegebenen Bedingungen thematisiert wurde, soll nun der Fokus auf die wirtschaftliche Seite von Bonusprogrammen gelenkt werden. Damit werden die Teile I und II dieses Buches gewissermaßen verknüpft. Stand in Teil I die generelle Frage nach dem Nutzen von Bonusprogrammen im Mittelpunkt und wurde in Teil II aufgezeigt, wie diese Nutzen individuell möglichst gut auszuschöpfen sind, so erfolgt im vorliegenden Kapitel die individuelle Bemessung dieser Nutzen, aber natürlich auch die Gegenüberstellung mit den jeweils anfallenden Kosten.

Als Instrument dieser Gegenüberstellung soll dabei ein sogenannter Business-Case dienen. Ein Business-Case[1] bezeichnet hier die Gegenüberstellung von Einzahlungen und Auszahlungen für ein bestimmtes, wirtschaftlich abgeschlossenes Vorhaben, wie etwa die Einführung eines Bonusprogramms. Betrachtet werden also Cash-Flows, auf deren Basis sich zentrale Kennziffern errechnen lassen wie:

- Rentabilität (Return on Investment)
- Liquidität
- Amortisationszeitpunkt bzw. Break-Even-Point

Die konkreten Ziele eines Business-Cases für ein zu implementierendes Bonusprogramm gehen aber über die Ermittlung solcher Kenngrößen hinaus. Anzuführen sind hier vor allem:

---

[1] In der Literatur wird der Business-Case häufig als Bestandteil eines umfassenderen Business-Plans dargestellt (vgl. z. B. Vockel 2001). Ein Business-Plan enthält neben der quantitativen Betrachtung von Kosten und Nutzen auch Informationen zum Geschäftskonzept, zu Zielen, zur Organisation usw. Ein solcher Business-Plan empfiehlt sich aber nur, wenn der Betrieb des Bonusprogramms selbst als Geschäftsbereich anzusehen ist, wie etwa bei den Gesellschaften *Webmiles* oder ***PAYBACK***, so dass neue Unternehmen gegründet und Kapitalgeber überzeugt werden müssen.

T. Lauer, *Bonusprogramme*,
DOI 10.1007/978-3-642-19118-3_11, © Springer-Verlag Berlin Heidelberg 2011

- Die in aller Regel gegebene Notwendigkeit der Überzeugung der Finanz- und Controlling-Bereiche, dass die oftmals mit erheblichen Kosten verbundene Einführung eines solchen Programms lohnenswert ist. Das „Misstrauen“ der Finanzverantwortlichen in Unternehmen gegenüber Bonusprogrammen wird durch die Tatsache hervorgerufen, dass hohen laufenden Kosten[2] (etwa für die Programmkommunikation) und hohen Investitionssummen (z. B. für den Aufbau der Infrastruktur) nur schwerlich seriös zu prognostizierende Nutzen gegenüberstehen. So bleibt etwa bezüglich der Auswirkung auf die künftige Kundenbindung ein hoher Grad an Unsicherheit. Diese Asymmetrie der Sicherheit von Kosten- und Nutzenkalkulation erfordert deshalb eine besonders kritische Überprüfung vor allem der Nutzenkomponenten, so dass diese argumentativ gegenüber kritischen Finanzbereichen haltbar sind.
- Neben dem unternehmenspolitisch motivierten Argument der Durchsetzung des Programms sollte ein Business-Case dem eigentlichen Initiator oder Projektteam natürlich in erster Linie dazu dienen, das entwickelte Programmkonzept zu überprüfen. Die Festlegung von Zielen und die Ausgestaltung bringen nicht unbedingt Sicherheit über den wirtschaftlichen Nutzen des Programms, so dass auf Basis eines solchen Cases in aller Regel Korrekturen am Konzept vorgenommen werden. Dies gilt nach Einführung eines Programms auch für den laufenden Betrieb. Auch hier sollte ein jeweils den nun bekannten Tatsachen angepasster Business-Case dazu dienen, Weiterentwicklungen des Programms kritisch auf deren finanzielle Auswirkungen hin zu überprüfen oder bei finanziell unbefriedigenden Ergebnissen Effizienzsteigerungsmaßnahmen einzuläuten.
- Ist mit der Einführung eines Bonusprogramms für dessen Betrieb der Aufbau eines eigenen Profit-Centers oder gar einer Tochtergesellschaft geplant, so bietet der Business-Case ein Instrument, die finanzielle Tragbarkeit eines solchen Vorhabens vorab zu beurteilen.

Das Ergebnis eines Business-Cases darf sich weniger daran messen lassen, ob in Summe ein Einnahmeüberschuss oder eine Unterdeckung entsteht. Eigentliche Aufgabe ist es vielmehr, über eine sachliche und zeitliche Aufschlüsselung für eine Transparenz von Ausgaben und Einnahmen zu sorgen und die Plausibilität der Annahmen und Ergebnisse nachzuweisen. Dabei ist es eher unerheblich, ob etwa Einnahmeüberschüsse relativ exakt prognostiziert werden können. Vielmehr geht es darum, die Risiken bzw. Chancen eines Bonusprogramms möglichst seriös und konsensfähig zu be-

[2] Butscher nennt für den Betrieb von Kundenclubs als Kosten pro Kunde und Jahr eine Spanne von 14–70 DM (vgl. Butscher 1998, S. 31).

urteilen, so dass auch unter ungünstigen Bedingungen Risiken kalkulierbar bleiben. Aus diesem Grund ist das Betrachten unterschiedlicher Annahmen in Form von Szenarien äußerst bedeutend (vgl. Kap. 11.3.1) und dient der Erlangung von Gewissheit darüber, dass der Case „robust" ist, d. h. unter realistisch anzunehmenden Umständen dem Unternehmen Überschüsse bringen wird.

In Abschn. 11.1 soll nun aufgezeigt werden, wie ein Business-Case grundsätzlich zu strukturieren ist. Diese Struktur dient auch als technische Guideline zur Programmierung eines Cases. Abschnitt 11.2 zählt anschließend nicht nur die einzelnen Einnahme- und Ausgabekomponenten eines Programms auf, sondern gibt auch Hinweise, unter welchen Bedingungen diese Ausgaben sich wie auswirken. Dabei erfolgt bewusst keine Nennung von konkreten Beträgen, da diese individuell je nach Unternehmen und Ausgestaltung stark variieren und zudem durch permanent stattfindende Marktpreisänderungen schnell überholt wären. Insgesamt können sich die jährlichen Ausgaben je nach Form des Partnerings, der geplanten Dauer und Teilnehmerzahl sowie der verwendeten Infrastruktur zwischen einigen 100 Tsd. € und über 50 Mio. € bewegen.

In Abschn. 11.3 wird erläutert, wie mit dem Case im Sinne der Überprüfung der „Robustheit" mittels Szenariotechnik und verwandter Methoden gearbeitet werden kann. Den Abschluss des Kapitels bilden auch hier zentrale Fragen zur Überprüfung der eigenen Vorgehensweise bei der Einführung von Bonusprogrammen, die zu einer Checkliste zusammengefasst wurden (Kap. 11.4).

11.1 Strukturierung des Business-Cases

Die hier beschriebene Strukturierung eines Business-Cases soll vor allem dazu dienen, eine flexible und gleichzeitig transparente Struktur zu schaffen, die Entscheidungsträgern die für die Akzeptanz der Ergebnisse essenzielle Nachvollziehbarkeit ermöglicht. Üblicherweise werden Business-Cases mit Hilfe von gängigen Tabellenkalkulationsprogrammen abgebildet. Diese Programme besitzen zumeist die Möglichkeit, verschiedene Inhalte und Funktionen strukturiert in verschiedenen Bereichen (z. B. „Mappen") abzulegen und dennoch vollständig automatisch zu verknüpfen. Für ein solches Vorgehen empfiehlt es sich, den Business-Case für ein Bonusprogramm gemäß Abb. 11.1 zu strukturieren.

Die in Abb. 11.1 aufgeführten Bereiche beinhalten demnach im Einzelnen:

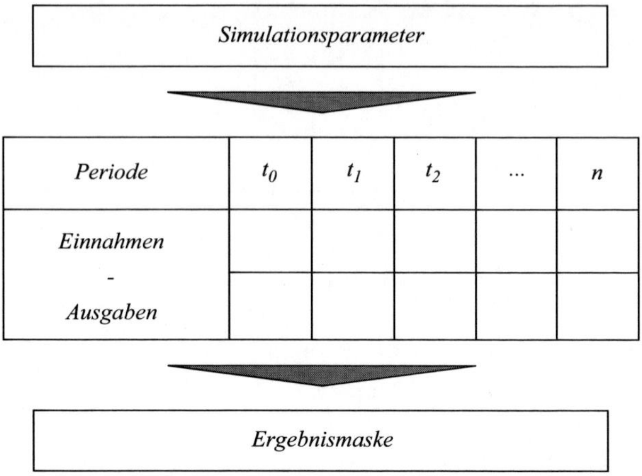

Abb. 11.1 Struktur eines Business-Cases für Bonusprogramme

- *Einnahmen*: Hier werden in der vertikalen einer Tabelle alle Komponenten aufgezählt, die zu quantitativ abschätzbaren Einnahmeerhöhungen des Unternehmens führen. In der Horizontalen wird man dabei üblicherweise eine jährliche Betrachtungsweise einnehmen, für das erste Jahr oder die ersten zwei Jahre ist aber wegen steigender Teilnehmerzahlen und der Verknüpfung zur operativen Unternehmensplanung eine Aufteilung in Quartale durchaus zu empfehlen. Die jeweils relevanten Einnahmekategorien werden in Kap. 11.2 erläutert.
- *Ausgaben*: Die Abbildung der Ausgaben verhält sich genau wie die der Einnahmen, vor allem ist auf eine Synchronizität der gewählten Zeitintervalle (Quartale oder Jahre) zu achten. Auch hier erfolgt eine weitergehende Erläuterung der Komponenten in Kap. 11.2.
- *Simulationsparameter*: Da mit Hilfe des Business-Cases ja vor allem die Wirtschaftlichkeit eines Programms unter verschiedenen Bedingungen getestet werden soll, sind Simulationsparameter eine entscheidende Größe. Um Simulationen schnell und einfach durchzuführen, sollten diese Parameter auf einer eigenen Maske im Überblick stehen, auch wenn diese direkt Ausgaben oder Einnahmen tangieren. Auf diese Weise können Änderungen an zentralem Ort vorgenommen werden und die Änderungen sind auch jeweils im Überblick zu erkennen. Wichtige Simulationsparameter eines Business-Cases für Bonusprogramme sind:
  - Die Teilnehmerzahl bzw. Geschwindigkeit der Teilnehmerentwicklung, die von der Form der Werbung aber auch der Gewinnung von Partnerunternehmen abhängig ist (da die Teilnehmerzahl essenziell für ein Programm ist, kann sie unter Umständen auch als eigene „Mappe" angelegt werden).
  - Die Höhe und Struktur der vergebenen Bonuspunkte (Incentivierung). Höhe bezieht sich hier auf den Prozentsatz der pro Kauf gutgeschrie-

Abb. 11.2 Formel zur Ermittlung des Kapitalwerts. (vgl. Perridon und Steiner 1986, S. 51)

$$KW_0 = \sum_{t=0}^{n} (E_t - A_t) / (1+i)^t$$

KW_0 = Kapitalwert zum Zeitpunkt 0 (= Gegenwart)
n, t = Zeitindex
E_t = Einnahmen (Einzahlungen) in der Periode t
A_t = Ausgaben (Auszahlungen) in der Periode t
i = Zinssatz

benen Punkte gemessen am Kaufpreis. Struktur meint, für was, welche Produkte oder Verhaltensweisen, Bonuspunkte vergeben werden.
- Die gesammelten Punkte pro Kunde oder Kundengruppe, abhängig vom typischen Verhalten und vor allem vom Kaufvolumen.
- Die Programmwirkung, mit Faktoren wie Erhöhung der Kundenbindungsrate (ggf. pro Kundengruppe), geschätztes Cross- bzw. Up-Selling-Volumen je Kunde, der Neukunden-Gewinnung über Programmpartner oder etwa der geschätzten Verhaltensänderung in Bezug auf kostensparende Verhaltensweisen.

• *Ergebnismaske*: Schließlich sollten die zentralen Ergebnisse eines Business-Cases auf einer einzigen Maske übersichtlich dargestellt werden. Wichtigstes Entscheidungskriterium des Cash-Flow-basierten Business-Cases ist dabei der Kapitalwert[3] (Engl.: Net-Present-Value, s. Formel in Abb. 11.2).
Der Kapitalwert repräsentiert das abgezinste Cash-Flow-Saldo pro Periode und somit den Gegenwartswert des Programms, d. h. die Wertsteigerung, die ein Unternehmen durch Einführung eines Bonusprogramms erfährt. Neben diesem eher kumulativen Wert sollten aufgeführt werden:
  - Die *Cash-Flow-Salden pro Jahr*. Dadurch wird ersichtlich, ab welchem Zeitpunkt ein Programm die Gewinnschwelle erreicht. Außerdem wird der erforderliche Liquiditätsbeitrag pro Jahr ermittelt.
  - Die *kumulierten Cash-Flow-Salden pro Jahr*, um zu ermitteln, ab wann sich ein Programm amortisiert hat. Hierbei gilt, je früher sich das Programm amortisiert, desto risikoloser ist die Investition.
  - Die *Rentabilität des Programms*, hierzu kann etwa der Kapitalwert zu den abgezinsten auf den Gegenwartswert bezogenen kumulierten Ausgaben in Beziehung gebracht werden.

[3] Streng genommen dürften für die Berechnung des Kapitalwerts lediglich Auszahlungen und Einzahlungen herangezogen werden, da er ein Cash-Flow-basiertes Instrumentarium ist. Damit würden aber einige Nutzenaspekte von Bonusprogrammen der Betrachtung entzogen, weswegen hier allgemeiner von Einnahmen und Ausgaben gesprochen wird.

Für Unternehmen, die neben einer reinen Cash-Flow-Betrachtung auch die bilanziellen Auswirkungen eines Bonusprogramms betrachten wollen, kann der Business-Case als Basis zur Erstellung einer Planbilanz herangezogen werden.[4] Hierbei ist jedoch zu beachten, dass vergebene Bonuspunkte bereits vor deren Einlösung bilanziell als zukünftige Verbindlichkeiten zu berücksichtigen sind und entsprechend bilanzielle Rückstellungen gebildet werden müssen.

11.2 Die einzelnen Komponenten des Business-Cases

Nachdem die grundsätzliche Struktur zur Erstellung eines Business-Cases im vorigen Abschnitt aufgezeigt wurde, soll nun die detailliertere Betrachtung der Einnahme- und Ausgabekomponenten im Vordergrund stehen.

Tabelle 11.1 zeigt die wesentlichen Einnahme- und Ausgabekomponenten auf. Bei den Einnahmekomponenten lehnt sich die Unterteilung an die Ausführungen aus Kap. 2 an, unterteilt also in Kundenbindung, Cross- und Up-Selling, Neukundengewinnung sowie eine mögliche Senkung der Kundenbetreuungskosten.[5] Diese eigentlichen Ziele eines Bonusprogramms sollen als primäre Einnahmen bezeichnet werden. Anders verhält es sich bei Einnahmen, wie etwa Entgelten durch Partner, die nicht primär Marketingziel eines Bonusprogramms sind und deshalb sekundäre Einnahmen heißen sollen. Naturgemäß existieren Nutzenkomponenten, die schwer zu monetarisieren sind bzw. nicht direkt zu Einnahmen führen, etwa der Imagegewinn für ein Unternehmen. Wegen der sehr subjektiven Bewertung solcher Größen wurden sie in der hier vorgestellten Struktur ausgespart.

Bei den Ausgaben wird eine Unterteilung nach deren zeitlicher Struktur vorgenommen, da dies sowohl für Fragen des Liquiditätsmanagement als auch der Bilanzierung bedeutsam ist. Entsprechend erfolgt eine Unterteilung in einmalige und laufende Ausgaben, wobei diese wiederum jeweils von der Teilnehmerzahl abhängig oder unabhängig sein können.[6]

Die Höhe der Einnahmen und ob diese überhaupt anfallen, hängt naturgemäß sehr stark von der Form des Partnerings ab, aber auch die gewählte Infrastruktur, vor allem die Art des Sammelmediums, spielt eine Rolle. Wegen

---

[4] Zum Konzept der Planbilanz siehe Steinmann und Schreyögg (2000, S. 343 ff.).

[5] Aus der Senkung der Kundenbetreuungskosten ergeben sich indirekt erhöhte Einnahmen, indem sonst zu tätigende Ausgaben eingespart werden.

[6] Vgl. auch Wittbrodt (1995, S. 97 ff.).

Tab. 11.1 Einnahme- und Ausgabe-Komponenten eines Business-Cases nach Programmart

	Programmart			
	I	II	III	IV
Einnahmen				
Primäre Einnahmen				
Kundenbindung	(X)	X	X	X
Cross-/Up-Selling	(X)	X	X	X
Neukundengewinnung	X	X	(X)	X
Senkung Kundenbetreuungskosten	X	X	X	X
Sekundäre Einnahmen				
Einnahmen durch Partner			X	
Punkteverfall	(X)	(X)	X	X
Sonstige Einnahmen			X	X
Ausgaben				
Einmalige Ausgaben (teilnehmerunabhängig)				
Einführungswerbung	X	X	X	X
Grundkonzeption des Programms	(X)	(X)	X	X
Partnergewinnung			X	
Aufbau Sammelinfrastruktur	X		X	X
Aufbau Punkteverwaltungssystem		X	X	X
Aufbau Data-Warehouse		(X)	X	X
Aufbau Call-Center	(X)	X	X	X
Aufbau Internetauftritt	(X)	(X)	X	X
Aufbau Programm-Management	(X)	X	X	X
Aufbau Prämienlogistik	(X)	(X)	X	X
Laufende Ausgaben (teilnehmerunabhängig)				
Betrieb IT-Infrastruktur	(X)	(X)	X	X
Betrieb-Call-Center	(X)	(X)	X	X
Programm-Management	(X)	X	X	X
Partner-Betreuung			X	
Programm-Relaunches		(X)	X	X
Einmalige Ausgaben (teilnehmerabhängig)				
Teilnehmeranmeldung	(X)	(X)	X	X
Sammelmedium		(X)	X	X
Laufende Ausgaben (teilnehmerabhängig)				
Incentivierung (Rabattvergabe)	X	X	X	X
Teilnehmerkommunikation		(X)	X	X
Teilnahmegebühren	X	X		
Prämienlogistik	(X)	(X)	X	X

Programmarten: I = Aktionen mit anderen Programmen, II = Teilnahme Multipartner-Programm, III = Eigenes Partnerprogramm, IV = Eigenes Programm ohne Partner
X = relevante Einnahmen bzw. Ausgaben, (X) = bedingt relevante

der überragenden Bedeutung der Partnerstrategie für die Ausgaben – etwa der Frage, ob man Infrastrukturen überhaupt aufbaut –, zeigt Tab. 11.1 auf, ob und in welchem Ausmaß Ausgaben und Einnahmen unter Zugrundelegung bestimmter Partnerstrategien, wie sie in Kap. 9 definiert wurden, entstehen. Die Markierung mit einem „X" gibt dabei die Relevanz an, d. h. mit „X" markierte Felder sind als Einnahmen oder Ausgaben für ein Programm relevant, eingeklammerte „X" nur bedingt.

Im Einzelnen ist zu den Einnahme- und Ausgabekategorien aus Tab. 11.1 Folgendes anzumerken:

- *Kundenbindung*: Bei reinen Aktionsprogrammen ist diese Kategorie der Natur nach nur sehr schwach ausgeprägt. Insgesamt dürfen nicht die durch Kundenbindung gehaltenen Umsätze zum Ansatz gebracht werden, sondern nur die daraus resultierenden Deckungsbeiträge, da nur diese zu einer Ertragssteigerung führen.
- *Cross- und Up-Selling*: Cross- und Upselling-Potenziale hängen sehr stark von den Verfügungsrechten über die durch Bonusprogramme erworbenen Kundendaten ab. Diese sind bei der Teilnahme an fremden Partnerprogrammen in aller Regel geringer ausgeprägt als bei Programmen, die selbst gestaltet wurden. Partnerprogramme bieten auf der anderen Seite generell die Möglichkeit, auch neue Kunden direkt ansprechen zu können und somit auf der Absatzseite zu profitieren.
- *Senkung Kundenbetreuungskosten*: Die Senkung der Kundenbetreuungskosten lässt sich oftmals relativ gut kalkulieren, da Kostenersparnisse für alternative Betreuungsprozesse – z. B. Verkauf via Internet – häufig durch entsprechende Bereiche bereits kalkuliert wurden. Wenn für solche Verhaltensweisen in der Vergangenheit bereits Vergünstigungen, z. B. Preisnachlässe, gewährt wurden, so kann auch deren Wegfall als Einnahmen angesetzt werden.
- *Einnahmen durch Partner*: Hierunter fallen verschiedenste Arten von Entgelten, wie sie in Kap. 9 dargestellt wurden. Diese Einnahmen sind zumeist an die Teilnehmerzahl und oder das Bonusvergabevolumen gekoppelt, weswegen Marktanteil und Branche eines Partners eine große Rolle spielen. Zu beachten ist insbesondere auch die wahrscheinliche Überschneidung zwischen den selbst in ein Programm eingebrachten Kunden und denen eines Partners. Sind viele der Programmteilnehmer Kunden bei beiden Unternehmen, so erhöht etwa die eigene Werbung eines Teilnehmers zugleich auch die zu zahlenden Entgelte durch den Partner, da der Kunde auch bei diesem Bonuspunkte sammelt.
- *Punkteverfall*: Hierunter fallen Bonuspunkte, die während ihrer Laufzeit nicht als Prämien eingelöst werden. Sofern die vergebenen Bonuspunkte bereits als Ausgaben betrachtet wurden, wird der Verfall als Einnahme

angerechnet. Alternativ wird als Ausgabe nur die eingelöste Prämie eingerechnet oder die Verfallsquote als prozentualer Korrekturposten bei der Ausgabekategorie Incentivierung direkt eingebaut. Im Fall von Partnerprogrammen kann sich die Berücksichtigung von Verfallsquoten different gestalten. Nimmt man als Partner an einem anderen Bonusprogramm teil, so ist es je nach vertraglicher Gestaltung möglich, dass der Verfall dem betreibendem Unternehmen ganz oder teilweise zu Gute kommt, auf der anderen Seite kann wegen dieses Umstands das betreibende Unternehmen auch vom Verfall der bei Partnern erworbenen Bonuspunkte profitieren.

- *Sonstige Einnahmen*: Hierunter fallen alle weiteren Einnahmequellen, die erschlossen werden können, z. B. der Vertrieb von Werbeflächen in Teilnehmermagazinen oder auf den Webpages des Programms. Möglichkeiten, sich auf diese oder andere Art und Weise zu refinanzieren, werden in Kap. 13.2 betrachtet.
- *Einführungswerbung*: Programme rentieren sich wegen des beträchtlichen Fix-Kostenblocks in der Regel erst ab einer gewissen kritischen Teilnehmerzahl. Um diese Anzahl möglichst zügig zu erreichen, wird Teilnehmerwerbung geschaltet. Diese Werbeausgaben sind besonders hoch, wenn ein Programm selbst aufgebaut werden soll. Beim Anschluss an bestehende Programme wird zwar auch Eigenwerbung erforderlich, um die eigenen Kunden auf die Programmteilnahme aufmerksam zu machen, jedoch erfolgt diese Werbung in geringerem Umfang, da das Programm an sich bereits bekannt gemacht wurde. Der Ersparnis auf dieser Seite stehen aber zumeist spezielle Entgelte an die betreibenden Unternehmen in Form von Werbekostenzuschüssen gegenüber. Diese sind hier unter der Pauschalkategorie „Teilnahmegebühren" subsumiert.
- *Grundkonzeption des Programms*: Die Ausgaben für die erstmalige Programmgestaltung sind umso höher, je ausgeprägter der Eigenanteil an einem Programm ist. Diese Kategorie umfasst: den Einsatz eigenen Personals, die Durchführung diverser Marktforschungsuntersuchungen (z. B. zur Ermittlung der Kundenbedürfnisse oder zum Test des Programmkonzepts), Honorare für den Einsatz von Unternehmensberatern und Agenturkosten für die Gestaltung des Programmdesigns sowie der Programmmedien wie Kundenkarte oder Kundenmagazin.
- *Partnergewinnung*: Da Partner unter Umständen eine wichtige Einnahmequelle sind, ist es sinnvoll, in ihre Anwerbung zu investieren. Hierbei fallen die typischen Bestandteile der Transaktionskostenökonomik an wie:[7] Suchkosten, Anbahnungskosten, Verhandlungskosten und Ver-

[7] Vgl. Williamson (1990).

tragskosten. Je bedeutender ein Partner für ein Programm ist, desto höher werden diese Kosten sein. Für die Anbindung kleinerer Partner oder von Partnern, die nur aktionsweise beteiligt sind, können und sollten diese Prozesse hingegen weitgehend standardisiert und Kosten dadurch eingedämmt werden.

- *Aufbau Sammelinfrastruktur*: Der Hauptkostenfaktor ist hierbei eine Anbindung der PoS. Wichtig zur Ausgabenermittlung beim Einsatz von Kartensystemen ist auch die Berücksichtigung möglicher Inkompatibilitäten der Bonuskarten mit eventuell schon vorhandenen Kartensystemen, die hohe Anpassungskosten nach sich ziehen können. Bei Verwendung von papiergestützten Medien sind die Ausgaben im Bereich Sammelinfrastruktur naturgemäß erheblich geringer, da elektronische Schnittstellen nicht notwendig werden.
- *Aufbau Punkteverwaltungssystem*: Diese Ausgaben sind nur im Falle elektronisch gestützter Sammelmedien erforderlich und auch nur bei dauerhafter Programmteilnahme. Wirkliche Standardsysteme sind hier noch nicht vorhanden, so dass in aller Regel kostspielige Eigen- oder Auftragsentwicklung erforderlich wird.
- *Aufbau Data-Warehouse*: Der Aufbau eines Data-Warehouses kommt nur in Betracht, wenn Programme so betrieben werden, dass die Kundendaten auch bekannt sind. Dies ist bei papiergestützten Sammelmedien zumeist nicht der Fall und bei aktionsweisen Teilnahmen an Programmen oftmals vertraglich ausgeschlossen. Die Kosten für den Aufbau eines Data-Warehouses können verringert werden, wenn ein bestehendes Kunden-Data-Warehouse geeignet erweitert werden kann.
- *Aufbau Call-Center*: Auch wenn diese Leistung relativ häufig outgesourced wird, entstehen Ausgaben. Dies gilt auch bei Teilnahme an Partnerprogrammen, die bereits spezielle Call-Center besitzen. Grund dafür ist die Tatsache, dass erfahrungsgemäß die sonstigen vorhandenen eigenen Call-Center (etwa die eigene Bestell-Hotline) neben dem eigentlichen Zweck auch zu Fragen des Bonus-Programms kontaktiert werden, so dass auch hier Personal-Schulungen, die Definition von Prozessen, Personalaufstockungen sowie Veränderungen der IT-Infrastruktur und Software von Nöten sind, soll ein zufriedenstellender Kundenservice geboten werden.
- *Aufbau Internetauftritt*: Bei der aktionsweisen Teilnahme an anderen Programmen sind hier allenfalls kleinere Ergänzungen vorhandener eigener Auftritte notwendig. Kostspielig ist diese Kategorie vor allem für das Programm betreibende Unternehmen selbst, da nicht nur Websites konzipiert und programmiert werden müssen, sondern vor allem die operative Anbindung an die weitere Infrastruktur zur Gewährleis-

tung webbasierter Abwicklung von Geschäftsvorfällen wie Punkteauskunft, Prämieneinlösung etc. erfolgen sollte. Bei Anschluss an Partnerprogramme können diese Funktionalitäten gegebenenfalls durch die Einrichtung von Links erfolgen, was finanzielle und zeitliche Vorteile bietet.

- *Aufbau Programmmanagement*: Bei einer rein aktionsweisen Programmteilnahme kommt es in der Regel allenfalls zum Aufbau einer temporären, personell begrenzten Projektgruppe. Bei dauerhafter Teilnahme an Partnerprogrammen wird je nach Bedeutung des Programms häufig eine Projektgruppe oder gar Abteilung gebildet. Betreibt ein Unternehmen ein Bonusprogramm selbst unter Einbeziehung von Partnern, so wird zumeist ein eigenes Profit-Center oder sogar eine Tochtergesellschaft (so wie die *CAP GmbH* einst bei *HappyDigits*) gegründet. In solchen Fällen fallen dann nicht unerhebliche Gründungskosten an, die von Rechtskosten bis hin zum Aufbau einer eigenen Unternehmensbuchhaltung reichen.
- *Aufbau Prämienlogistik*: Bei aktionsweiser oder dauerhafter Teilnahme an anderen Programmen fallen hier eventuell keine Ausgaben an, es sei denn, Eigenprämien werden vergeben. Ansonsten handelt es sich hier um eine typische Outsourcing-Funktion.
- *Betrieb IT-Infrastruktur*: Bei aktionsweiser Teilnahme am Programm ist evtl. keinerlei eigene Infrastruktur oder zusätzliche Infrastruktur notwendig. Erfolgt hingegen ein dauerhafter Anschluss an Partnerprogramme, so ist in aller Regel die Infrastruktur bis zur Schnittstelle an das partnerübergreifende Punkteverwaltungssystem in Eigenregie zu erbringen. Am höchsten sind die Ausgaben im Fall eigener Programme, wo die gesamte Infrastruktur (PoS-Systeme, Anbindungen, Punkteverwaltungssysteme etc.) selbst betrieben wird. Neben der Form des Partnerings spielt aber auch die Wahl des Sammelmediums eine wichtige Rolle. Bei Verwendung von papiergestützten Sammelmedien fallen in aller Regel keine oder nur geringe Ausgaben für den Betrieb der IT-Infrastruktur an.
- *Betrieb Call-Center*: Wie bei den Ausgaben für den Aufbau eines Call-Centers gilt auch hier, dass Betriebskosten auch bei aktionsweisem oder dauerhaftem Anschluss an Partnerprogramme dadurch entstehen, dass eigene, bereits vorhandene Call-Center in aller Regel auch mit Fragen zum Bonus-Programm konfrontiert werden. Dies erfordert allein neben Schulungsaktivitäten eine gewisse Aufstockung der Personalstärke.
- *Programmmanagement*: Diese Ausgaben umfassen vor allem die direkten und indirekten Personalkosten der eigens für das Bonusprogramm beschäftigten Personen. Diese Kosten sind folglich umso höher, je mehr

Eigenleistung erbracht wird und können auch bei einer Teilnahme an Partnerprogrammen recht hoch sein, wenn eine sehr aktive Rolle eingenommen werden soll. Wird ein dauerhaftes und groß angelegtes Programm in Eigenregie betrieben und dafür eine Tochtergesellschaft oder ein Profit-Center aufgebaut, sind Personalstärken von 30 bis 100 Personen im Programmmanagement durchaus einzukalkulieren.

- *Partner-Betreuung*: Setzt ein Programm auf die Gewinnung bedeutender Partner, so fallen Ausgaben für die Betreuung dieser Partnerunternehmen an. Im Falle bedeutsamer Partner kann es sinnvoll sein, eigens dafür Account-Manager einzustellen. Hinzu kommen Ausgaben für das Erstellen von Status-Reportings, die Durchführung von Arbeitsmeetings usw.
- *Programm-Relaunches*: Soll ein Programm langfristig erfolgreich sein, so ist eine Anpassung an aktuelle Entwicklungen (z. B. Kommunikation über das Internet, Prämientrends etc.) unumgänglich. Entsprechende Veränderungen erfolgen laufend, sie sind in größerem Umfang aber ca. alle drei bis sieben Jahre erforderlich (s. Bsp. ***USB KeyClub***), um die gesammelten Erfahrungen mit den Unternehmenszielen in Einklang zu bringen. Die anfallenden Kosten sind vor allem für den Betreiber des Programms relevant, allerdings hat er den Vorteil, die Richtung und damit auch die Gewährleistung des Erreichens der eigenen strategischen Ziele mit dem Programm zu sichern.
- *Teilnehmeranmeldung*: Hierunter fallen Druck- und Distributionskosten von Anmeldeformularen, die Kosten für eine telefonische Anmeldung sowie die gesamten Prozesskosten der Abwicklung eingehender Anmeldungen, wie z. B. das Anlegen der Datensätze in den Punkteverwaltungssystemen. Die damit verbundenen Ausgaben werden bei Teilnahme an Partnerprogrammen gegebenenfalls vom Betreiber getragen bzw. sind in den zu entrichtenden Teilnahmegebühren (s. u.) bereits enthalten. Oftmals sind aber zumindest die Kosten für die Verteilung der Anmeldeformulare (z. B. durch Auslegen an den eigenen PoS) selbst zu tragen.
- *Sammelmedium*: Die Kosten für Erstellung und Verteilung von Sammelmedien fallen in aller Regel auch bei der Beteiligung an Partnerprogrammen an, da hier zumeist Co-Branding-Karten ausgegeben werden, so dass zumindest der Teil der Kosten für das Co-Branding übernommen wird. Karten sind generell in der Herstellung etwas kostspieliger als papiergestützte Medien, wobei dies über die Zeit hinweg einen nicht allzu großen Kosten-Unterschied ausmachen muss, da nach Füllen einer „Rabattkarte" wieder neue Papiermedien ausgegeben werden müssen. Bei Karten sollten aber auch die Kosten für Ersatzkarten bei Verlust oder Zerstörung des

Mediums einkalkuliert werden, da diese bis zu einem bestimmten, als üblich anzusehenden Quantum in der Regel durch die Programmbetreiber und nicht die Kunden selbst getragen werden.

- *Teilnehmerkommunikation*: Kontoauszüge, Magazin, die Pflege des Internetauftritts, das Versenden von Prämienkatalogen etc. sorgen für permanente Ausgaben, die direkt von der Anzahl der Programmteilnehmer abhängig sind. Bei Partnerprogrammen werden diese Leistungen in der Regel über die Teilnahmegebühren abgegolten. Zusätzliche Ausgaben entstehen hier nur, wenn über das generelle Angebot hinaus eigene, unternehmensspezifische Kommunikation (z. B. eine Werbeaktion) betrieben wird oder in regulären Kommunikationsmedien, wie den Kontoauszügen, spezielle Inhalte platziert werden sollen.
- *Incentivierung (Rabattvergabe)*: Grundsätzlich ist beim Anlegen des Business-Cases zu entscheiden, ob bereits die Vergabe der Bonuspunkte als Ausgabe zu werten ist oder erst die tatsächliche Einlösung der Prämien Relevanz besitzt. Letzteres ist zu empfehlen, wenn Ausgaben tatsächlich erst dann anfallen, sobald Bonuspunkte in eine Prämie umgewandelt werden. Dies gilt vor allem bei selbst betriebenen Programmen. Bei der Teilnahme an Partnerprogrammen erfolgt dagegen zumeist die Überweisung des Gegenwerts der Bonuspunkte unmittelbar in Anschluss an deren Vergabe, da der Programmbetreiber i. d. R. als Schuldner gegenüber dem Kunden auftritt.
- *Teilnahmegebühren*: Diese Ausgabekategorie fällt nur bei Teilnahme an fremden Programmen an. Hier sind zumeist, je nach Programm, verschiedene Formen von Entgelten (gemäß Kap. 9) zu entrichten. Bei aktionsweiser Teilnahme erfolgt in der Regel eine direkte Zahlung von kontingentweise erworbenen Bonuspunkten, die anschließend an Kunden weitergegeben werden können. Bei dauerhafter Teilnahme überwiegen ausgefeilte, z. T. individuell ausgehandelte Strukturen. Bei Teilnahme an Partnerprogrammen kann dieser Ausgabenblock gleich hinter der eigentlichen Incentivierung den Hauptanteil ausmachen, der zwischen 10 % und 50 % der Incentivierungsausgaben betragen kann. Zu fragen ist dabei jeweils, welche Leistungen (z. B. Co-Branding-Karte, Werbung auf Kontoauszügen, Datennutzung etc.) bereits eingeschlossen sind und für welche zusätzlich Ausgaben anfallen.
- *Prämienlogistik*: Die Kosten für die tatsächliche Versendung, werden gelegentlich dem Kunden in Form von einzusetzenden Bonus-Punkten aufgebürdet, so dass diese für die Unternehmen gar nicht anfallen. Trägt das betreibende Unternehmen diese Kosten selbst, so können sie im Falle von Sachprämien, die oftmals relativ sperrig sind, erheblich sein und den eigentlichen Einkaufswert von Prämien sogar überstei-

gen. Bei der Teilnahme an Partnerprogrammen sind diese Kosten in der Regel in den Teilnahmegebühren enthalten und führen nicht zu zusätzlichen Ausgaben.

11.3 Arbeiten mit dem Business-Case

Bei der aktiven Arbeit mit dem Business-Case können drei wesentliche Formen unterschieden werden:[8]

- Szenarioanalyse
- Sensitivitätsanalyse
- Wirkungskettenanalyse (Cross-Impact-Analyse)

Diese drei Varianten sollen mit ihrer besonderen Bedeutung für Business-Cases zu Bonusprogrammen im Folgenden vorgestellt werden.

11.3.1 Szenarioanalyse

Ein Szenario ist ein unter bestimmten Annahmen gültiges Bild zukünftiger Entwicklungen, bei dem die wichtigsten Variablen unter Einnahme einer bestimmten Sichtweise zu Annahmebündeln verdichtet werden.[9] In der Praxis wird dabei typischerweise mit der Bildung von dreierlei Annahmebündeln gearbeitet:

- dem *Best-Case-Senario*, welches Annahmen so formuliert, wie sie am äußersten Rand des real Möglichen bestenfalls eintreffen könnten,
- dem *Real-Case-Szenario*, welches die als am wahrscheinlichsten erachteten Annahmeausprägungen zusammenfasst,
- dem *Worst-Case-Szenario*, welches den Fall abbildet, der realistischerweise schlimmstenfalls eintreten könnte.

Sinn der Szenarioanalyse ist es, nicht nur zu ermitteln, mit welchen finanziellen Folgen vermutlich durch die Einführung eines Bonusprogramms gerechnet werden kann, sondern vor allem auch über das Worst-Case-Szenario abzuschätzen, ob der Business-Case robust ist, d. h. auch im schlimmsten

---

[8] Oftmals werden die drei Analyseformen auch unter dem Oberbegriff der Szenariotechnik eingereiht.

[9] Vgl. Krystek und Müller-Stewens (1993, S. 216).

realistisch denkbaren Fall noch ein positives oder bestenfalls schwach negatives Nettoergebnis zu erwarten wäre.

Wie die einzelnen Parameter für eine Szenariotechnik zu wählen sind, lässt sich ohne Anschauung des speziellen Falls nur schwerlich beantworten. Wichtig ist eher, welchen Prozess man zur Festlegung wählt. So empfiehlt sich weniger, wie in der Praxis aber häufiger anzutreffen, die Business-Cases über pauschale Variationen der Parameter zu definieren, etwa Best-Case gleich Real-Case plus 10 % oder Worst-Case gleich Real-Case minus 10 %. Vielmehr sollte explizit analysiert werden, wo realistische Unter- und Obergrenzen liegen. Für den Worst-Case sollte in dieser Hinsicht bewusst eine Abstimmung mit kritischen Stimmen zur Einführung eines Programms erfolgen, z. B. aus dem Controlling-Bereich. Dies verhindert nicht nur die durch die eigene Begeisterung für ein solches Programm ausgelöste Gefahr des Ignorierens von Risiken oder Überschätzens der Chancen, sondern erleichtert bei der unternehmensinternen Diskussion der Ergebnisse des Business-Cases auch dessen spätere Akzeptanz bei Kritikern, da diese bereits bei der Annahmenfindung einbezogen wurden.

11.3.2 Sensitivitätsanalysen

Sensitivitätsanalysen dienen der Prüfung der Empfindlichkeit bzw. der Stabilität der Rechenergebnisse.[10] Im Falle eines Business-Cases für ein Bonusprogramm bedeutet dies das Durchführen von Tests, ob Parameter existieren, die bei prozentual kleinen Veränderungen große Auswirkungen auf das Gesamtergebnis besitzen. Vor allem sollen dabei negative Sensitivitäten ausgeschlossen werden, also die Gefahr hoher finanzieller Verluste. Aber auch das Entdecken positiver Sensitivitäten, d. h. der Chance auf exorbitant hohe Renditen, kann wichtig sein, um durch gezielte Maßnahmen diese sensitiven Parameter zu erhöhen. In Business-Cases zu Bonusprogrammen sind vor allem Parameter der Nutzenseite häufig relativ sensitiv. Wie gezeigt wurde, sind die Kosten eines Bonusprogrammes zu nicht unerheblichen Teilen fix, d. h. von der Teilnehmerzahl unabhängig. Die Teilnehmerzahl hat deshalb in Verbindung mit Annahmen über Kundenbindung oder vermutete Cross- und Up-Selling-Potenziale eine nicht unerhebliche Auswirkung auf die errechneten Erfolge. Ein kleines Rechenbeispiel soll dies verdeutlichen. Dafür werden folgende Annahmen getroffen:

[10] Vgl. hierzu Hentze et al. (1993, S. 104).

Annahmen über Programmausgaben:

Ausgaben einmalig = 10 Mio. €
Laufende Ausgaben (teilnehmerunabhängig) = 10 Mio. € p.a.
Einmalige Ausgaben je Teilnehmer = 5 €
Laufende Ausgaben je Teilnehmer = 3 € p.a.

Annahmen über Programmeinnahmen:

10 % erhöhte Kundenbindung (= 100 € bei 1000 € Umsatz je Kunde und Jahr im Durchschnitt, und bei einem Deckungsbeitrag von 20 % = 20 € p.a. und Kunde)

Annahmen über Teilnehmerzahl:

2 Mio. Teilnehmer

Es errechnet sich für das Jahr eins des Programms ein Cash-Flow von:

Ausgaben: 36 Mio. €
Einnahmen: 40 Mio. €
Überschuss: 4 Mio. €

Wird bei der obigen Rechnung die (ja in aller Regel relativ unsicher zu prognostizierende Teilnehmerzahl) um 20 % nach unten korrigiert und gleichzeitig die ebenfalls unsicher zu prognostizierende Kundenbindungsrate um 50 % gesenkt, so ergibt sich ein deutlich anderes Bild. Die Ausgaben betragen nun zwar nur noch 34,4 Mio. €, dem stehen aber Einnahmen im Wert von gerade noch 16 Mio. € gegenüber. Die Sensitivität wird hier vor allem durch die multiplikative Verknüpfung von Faktoren ausgelöst, die stets bei plausiblen Abweichungen zu großen Veränderungen führt. Mit der einfachen Definition eines Best-, Real- und Worst-Case-Szenario werden solche Kombinationen unter Umständen aber nicht ausreichend abgedeckt und bleiben unerkannt, eine weitergehende Beschäftigung mit der Arithmetik des Cases empfiehlt sich von daher.

11.3.3 Wirkungskettenanalyse (Cross-Impact-Analyse)

Häufig reicht die Variation einzelner Parameter und Annahmen nicht aus, um ein realistisches Abbild der Auswirkungen zu erhalten. Grund sind multiple Abhängigkeiten der Gestalt, dass die Veränderung einer Variablen zugleich auch andere Variablen beeinflusst. Im Bereich der Bonusprogramme hat so etwa das Volumen betriebener Programmwerbung direkte Auswirkung auf die Mitgliederzahl, die Mitgliederzahl ihrerseits kann sprungfixe

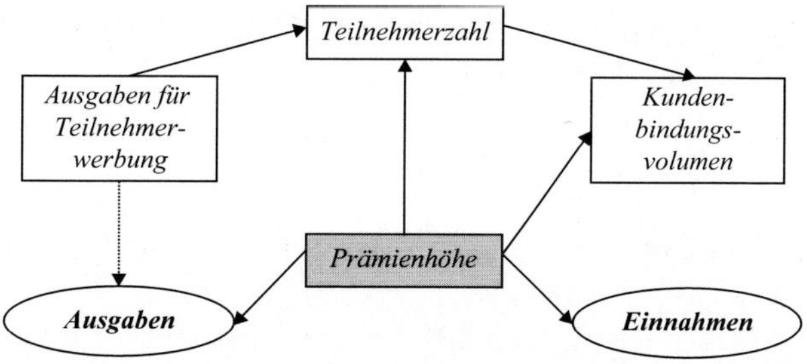

Abb. 11.3 Wirkungskettenanalyse am Beispiel der Prämienhöhe

Kosten (etwa die Dimensionierung eines Call-Centers) beeinflussen usw. In der Literatur hat sich für die Analyse solcher Ursache-Wirkungs-Ketten der Begriff Cross-Impact-Analyse eingebürgert.[11] Solche Wirkungen können theoretisch bei der Programmierung eines Business-Cases auf Basis gängiger Tabellenkalkulationsprogramme direkt berücksichtigt werden. Problematisch ist dabei jedoch, dass die Struktur der Cases dadurch komplex und die getroffenen Annahmen unübersichtlich werden, was die Akzeptanz der Ergebnisse bei Entscheidern eher verringert. Für die Praxis günstiger ist es deshalb, die multiplen Abhängigkeiten parallel zum Business-Case graphisch mit Hilfe sogenannter Vernetzungskarten[12] zu verdeutlichen. Die untenstehende Abb. 11.3 zeigt den möglichen Aufbau einer solchen Vernetzungskarte für den Gegenstand der Bonusprogramme anhand einiger ausgewählter Zusammenhänge auf.

So würde in Abb. 11.3 etwa eine Erhöhung der Prämien, also z. B. die Vergabe von Bonuspunkten im Gegenwert von 3 statt 2 % der Kaufsumme, zwar einerseits die Ausgaben erhöhen, andererseits aber direkt über einen gestiegenen Kaufanreiz und indirekt über eine erhöhte Teilnehmerzahl (wegen der höheren Programmattraktivität) die Programmeinnahmen aus der Kategorie Kundenbindung mehren. Die gestiegene Teilnehmerzahl könnte nun wiederum dazu führen, dass man auf einen Teil der geplanten Ausgaben bei der Teilnehmerwerbung zur Gegenfinanzierung verzichtet, wodurch die Ausgaben wieder sänken.

Ähnlich können nun für die verschiedensten Stellschrauben der Programmkonzeption, wie sie in Teil II des Buches vorgestellt wurden, Wirkungsketten abgebildet und deren vermutliche Stärke ermittelt werden. Damit wird eine wirksame Diskussionsbasis für die Erörterung der Wirkung verändernder Eingriffe in das Programmkonzept geschaffen.

[11] Vgl. Steinmann und Schreyögg (2000, S. 168).

[12] Vgl. Steinmann und Schreyögg (2000, S. 168).

11.4 Checkliste: Business-Case

Zur Analyse der Wirtschaftlichkeit eines Programmkonzeptes sollten folgende Fragen beantwortet werden:

- □ Sind alle relevanten Nutzen- und Kostenkategorien aus Tab. 11.1 berücksichtigt worden?
- □ Wurde die Plausibilität der getroffenen Annahmen über Einnahmen und Ausgaben hinreichend überprüft? Das bedeutet: Wurden Angebote zu den Kostenbestandteilen eingeholt, wurden Erfahrungen aus bestehenden Programmen eingeholt, wurden externe Experten befragt, wurde die Meinung der eigenen Funktionsbereiche im Hause, insbesondere von Marketing, Vertrieb und Finanzen im Vorfeld berücksichtigt?
- □ Ist die Gefahr eines finanziellen Verlustes durch das Programm gering, weil selbst im Fall des pessimistischen Worst-Case kein oder nur ein geringer finanzieller Verlust droht?
- □ Wurde mit Hilfe der Sensitivitätsanalyse untersucht, ob es Faktoren im Business Case gibt, die bei geringer prozentualer Abweichung zu finanziellen Verlusten führen könnten?

Kapitel 12
Erfolgsfaktoren der Implementierung

Ziel des Kap. 12 soll es sein, spezifische Bedingungen für einen erfolgreichen Projektverlauf herauszuarbeiten. Dabei wird es nicht um allgemeine Tipps und Methoden zum Projektmanagement gehen (etwa Projektplanung oder Projektcontrolling), da diese in zahlreichen Veröffentlichungen zu diesem Thema gut dokumentiert sind.[1] Auch soll kein Entwurf eines speziellen Projektplans für Bonusprogramme erfolgen, da dieser je nach individueller Unternehmenssituation und gewähltem Programmkonzept äußerst unterschiedlich ausfallen kann und so von vornherein Makulatur wäre. Vielmehr stehen eher strategische Entscheidungen bei der Projektführung im Vordergrund, die auf eine Überwindung typischer Probleme bei der Einführung von Bonusprogrammen zielen. Ausgangspunkt ist die Erkenntnis, dass Projekte zu Bonusprogrammen selten an formal falscher Projektführung scheitern, sondern vielmehr an sozialen Faktoren im Rahmen von Projektteam und Projektumfeld. Abbildung 12.1 zeigt auf, in welchem Ausmaß ein Bonusprogramm in ein vielschichtiges und komplexes internes und externes Umfeld eingebunden ist.

Probleme im Projektmanagement resultieren zumeist aus der nicht ausreichenden oder nicht vorausschauenden Berücksichtigung dieser Verflechtungen. Typische Beispiele für derart bedingte Projekt-Probleme sind:[2]

- Konflikte mit den Sponsoren bzw. Auftraggebern der Projekte
- zu knappe Ressourcen
- negative Aussagen über das Projekt bei der Gesamtbelegschaft
- Konflikte innerhalb der Projektteams
- Demotivation von Projektmitgliedern wie mangelnde Beteiligung und fehlendes Engagement oder unpünktliche und qualitativ schlechte Arbeitsergebnisse

---

[1] Vgl. z. B. Wermter (1992), Zielasek (1995) oder Steinbuch (1998).

[2] Vgl. dazu auch Diethelm (2001, S. 195).

T. Lauer, *Bonusprogramme*,
DOI 10.1007/978-3-642-19118-3_12, © Springer-Verlag Berlin Heidelberg 2011

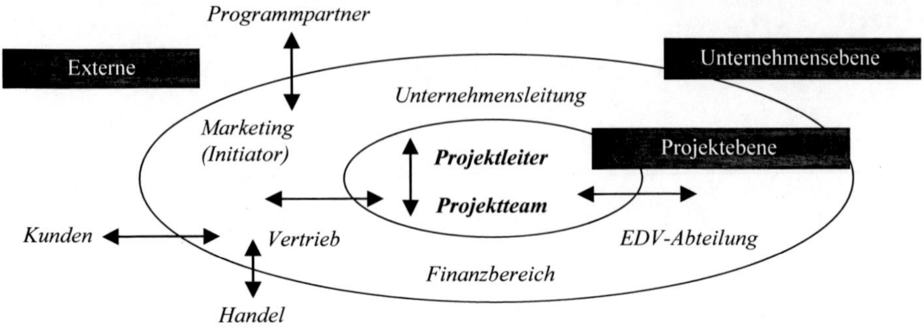

Abb. 12.1 Das Beziehungsgeflecht bei der Implementierung von Bonusprogrammen

- anfänglicher Eifer des Projektteams, der dann schnell nachlässt
- wenig zielgerichtetes Arbeiten.

Treten solche Symptome auf, sind zumeist schon entscheidende Fehler begangen worden. In den folgenden Abschnitten sollen deshalb Erfolgsfaktoren herausgearbeitet werden, die nicht nur das Auftreten solcher Symptome verhindern, sondern generell zum Erfolg des Bonusprogramms beitragen helfen. Die Untergliederung richtet sich dabei nach der zeitlichen Abfolge des Projekts. Zunächst wird die Phase vor Beginn des eigentlichen Projekts thematisiert (s. Kap. 12.1), anschließend die eigentliche Projektdurchführung behandelt (s. Kap. 12.2). Da während des Projektes auch im sozial-organisatorischen und nicht nur im konzeptionellen Bereich (vgl. Teil II dieses Buchs) Grundlagen für einen erfolgreichen Programmstart gelegt werden, erfolgt auch eine Behandlung dieser Thematik (s. Kap. 12.3). Den Abschluss bildet wiederum eine Checkliste, mit der nochmals systematisch überprüft werden kann, ob alle projektorganisatorischen Stellschrauben angemessen bedacht wurden (s. Kap. 12.4).

12.1 Sicherstellung der Projektunterstützung

Die wahrscheinlich wichtigsten Grundlagen für einen späteren Projekterfolg werden bereits in der Phase gelegt, in der das eigentliche Projekt noch gar nicht begonnen hat. Dazu gehört vor allem, die maßgeblichen Schlüsselgruppen im Management früh für das Projekt zu gewinnen. Dieses Unterfangen ist aber alles andere als trivial und bedarf bereits einer systematischen Ausführung, denn bei den relevanten Gruppen existieren zum Teil typische Widerstände, die gegen die Einführung von Bonusgruppen erhoben werden.

Maßgebliche Gruppen sind hier in erster Linie die Unternehmensleitung, der Vertrieb und schließlich der Finanzbereich, sie sollen im Folgenden näher betrachtet werden.[3]

- *Unternehmensleitung*: Die Sicherstellung der Unterstützung durch das Top-Management eines Unternehmens ist essenziell. Sie dient einerseits als Rückendeckung für mögliche spätere Konflikte mit anderen Funktionsbereichen und ist andererseits zur Sicherstellung ausreichender finanzieller und personeller Ressourcen erforderlich. Um diese Unterstützung tatsächlich zu erhalten, sollte ein verbindlicher Beschluss der Unternehmensleitung über die Einführung eines solchen Programms eingeholt werden. Nach außen wird dies geeigneterweise dadurch dokumentiert, dass die Projektgruppe unmittelbar dem Marketingleiter oder direkt der Unternehmensleitung unterstellt wird.[4] Bevor man auf die Unternehmensleitung mit der Bitte eines solchen Beschlusses zugeht, sollte man bereits ein schlüssiges Grobkonzept besitzen, welches Aufschlüsse über die marktbedingte Notwendigkeit (z. B. Reaktion auf ungezügelte Rabatte in einer Branche), realistische Nutzen, eine erste grobe Kostenabschätzung und Hinweise zu Kernthemen wie Prämienset, Partnerstrategie oder Wahl des Sammelmediums enthält. Zum einen wird damit bereits ein Weg vorgezeichnet, der eher ziellose Debatten über die Ausgestaltung verhindert, zum anderen wird von vornherein die Notwendigkeit und Vorteilhaftigkeit eines solchen Programms betont. Selbst für den positiven Fall, dass der Anstoß für den Aufbau eines Programms von der Unternehmensleitung selbst kommt, sollte ein Grobkonzept in überschaubarer Zeit (innerhalb von ca. 3 Monaten) nachgereicht werden, um auf dieser Basis eine bewusste und breite Zustimmung der Unternehmensleitung einzufordern.
- *Finanzbereich*: Finanzbereiche neigen für gewöhnlich dazu, Bonusprogramme als reine Kostenfaktoren zu sehen, denen als eher diffuser, langfristig wirkender und schwer messbarer Nutzen vor allem Kundenbindung entgegensteht. Zur Widerlegung dieser Meinung ist es entscheidend, die ganze Breite der Zielsetzungen von Bonusprogrammen (vgl. Kap. 2.2), also auch Cross- und Up-Selling sowie vor allem die unmittelbar wirksame Senkung von Kundenbetreuungskosten herauszustellen. Darüber hinaus kann man gegebenenfalls auch deutlich machen, dass ein Programm auch andere Ausgaben ganz oder teilweise ersetzt, wie z. B. Direktwerbung, Beschwerdemanagement und in Zeiten der gesetzlich

[3] Zu Widerständen im Change Management vgl. Lauer (2010, S. 25 ff.).

[4] Vgl. dazu auch Wittbrodt (1995, S. 78).

liberalisierten Rabatte vor allem aktionistische Preisnachlässe.[5] Das Vertrauen des Finanzbereichs kann zusätzlich dadurch gewonnen werden, dass die Erstellung eines Business-Cases vereinbart wird, an dessen Gestaltung der Finanzbereich von Anfang an beteiligt wird.

- *Vertrieb und Customer Care*: Das Verkaufs- und Betreuungspersonal ist unmittelbar ausführende Stelle für die Umsetzung aber auch Bewerbung des Programms beim Kunden. Eine Gewinnung der obersten Leitung dieser Bereiche ist also essenziell für spätere Erfolge. Als Problem erweist sich hier, dass Arbeiten im Zusammenhang mit Bonusprogrammen als Zusatzbelastung angesehen werden, die nicht unmittelbar der eigenen Zielerreichung dienen, welche in den meisten Fällen auf Absatzerfolge ausgerichtet ist. Um das Vertriebsmanagement dennoch für die Einführung eines Bonusprogramms zu gewinnen, sollten konkrete Möglichkeiten des Cross- und Up-Sellings dargestellt werden, da zumeist reine Kundenbindungsziele nicht zu den Aufgaben dieser Bereiche zählen. Ist das Vertriebsmanagement gewonnen, wird es für den dauerhaften Erfolg entscheidend, personenbezogene Ziele im Zusammenhang mit dem Programm bei Vertriebsmitarbeitern selbst zu etablieren, damit es nicht nur beim bloßen Lippenbekenntnis verbleibt, sondern das Programm auch vor Ort gelebt wird. Um hierfür finanzielle Anreize zur Verfügung stellen zu können, ist die vorherige Überzeugungsarbeit bei Unternehmensleitung und Finanzbereich besonders wichtig.
- *EDV-Abteilung*: Die EDV-Landschaft von Unternehmen ist zumeist ein historisch gewachsenes und äußerst komplexes Gebilde. Jeder Eingriff in eine solch vielschichtige Struktur birgt das Risiko von nicht vorher abzusehenden Störungen in sich. Aus diesem Grund ist das Management von EDV-Bereichen selten an größeren Änderungen bestehender EDV-Landschaften interessiert. Die Einführung eines Bonusprogramms kann aber, vor allem wenn sie sich auf elektronische Sammelmedien wie Karten stützt, erhebliche Eingriffe, etwa in Fakturasysteme zur Ermittlung vergebener Bonuspunkte, bedeuten. Aus dieser Sicht sind Widerstände im EDV-Bereich nicht selten. Unglücklicherweise bietet ein Bonusprogramm für diesen Managementbereich keinen direkten Nutzen, sei denn, dass dadurch die Einführung von Technologien (etwa einer neuen Plattform) oder Systemen (etwa einem Data-Warehouse) verargumentiert werden kann, die der EDV-Bereich aus anderem Grunde anstrebt. Fehlt eine solche Verkettung, hilft zumeist nur der unbedingte Rückhalt der Unternehmensleitung, um Widerstände zu überwinden.

[5] Vgl. Wittbrodt (1995, S. 83 f.).

12.2 Erfolgsfaktoren für die eigentliche Implementierung

In diesem Abschnitt sollen nun die Erfolgsfaktoren herausgearbeitet werden, die nach erfolgter Zustimmung der relevanten Managementbereiche im Verlauf der eigentlichen Einführung eines Programms bedeutsam sind.

- *Erstellung eines konsistenten Konzepts*: Wird teilweise mit der Realisierung von Projektbestandteilen begonnen, bevor ein von allen Seiten gebilligtes, konsistentes Programmkonzept vorliegt, so droht nicht nur ein zielloses Projektmanagement, sondern vor allem auch eine erhebliche Verzögerung der Programmeinführung. Dies liegt vor allem am Problem der hohen wechselseitigen Abhängigkeiten der Bestandteile. So wirkt die Partnerstrategie nahezu auf alle anderen Konzeptionsbereiche wie Incentivierung, Prämiengestaltung, Infrastrukturaufbau oder die Programmkommunikation. So zeitsparend ein simultanes Projektmanagement in anderen Bereichen sein kann, so wichtig ist es im Fall eines komplexen Projektgegenstands wie Bonusprogrammen, alle weiteren Schritte der Realisierung erst nach Abschluss und Genehmigung eines konsistenten und vollständigen Konzepts zu beginnen. Eine zusätzliche Investition von ein bis zwei Wochen in dieser Phase kann später Monate an Projektarbeit ersparen. Ist ein Konzept verabschiedet, etwa durch eine Projektsteuerungsgruppe, so ist allen Seiten klar zu machen, dass eine Modifikation dieses Konzeptes bis zur Programmeinführung nur noch aus triftigem, unabwendbarem Grund erfolgen kann, zum Beispiel dem Auftauchen rechtlicher Probleme. Allenfalls können Details geändert werden, die keine Auswirkung auf die weiteren Projektbestandteile besitzen.
- *Steuerung des Projektteams*: Das Projektteam zur Einführung eines Bonusprogramms zeichnet sich im Allgemeinen dadurch aus, dass es vom Marketing-Bereich initiiert und geleitet wird, aber der personellen Unterstützung anderer Bereiche wie etwa EDV, Vertrieb oder Customer-Care bedarf. Damit entstehen zweierlei Gefahren: Erstens kann es zum Auftreten von Zielkonflikten kommen, da die einzelnen Funktionsbereiche, aus denen die Projektmitglieder entstammen, häufig nicht nur unterschiedliche, sondern sogar konfligierende Zielsetzungen besitzen. Zweitens ist zu erwarten, dass unterschiedliche Bereichskulturen[6] den erforderlichen sozialen Zusammenhalt eines Projektteams unterminieren. Generell ist es

[6] Vgl. zum Thema Subkulturen in Unternehmen Steinmann und Schreyögg (2000, S. 635 ff.).

für die effiziente und motivierte Arbeit einer Projektgruppe aber wichtig, dass diese ein gemeinsames Ziel in kohärenter Atmosphäre verfolgt.[7] Abhilfe kann hier erfolgen, indem hinsichtlich ungleicher Ziele zunächst analysiert wird, ob es sich tatsächlich um Konflikte oder nicht eher um Scheinkonflikte wie z. B. reine Missverständnisse handelt, die auf unterschiedlichen Sprachspielen, d. h. der differierenden Verwendung gleicher Begrifflichkeiten innerhalb der Funktionsbereiche beruhen können. Sollten tatsächlich Zieldivergenzen bestehen, so sind diese transparent zu machen und in der Gruppe auszudiskutieren. Ist hier keine Einigkeit zu erzielen, müssen die Leiter der jeweiligen Bereiche, die ja als erstes eingebunden werden sollten, zur Hilfe gerufen werden, um ihren Mitarbeitern entsprechende Ziele verbindlich mitzugeben oder diese gegebenenfalls im Projekt auszutauschen. Oftmals sind Zielkonflikte aber nur ein Symptom für unterschiedliche Bereichskulturen und damit unterschiedliche Werthaltungen. Diese können nur durch Maßnahmen überwunden werden, die eine eigene Projektkultur aufbauen. Hilfreich ist hierbei die Veranstaltung von außerbetrieblichen Zusammenkünften wie Sport- und Spiel-Events, bei denen ausreichend Raum für private Kommunikation geschaffen wird. Dabei sollte auf einen „zwangsweisen" Mix von Vertretern der einzelnen Bereichskulturen geachtet werden. Fördernd kann sich auch auswirken, innerhalb der Projektgruppe aufgabenbezogene Teams zu bilden, die sich bewusst aus Vertretern verschiedener Bereiche rekrutieren. Aus der Sozialpsychologie weiß man, dass mit der Regelmäßigkeit und Intensität der Zusammenarbeit und Kommunikation sozialer Zusammenhalt und letztlich auch eine gemeinsames Wertesystem entsteht.[8] Ein zweiter Problemkreis bei der Führung der Projektteams von Bonusprogrammen entsteht dadurch, dass diese Projekte bis zu ihrem Abschluss oft relativ lang andauern, d. h. von der ersten Idee bis zur Einführung durchaus zwei Jahre in Anspruch nehmen können. Um während dieser langen Zeitspanne nicht einen Motivationsabbau im Team zu erleben, ist es wichtig, immer wieder für Erfolgserlebnisse zu sorgen und diese auch sichtbar zu machen. So sollte ein Projekt in erkennbare Meilensteine unterteilt werden – etwa Beschluss der Grobkonzeption durch ein Leitungsgremium, Beginn eines Piltotbetriebs etc. Werden diese Meilensteine erreicht, sollte die Kommunikation dieser Zwischenerfolge nicht nur zum Team hin erfolgen, sondern auch in Richtung Management oder

---

[7] Vgl. Steinmann und Schreyögg (2000, S. 535 ff.).

[8] Vgl. hierzu die Ergebnisse der mittlerweile als Klassiker der Sozial- und Arbeitspsychologie zu bezeichnenden Hawthorne-Studies, aufgeführt etwa bei Rahn (2008, S. 49).

Gesamtbelegschaft. Das Projektmitglied erfährt dadurch eine sichtbare Anerkennung seiner Arbeit auf dem langen Weg zum Erfolg.

- *Sicherstellung der Unterstützung der Belegschaft*: Die eigenen Mitarbeiter sollten die zeitlich ersten Teilnehmer und möglichst überzeugte Multiplikatoren für ein Bonusprogramm sein. Für große Konzerne mit sechsstelligen Mitarbeiterzahlen kann dieser Umstand die ersten Erfolge am Markt sichern und zudem Geld für anderweitige Werbemaßnahmen zur Bekanntmachung des Programms einsparen helfen. Voraussetzung hierfür ist eine breit angelegte interne Kommunikation zum Projektstart. Dabei sollte der Hinweis auf die Vorstandsunterstützung nicht fehlen, um die Wichtigkeit des Vorhabens zu unterstreichen. Möglichkeiten für dieses Projektmarketing bieten interne Medien wie Mitarbeiter-Zeitschriften oder das Intranet,[9] aber auch spezielle Events für die Belegschaft können veranstaltet werden. Nach dieser Startkampagne kann eine gute Wirkung durch die Einbindung der Mitarbeiter in den Testbetrieb des Programms erfolgen. Die Mitarbeiter werden somit zu den ersten Programmteilnehmern und bauen eine emotionale Bindung auf, die sie zu Multiplikatoren im persönlichen Umfeld heranreifen lässt.
- *Steuerung externer Ressourcen*: Die Steuerung externer Projektressourcen wie Unternehmensberatern, Werbeagenturen oder Call-Center-Betreibern, stellt eine nicht zu unterschätzende Herausforderung dar. Diese Gruppen werden häufig benötigt, um fehlendes Know-how zu ersetzen oder wertvolle Impulse von außen in die Programmgestaltung einfließen zu lassen. Dieser wichtige Beitrag kann aber durch die Verfolgung von Eigeninteressen der Parteien geschmälert werden. So könnten Berater dazu neigen, die Dauer eines Projektes herauszuzögern oder seinen Umfang zu vergrößern, um möglichst viele Berater für einen möglichst langen Zeitraum einzusetzen. Werbeagenturen werden unter Umständen dazu verleitet, eine aufwändige Gestaltung der Programm-Kommunikation zu forcieren, um höhere Honorare einzufordern. Die Betreiber von Call-Centern schließlich haben möglicherweise ein Interesse an der Gestaltung personalintensiver Prozesse der telefonischen Kundenbetreuung. Um diese Tendenzen von vornherein einzudämmen, ist es für die Projektleitung von entscheidender Bedeutung, diesen Gruppen klare Ziele zu setzen und Budgets gleichzeitig von Beginn an zu begrenzen. Die vertragliche Möglichkeit des Wechsels der Dienstleister wird zudem deren Orientierung an den Zielen ihrer Auftraggeber befördern. Sind diese Grenzen deutlich gesetzt, so ist es wichtig, die Dienstleister partnerschaftlich in die operative Projektarbeit und in die Projektstrukturen

[9] Vgl. Wittbrodt (1995, S. 91).

einzubinden, um im Verlaufe des Projektes kein Misstrauen, etwa durch die Vermutung zurückgehaltener Informationen, aufkommen zu lassen.

12.3 Vorbereitungen für einen gelungenen Programmstart

Auch wenn alle internen Stellen von der Notwendigkeit der Einführung eines Bonusprogramms überzeugt wurden, ist dies nur eine Etappe auf dem Weg zu einem erfolgreichen Programm, denn letztlich muss sich dieses am Markt bewähren. Dazu sind die ersten Wochen und Monate von entscheidender Bedeutung, um die erzielte positive Unterstützung im eigenen Hause auch nachhaltig zu sichern. Damit ein Programm sogleich ein Erfolg am Markt wird, sollten die im Folgenden genannten Punkte Berücksichtigung finden:

- *Einbindung in ein Gesamtmarketingkonzept*: Ein Bonusprogramm muss in ein Gesamtmarketingkonzept integriert sein.[10] Steht ein Programm eher neben den anderen Marketing-Maßnahmen eines Unternehmens, so entsteht das Problem, dass sich für die Kunden kein konsistentes Bild des Unternehmens ergibt, etwa wenn parallel andere Rabatte vergeben werden. Außerdem bedeutet dies auch höhere Kosten in der Kundenbetreuung, denn Doppelarbeit, etwa die Bewerbung eines Produkts über das Programm und gleichzeitig per Direktmail, kann nicht ausgeschlossen werden.
- *Test der Ausgestaltung beim Kunden*: Am besten sollte schon im Rahmen der Grobkonzeption eine Überprüfung der geplanten Ausgestaltung beim Kunden erfolgen, so z. B. durch Vorstellung der geplanten Angebote bei Fokus-Gruppen.[11] Aber auch bei allen kundenrelevanten Schritten der Detailausgestaltung, z. B. im Rahmen des Designs der Kommunikationsinstrumente oder bei der Auswahl der Prämien, sollte immer wieder rechtzeitig der Weg zum Kunden gesucht werden. Warnend sei hinzugefügt, dass solche Pretests kein Allheilmittel sind. Vor allem wirklich innovative Gestaltungselemente lassen sich nicht immer im Vorhinein verlässlich testen, da Kunden erst die Erfahrungen des Nutzens damit machen und an

[10] Vgl. Wittbrodt (1995, S. 18).

[11] Bei Fokus-Gruppen handelt es sich um ein qualitatives Marktforschungs-Verfahren, welches auf eine Vollerhebung verzichtet und stattdessen nur Personen, die einen besonders hohen Bezug zu einer Thematik aufweisen, als ganze Gruppe intensiv befragt (vgl. dazu z. B. Pepels 1995, S. 162).

andere weitergeben müssen. Naturgemäß lässt sich nur die kleine Schar der sogenannten *Innovators*, die ca. 2,5 % der Bevölkerung ausmachen, sofort für Innovationen begeistern.[12]

- *Test der Prozesse*: Ein missglückter Start im Sinne des Auftretens von zahlreichen gravierenden Pannen bei der Kundenbetreuung kann das Ende für ein Programm bedeuten, vor allem wenn Kernprozesse wie Anmeldung oder Punktegutschrift nicht funktionieren. Deshalb sollte nicht nur ein fiktiver Pilotbetrieb durchgeführt werden, sondern vielmehr ein Echttest mit Kunden. Hierzu eignen sich vor allem eigene Mitarbeiter, da diese einerseits die letztlich unvermeidbaren Anfangsprobleme nicht nach außen tragen (dürfen) und andererseits oftmals kritischer sind als echte Kunden, zumindest aber eine höhere Bereitschaft besitzen, Unzufriedenheit auch zu äußern.[13] Eine Testgruppe sollte dabei etwa 5.000 bis 10.000 Personen umfassen, um ausreichend Erfahrung zu sammeln.[14] Ein wichtiger Bestandteil eines solchen Tests ist das sogenannte Fraud-Management, d. h. die Aufdeckung von Manipulationsmöglichkeiten. Betrugsfälle, wie etwa die missbräuchliche Vergabe von Bonuspunkten, können durchgespielt und Prüfmechanismen zur Aufdeckung in die Systeme eingebaut werden.
- *Einbeziehung des externen Handels*: Wenn nicht eigenes Vertriebspersonal an der Kundenschnittstelle sitzt, sondern der Vertrieb über Absatzmittler wie den Einzelhandel erfolgt, ist es von hoher Bedeutung, diese Marktpartner frühzeitig einzubeziehen. Anreizsysteme müssen geschaffen werden, um den Handel zu motivieren, vor Ort für das Programm zu werben. Solche Anreize können z. B. sein: Wettbewerbe für Verkäufer, Rabattsysteme für den Einkauf oder eine Abstimmung der Incentivierungspolitik mit den Interessen der Handelspartner.
- *Einbeziehung der Programmpartner*: Sollen von Beginn an Programmpartner mit an den Start gehen, so sind diese frühzeitig einzubeziehen, um Prozesse abzustimmen und zu testen. Gerade an den Schnittstellen zu den angeschlossenen Programmpartnern lauern zahlreiche Potenziale für auftretende Prozessprobleme, da zum Beispiel unterschiedliche technologische Systemwelten aufeinander treffen. Partnern sollte zudem die Möglichkeit eingeräumt werden, sich gemäß ihrer Bedeutung auch konzeptionell einzubringen, um dauerhaft eine kooperative Zusammenarbeit einzuläuten, die spätere Reibungsverluste minimiert.

[12] Vgl. Rogers (1983).

[13] Vgl. auch Ploss (2001, S. 27, 57).

[14] Vgl. Wittbrodt (1995, S. 76).

12.4 Checkliste: Implementierung

Bei der Implementierung von Bonusprogrammen sind folgende Punkte insbesondere zu beachten:

- ☐ Wurden alle maßgeblichen internen Bereiche wie Unternehmensleitung, Finanzbereich, Vertrieb oder EDV-Abteilung rechtzeitig in das Projektvorhaben eingebunden und von der Notwendigkeit der Einführung eines Bonusprogramms überzeugt?
- ☐ Wurde bereits in einer frühen Projektphase ein geschlossenes Grobkonzept entwickelt, welches als weitere Leitschnur dient?
- ☐ Wurde darauf geachtet, dass das Projektteam auch als soziale Einheit frühzeitig zusammenwächst?
- ☐ Sind das Programm und die Ursachen für seine Einführung der gesamten Belegschaft schon in der frühen Projektphase bekannt gemacht worden?
- ☐ Wurden die Verträge mit externen Dienstleistern in der Aufbauphase so gestaltet, dass keine zu großen Abhängigkeiten bestehen?
- ☐ Ist das Bonusprogramm ein eingebundener Bestandteil des Gesamtmarketingkonzepts des Unternehmens?
- ☐ Wurde das Programmkonzept durch Marktforschung beim Kunden getestet?
- ☐ Wurde ein hinreichend großer Echttest des Programms mit Testkunden oder eigenen Mitarbeitern durchgeführt?
- ☐ Wurden Handel und externe Programmpartner rechtzeitig eingebunden und zur Unterstützung motiviert?

Kapitel 13
Erfolgsmessung und Erfolgssteigerung

Nach erfolgter Einführung und Überwindung der zahlreichen „Implementierungsklippen", wie sie in Kap. 12 dargestellt wurden, rückt naturgemäß die Frage in den Vordergrund, ob ein Programm auch das hält, was man sich davon versprochen hat. Wie wichtig es im Einzelfall ist, Erfolge nachzuweisen, hängt von den Widerständen ab, die vor und während der Einführung eines Programms im betreibenden Unternehmen zu überwinden waren. Angesichts eines eher langfristigen Trends, kritisch auf Gemein-Kosten zu schauen, wird der Rechtfertigungszwang für Bonusprogramme in aller Regel und auch zu Recht gegeben sein. Der wichtigste Grund für die Durchführung regelmäßiger Erfolgsmessungen liegt aber nicht in der unternehmensinternen Rechtfertigung begründet, sondern der Nutzung als Steuerungsinstrument zur Optimierung des Programms selbst. So ist es von entscheidender Bedeutung, Probleme bei der Einführung und im ersten Betriebsstadium rechtzeitig zu erfassen und entsprechend gegenzusteuern, um den Erfolg nicht zu gefährden.

Wenn auch die Notwendigkeit der Erfolgsmessung unbestritten ist, so wird ihre Realisierung doch durch den Umstand erschwert, dass die positiven Effekte eines Bonusprogrammes, etwa Kundenbindung, nur schwer von anderen Einflussfaktoren, wie z. B. Wettbewerbsverhalten, Produktänderungen oder Konjunktur, zu isolieren sind.[1] Zudem gilt es zu beachten, rechtzeitig an den Aufbau einer Erfolgsmessung zu denken und sich nicht erst nach Projektabschluss mit Möglichkeiten der Erfolgsmessung zu beschäftigen. Grund dafür ist, dass einerseits die Systeme und Prozesse so aufgebaut werden müssen, dass Daten zur Erfolgsmessung bequem und flexibel entnommen werden können, etwa mit Hilfe von Data-Mining-Tools (s. Kap. 2.2.3.2). Andererseits sollten alle geplanten Marketingaktivitäten so eingerichtet werden, dass eine Messung ermöglicht wird.[2] Dies kann bei

[1] Vgl. Butscher (1998, S. 359).

[2] Vgl. Butscher (1998, S. 364).

T. Lauer, *Bonusprogramme*,

DOI 10.1007/978-3-642-19118-3_13, © Springer-Verlag Berlin Heidelberg 2011

Cross-Selling-Promotions zum Beispiel durch Vergabe spezieller Produktnummern oder die Einrichtung eigener Responseelemente (z. B. einer speziellen Call-Center-Nummer zur Aufgabe von Bestellungen) erfolgen.

Ist die Erfolgsmessung realisiert, so stellt sich die Frage nach der geeigneten Aufbereitung und Nutzung der Daten. Zu diesem Zweck empfiehlt sich der Aufbau eines Kennzahlenreportings, welches je nach Adressatenkreis – z. B. Leiter des Programmmanagements vs. Mitglieder des Top-Managements – eine mehr oder weniger große Detailtiefe aufweist. So muss der Programm-Verantwortliche für die Teilnehmerwerbung sicherlich detailliert darüber Kenntnis erlangen, über welche Kanäle – z. B. Internet versus Auslagen am POS – ein Kunde geworben wurde. Vorstandsmitglieder wird hingegen vermutlich lediglich die monatliche – nach Etablierung evtl. sogar nur die jährliche – Teilnehmerentwicklung interessieren. Ein solches Kennzahlenreporting kann auch im Rahmen einer Balanced-Score-Card erfolgen,[3] vor allem dann, wenn eine Score-Card ohnehin im Unternehmen etabliert werden soll oder bereits wurde. Der Vorteil einer solchen Score-Card ist zweifacher Natur. So werden zum einen in aller Regel die Erfolgsbeteiligungen des Managements an die Erreichung der innerhalb der Balanced-Score-Card definierten Ziele gekoppelt, so dass Ziele des Bonusprogramms auch nachhaltig unterstützt werden. Zum anderen wird im Rahmen der Bildung einer Balanced-Score-Card die Beziehung der übergeordneten Unternehmensziele zu untergeordneten, spezifischen Zielen einzelner Maßnahmen, wie etwa der Einführung eines Bonusprogramms, hergestellt. Damit verliert das Programm aber automatisch einen möglichen isolierten Charakter und wird strukturiert in die Gesamtunternehmensstrategie eingebunden.

Der Aufbau des vorliegenden Kapitels ist so gestaltet, dass zunächst das Thema Erfolgsmessung selbst thematisiert wird und ein Überblick über Messfelder und Kriterien erfolgt (s. Kap. 13.1). Dabei wird in die programmexterne Erfolgsmessung, d. h. die Messung der durch das Programm erzielten Erfolge für das betreibende Unternehmen (s. Kap. 13.1.1), und die programminterne Erfolgsmessung, also die Überprüfung der Voraussetzungen für die Wirksamkeit des Programms (s. Kap. 13.1.2), unterschieden. Da die Erfolgsmessung vor allem auch der Gegensteuerung bei auftretenden Problemen dienen soll, bildet die Aufzählung von möglichen Maßnahmen zur wirtschaftlichen Effizienzsteigerung von Bonus-Programmen die logische Fortsetzung der eigentlichen Erfolgsmessung (s. Kap. 13.2). Am

[3] Bei einer Balanced-Score-Card handelt es sich um ein aus der Unternehmensstrategie stringent abgeleitetes System von Zielen und Subzielen, die jeweils mit anzugebenden Messverfahren (z. B. Kennzahlen) überprüfbar sind und zumeist zu Individualzielen im Management führen (vgl. zum Konzept der Balanced-Score-Card Kaplan und Norton 1996).

Abschluss des Kapitels finden sich wie gewohnt zentrale Fragen rund um Erfolgmessung und Erfolgssteigerung, die zu einer Checkliste zusammengefügt wurden (s. Kap. 13.3).

13.1 Erfolgsmessung

Die Erfolgsmessung von Programmen beinhaltet grundsätzlich zwei Dimensionen. Zunächst ist danach zu fragen, ob ein Programm überhaupt so funktioniert, wie es konzipiert wurde, ob also die Prozesse, wie etwa Punktevergabe, reibungslos laufen, ob überhaupt Teilnehmer gewonnen werden usw. Diese Ziele sollen im Folgenden als programminterne Ziele bezeichnet werden. Für den eigentlichen Nutzen eines Bonus-Programms, wie etwa Kundenbindung, ist die Erfüllung dieser internen Ziele aber lediglich eine notwendige und noch keinesfalls hinreichende Bedingung. Deshalb wird die zweite Dimension der Erfolgsmessung durch die programmexternen Ziele wie Kundenbindung, Cross- und Up-Selling etc. gebildet. Abbildung 13.1 zeigt die wichtigsten Einzelziele zu diesen beiden Dimensionen auf.

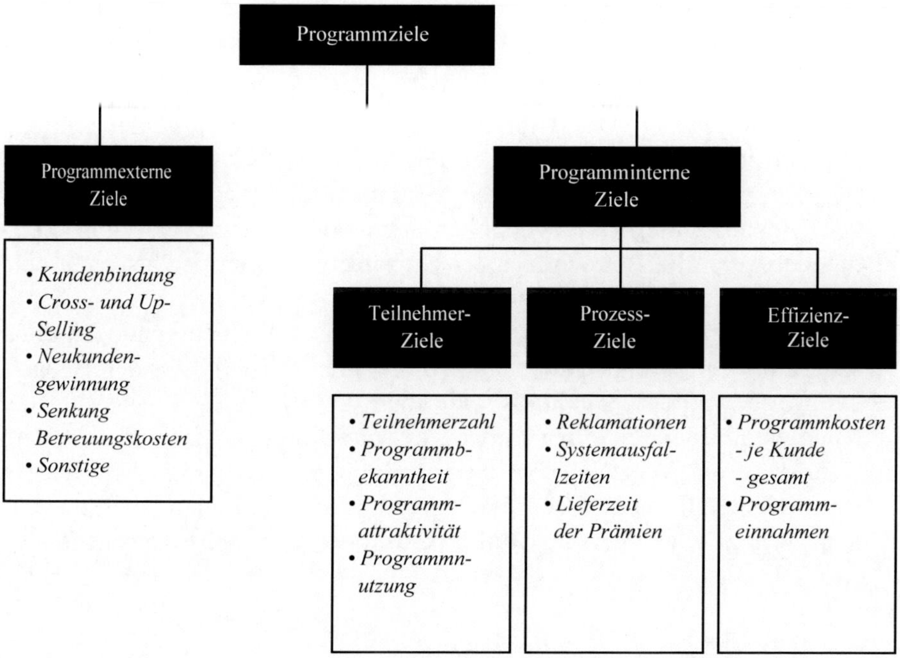

Abb. 13.1 Wichtige Dimensionen der Erfolgsmessung

Die internen Programmziele werden, wie aus der Abbildung ersichtlich, wiederum in drei Klassen unterteilt:

- *Teilnehmer-Ziele*: Sie zeigen an, inwiefern das Programm von Kunden angenommen wird und sind gerade für die Einführungsphase von besonderer Bedeutung.
- *Prozess-Ziele*: Mit ihrer Hilfe soll die Qualität des Betriebs eines Bonusprogramms dokumentiert werden.
- *Effizienz-Ziele*: Sie zeigen die Wirtschaftlichkeit des Programmbetriebs an, wobei hier lediglich die Programmkosten und programmeigenen Einnahmen, nicht jedoch die eigentlichen Nutzen für das Unternehmen, die ja die programmexternen Ziele bilden, betrachtet werden.

Im Folgenden werden nun zuerst die programmexternen und anschließend die internen Ziele näher beleuchtet.

13.1.1 Die Messung programmexterner Ziele

Die Indikatoren, die zur Messung der programmexternen Ziele herangezogen werden, sollten sich an den definierten Zielprioritäten des Programms orientieren.[4] Auch Kostenersparnisse – wie sie in Kap. 2.2.3 definiert wurden – sind dabei zu messen.[5] In Betracht kommen hier in Anlehnung an Kap. 2.2 vor allem:

- *Kundenbindungseffekte*: Hierzu sind bei Gütern wie Lebensmitteln, Treibstoffen etc. Kennzahlen wie die Wiederkaufrate einzusetzen oder Vertragsverlängerungen bzw. die Vertragskündigungsrate bei vertragsbegründeten Gütern wie Versicherungen oder Energieversorgungsleistungen. Auch die Betrachtung der Umsatzentwicklung selbst kann eine Aussage über die Kundenbindung hervorbringen. Steigt der Umsatz pro Kunde und Zeiteinheit, kann dies ein Hinweis auf zunehmende Bindung sein, sinkt er, erfolgt offenbar teilweise die Befriedigung der Bedarfe bei Wettbewerbern. Qualitativ gibt auch die regelmäßige Messung der Kundenzufriedenheit einen Hinweis auf die Bindungswirkung, vor allem wenn hier ein Vergleich zwischen Mitgliedern und Nicht-Mitgliedern stattfindet. Soll der Kundenbindungseffekt auch monetär beziffert werden, so kann dies über die Multiplikation der verringerten prozentualen

[4] Vgl. Butscher (1998, S. 363).

[5] Vgl. Butscher (1998, S. 366).

Abwanderungsrate pro Durchschnittskunde mit dem Durchschnittsumsatz erfolgen.

- *Cross- und Up-Selling*: Die Messung der Erfolge beim Cross- und Up-Selling erfolgt hinsichtlich des Cross-Sellings anhand der Betrachtung der Anzahl an Warenkategorien, die ein Kunde beim eigenen Unternehmen erwirbt. Die Betrachtung der Entwicklung der Klassifizierung der gekauften Güter pro Kunde dient hingegen zur Messung von Up-Selling-Effekten (z. B., ob Kunden nun stärker Business-Class statt Economy-Class fliegen oder verstärkt Oberklasse-Automobile statt Mittelklassefahrzeugen erwerben). Die wertmäßige Erfassung des Cross- und Up-Selling-Effektes richtet sich nach der dadurch erzielten prozentualen Umsatzsteigerung pro Kunde.
- *Neukunden-Gewinnung*: Sie beruht im Rahmen von Bonusprogrammen in aller Regel auf der Anwerbung von Kunden der im Programm beteiligten Partnerunternehmen. Sofern hier eine systematische Neukundenwerbung betrieben wird, sollte der direkte Erfolg der jeweiligen Aktionen gemessen werden. Dazu muss, wie oben bereits geschildert, die Responsemöglichkeit so gestaltet sein, dass eine Rückverfolgung zu der Aktion möglich ist. Neukunden, die als Programmteilnehmer ohne direkten äußeren Anstoß hinzukommen, lassen sich datentechnisch schwerer erfassen. Hier ist man im Falle von Multipartner-Programmen auf Auswertungen des Programmbetreibers angewiesen, wo diese Fälle systematisch per DWH extrahiert werden können.
- *Senkung der Kundenbetreuungskosten*: Ob Kundenbetreuungskosten durch angebotene Bonuspunkte gesenkt werden konnten oder nicht, lässt sich in der Regel durch einfache Zählung der angenommenen Wechselangebote ermitteln, wie z. B. dem Angebot der Umstellung von Überweisung auf Bankeinzug gegen Gewähr von Bonuspunkten. Die Ermittlung der dadurch eingesparten Kosten richtet sich nach den intern erhobenen Prozesskostenunterschieden zwischen dem ursprünglichen und dem neuen Kundenverhalten. Die ermittelte Kostendifferenz je Vorgang wird mit der Anzahl der Vorgänge für den jeweils betrachteten Zeitraum multipliziert. Dabei ist zu berücksichtigen, dass diese Kostenersparnisse dauerhaft wirken, sofern Kunden das geänderte Verhalten beibehalten.
- *Sonstige Ziele*: Hierunter fallen Komponenten wie etwa die Imagesteigerung eines Unternehmens. Erfolge in solchen und ähnlichen Kategorien sind in aller Regel durch spezielle Messinstrumente der Marktforschung nachweisbar.

Grundsätzlich erfolgt die Messung der geschilderten Effekte über ein sogenanntes Kontrollgruppenkonzept, welches zumeist innerhalb eines DWH (vgl. hierzu Kap. 2.2.3.2) etabliert wird. Kontrollgruppe meint, dass neben dem Verhalten der Programmteilnehmer parallel das Verhalten der nicht teilnehmenden Kunden beobachtet wird. Die Beobachtung des Verhaltens der Programmteilnehmer ist nur dann ohne weiteres möglich, wenn ein elektronisches Sammelmedium – etwa eine Magnetstreifen-Karte – zum Einsatz kommt. Ansonsten sind separate Messungen oder zusätzliche Prozessschritte, die zum Beispiel unterschiedlich farbige Punkte für unterschiedliche Warenkategorien vergeben und/oder den Namen des Kunden bei Prämieneinlösung erfassen, notwenig. Auch bei Einsatz von Kundenkarten ist aber die Messung des Teilnehmerverhaltens nicht automatisch realisierbar. So muss zur Ermittlung von Cross- und Up-Selling-Wirkungen neben dem Umsatz auch die Art der Käufe (z. B. die Warenkategorie) registriert und gespeichert werden. Noch schwieriger gestaltet sich die Messung des Verhaltens der aus Nicht-Teilnehmern bestehenden Kontrollgruppe. Hier existieren gute Möglichkeiten nur dann, wenn es sich um auf Vertragsbeziehungen beruhende Umsätze handelt, wie etwa im Versicherungsgeschäft oder bei Energieversorgern. In diesem Falle ist neben Umsatz- und Absatzdaten bei den Unternehmen zum Teil auch Wissen über die Soziodemographie der Kunden vorhanden, so dass eine Kontrollgruppe gebildet und aggregierte Daten zu dieser Gruppe über die Zeit hinweg ermittelt werden können. Bei Kaufgütern (etwa Lebensmitteln, Unterhaltungselektronik etc.) ist die Messung des Nicht-Teilnehmer-Verhaltens bedeutend schwieriger, für die Erfolgsmessung des Programms aber dennoch unerlässlich. Zwei Wege bieten sich unter diesen Bedingungen an:

- *Die wiederholte Stichprobe*: Dazu müssen wiederholt nach einem vorgegebenen Schema Kunden befragt werden, die Nicht-Teilnehmer des Programms sind. Etwa durch telefonische Befragung, die aber den Nachteil aufweist, eine Reihe von Nicht-Kunden anzurufen, oder alternativ durch Befragung am PoS. Verzerrungen treten hier dadurch auf, dass die Auskunftswilligkeit von Personen mit ihrem Kaufverhalten korrelieren könnte. So ist es denkbar, dass Nichtauskunftswillige gleichzeitig die kritischsten Kunden mit der höchsten Wechselquote sind. Außerdem wird bei diesen Kunden in der Regel nicht wirklich das Verhalten gemessen, sondern deren eigene verbale Einschätzung ihres Verhaltens, so dass die Validität der Daten geringer ist. Der Vorteil der wiederholten Stichprobe ist aber, dass sie relativ einfach durchzuführen ist. Zum Teil werden solche Untersuchungen ohnehin regelmäßig durch die Marktforschungsabteilungen der Unternehmen initiiert, so dass nur geringfügige Ergänzungen des Fragenkatalogs, etwa die Frage nach der Programm-Teilnahme, erforderlich sind und kaum zusätzliche Kosten entstehen.
- *Die Einrichtung eines Kontrollgruppen-Panels*: In diesem Fall würden definierte Kunden, die nicht Teilnehmer des Programms sind, gegen fi-

nanzielle Entschädigung dauerhaft relevante Daten zu ihrem Kaufverhalten und zur Soziodemographie preisgeben. Dies geschieht etwa durch Nutzung einer Sammel-Karte, die aber keine Incentivierung beinhaltet. Das Verfahren besitzt zwar den Vorteil, dass hier Verhaltensdaten generiert werden, jedoch dürfte es schwierig sein, einen ausreichend repräsentativen Personenkreis zu gewinnen, der Bereitschaft hierzu zeigt. Die finanzielle Entschädigung müsste zumindest so bemessen sein, dass mögliche Incentivierungen aus der Kundenkarte mehr als ausgeglichen werden. Damit würde man aber zu einer zweifachen Verzerrung des Panels beitragen. Einerseits wären Kunden, die einen kleinen einfachen Nebenverdienst suchen – z. B. Studenten – überrepräsentiert, andererseits wiese das Panel zudem solche Kunden auf, die ohne finanzielle Entschädigung vermutlich die Bonuskarte nutzen würden. Teilnehmer, die etwa wegen datenschutzrechtlicher Bedenken, wie der Furcht vor dem „gläsernen Kunden“, nicht an Bonusprogrammen teilnehmen, wären hier nach wie vor nicht enthalten.

Bei der Definition und beim Einsatz von Kontrollgruppen als Messverfahren sind generell drei Dinge zu berücksichtigen:

- Beide Gruppen, Teilnehmer und Kontrollgruppe, sollten von Beginn des Programms an definiert werden und die gleichen Merkmale, etwa die gleiche Alters- und Einkommensstruktur besitzen.[6] Diese Maßnahme dient dazu, Störeffekte durch unterschiedliche Ausgangsbedingungen auszuschalten. So könnte ansonsten eine höhere Kundenbindung durch Unterschiede im Ausbildungsgrad der Kundengruppen bedingt sein und nicht durch die Programmteilnahme. Ziel ist es aber, nur die Effekte herauszufiltern, die durch die Programmteilnahme selbst bedingt sind.
- Gemessene Veränderungen der Teilnehmer als auch der Kontrollgruppen sollten nicht als absolute Zahlen, sondern vielmehr als relative Werte ausgedrückt werden. Also z. B.: „Die Wiederkaufrate der Kontrollgruppe ist um 5 % weniger gestiegen als die der Mitgliedergruppe.“ Dadurch werden trotz guter Anpassung der Gruppen bestehende Unterschiede in der Messung bezüglich der Ausgangsdaten noch weiter ausgeschaltet.[7]
- Verzerrungen können schließlich noch weiter verringert werden, wenn die definierten Stichproben nicht nur in Teilnehmer und Nicht-Teilnehmer unterteilen, sondern auch Neu-Teilnehmer und Teilnehmer mit einer Dauer von mehr als 12 Monaten unterschieden werden. Dieses Vorgehen dient der Bereinigung des sogenannten Selbstselektionseffektes. Es ist

[6] Vgl. Butscher (1998, S. 360 f.).

[7] Vgl. Butscher (1998, S. 360 f.).

nämlich zu erwarten, dass diejenigen, die an einem Bonusprogramm teilnehmen, von vornherein eine höhere Affinität und Loyalität aufweisen als Nicht-Teilnehmer. Entscheidend ist deshalb, ob sich die an sich positiven Kennzahlen solch affiner Gruppen im Verlaufe der Teilnahme nochmals erhöhen. Dies kann aber nur durch Gegenüberstellung von „Neu-" und „Alt-Teilnehmern" geschehen.[8]

13.1.2 Die Messung programminterner Ziele

Die Messung programminterner Ziele dient, mit Ausnahme der Teilnehmerentwicklung, vor allem der Informationen der für das Programm selbst verantwortlichen Leitungsgremien. Die regelmäßige und zeitnahe Erhebung interner Kennzahlen ist insbesondere während der Einführungsphase des Programms eminent wichtig, um negativen Entwicklungen auf Akquisitions-, Prozess- und Kostenseite schnellstmöglich entgegenzuwirken.

Bezüglich der Teilnehmer sind folgende Ziele von besonderem Interesse:

- *Teilnehmerzahl bzw. Penetrationsgeschwindigkeit*: Die Messung sollte hier nicht nur die absoluten Zahlen berücksichtigen, sondern danach unterscheiden, durch welche Kanäle Kunden geworben wurden (z. B. Internet versus Auslagen am PoS) und welchen Zielgruppen, evtl. nach Kundenwert unterteilt (s. Kap. 2.1 bzw. Abb. 10.1), die Teilnehmer angehören. Ziel der Erhebung ist hier ein rechtzeitiges Gegensteuern für den Fall, dass zu wenige Kunden oder die „falschen" Kunden geworben wurden.[9] Die Penetration ist dabei für den wirtschaftlichen Erfolg im Sinne der Erfüllung der programmexternen Ziele entscheidend, da die Erzielung der angestrebten Nutzen von der Teilnehmerzahl direkt abhängt, die Kosten des Programms aber zu nicht unerheblichen Teilen fix sind (s. Kap. 11). Sind Teilnehmerzahlen zu gering, so kann die Ursache dafür in zu wenig Werbung, ungeeigneter Werbung oder Werbung über falsche Kanäle liegen. Einen wichtigen Hinweis ergibt in diesem Zusammenhang die Konversationsrate ausgeteilter Anmeldeformulare, also die Quote des ausgeteilten Materials, welches tatsächlich zu einer Anmeldung führt. Die Ursachen können aber auch in zu niedrigen Ausprägungen der beiden folgenden Kennzahlen, der Programmbekanntheit und der Programmattraktivität zu suchen sein.

---

[8] Vgl. Diller (1996, S. 18 ff.).

[9] Zu detaillierten Kennzahlen siehe auch Scheer und Witza (2007, S. 94).

- *Programmbekanntheit*: Bei der Bekanntheit wird in aller Regel in die gestützte Bekanntheit, dass heißt die Erkennung unter Nennung des Programmnamens („Kennen Sie Programm XYZ?") und die ungestützte Bekanntheit, d. h. die eigene Erinnerung an einen Programmnamen („Welche Bonusprogramme kennen Sie?") unterschieden.[10] Mangelnde Bekanntheit kann ein wesentlicher Grund für zu geringe Penetrationsraten sein. In der Einführungsphase sollten diese Kennzahlen deshalb regelmäßig erhoben werden. Eine hohe gestützte Bekanntheit kann dabei schon ausreichen, wenn gleichzeitig an vielen Stellen Anmeldeformulare oder Anmeldehinweise (z. B. „Pop-Ups" im Internet) erfolgen, so dass der Kunde beim Lesen des Programmnamens weiß, dass es sich um ein Bonusprogramm der Firma *X* handelt.
- *Programmattraktivität*: Ein Programm kann evtl. deshalb nicht genügend Kunden finden, weil die Teilnahme den Kunden keine ausreichend sichtbaren Vorteile bietet. Die Programmattraktivität sollte zwar unbedingt bereits vor Einführung eines Programms – etwa durch Präsentation vor Fokus-Gruppen[11] – erfolgen, jede noch so gute Marktforschung bietet keine endgültige Gewähr dafür, dass sich die Attraktivität in der Wirklichkeit auch entfaltet. Zur Attraktivitätsbestimmung empfiehlt es sich, Teilnehmer und Nicht-Teilnehmer zu befragen, denen das Programm jeweils – etwa durch ein Werbemailing zur Einführung – angeboten wurde. Da die Nicht-Teilnahme auch auf einem „Sättigungseffekt" beruhen kann, d. h. der Kunde gegebenenfalls schon an mehreren anderen Programmen teilnimmt, sollte auch eine relative, also auf den Vergleich mit anderen Programmen ausgerichtete Attraktivitätsmessung erfolgen. Eine Bewertung mit Schulnoten bietet sich hierfür an, da diese Skala sowohl den Auskunft gebenden Kunden als auch dem Ergebnisse betrachtenden Top-Management geläufig ist.
- *Programmnutzung*: Ob ein Programm Wirkung entfaltet, hängt nicht allein von der Anzahl der eingeschriebenen Mitglieder ab. Auf Dauer ist vielmehr entscheidend, dass das Bonusprogramm auch wirklich gelebt und genutzt wird. Aus diesem Grund sollten Kennzahlen zum Incentivierungsvolumen je Kunde, dem Anteil aktiver zu inaktiven Karten, dem Ausmaß und der Frequenz der Prämieneinlösung je Kunde und allgemein zu allen Formen kommunikativer Response, wie etwa der Anzahl

---

[10] Vgl. Kastin (1995, S. 97).

[11] Bei Fokus-Gruppen handelt es sich um ein qualitatives Marktforschungs-Verfahren, welches auf eine Vollerhebung verzichtet und stattdessen nur Personen, die einen besonders hohen Bezug zu einer Thematik aufweisen, als ganze Gruppe intensiv befragt (vgl. dazu z. B. Pepels 1995, S. 162).

der Anrufe im Call-Center, der Anzahl der Anfragen über Internet oder der Reaktion auf Mailings, erhoben und bewertet werden. Dazu ist eine Unterteilung in die Inhalte dieser Responses wichtig. Kategorien sind hier etwa: Wünsche nach weiteren Information, Nutzung von Angeboten, Abgabe von Beschwerden usw. Auch bei negativer Kommunikation gilt: Eine hohe Rate an Kommunikationsvorgängen je Kunde ist ein Indiz für die Wichtigkeit, welche das jeweilige Bonusprogramm bei ihm besitzt.

Für eine dauerhafte Zufriedenheit der Kunden mit einem Programm ist unter anderem auch die Qualität der Kundenbetreuung entscheidend. Sie wird mit Hilfe prozessbezogener Kennzahlen ermittelt. Da hier Mängel aufgespürt werden sollen, ist es besonders wichtig, in diesem Bereich ein sogenanntes Exception-Reporting aufzubauen. Dies bedeutet, dass zu allen Kennzahlen Toleranzbereiche für das Auftreten von Fehlern angegeben werden. Wird ein solcher Bereich in dem Sinn verlassen, dass mehr Probleme auftreten, als tolerierbar sind, so wird eine Kennzahl unmittelbar und deutlich für die verantwortlichen Manager sichtbar gemacht, d. h. in der Regel nicht bis zum monatlichen oder vierteljährlichen Kennzahlenreporting gewartet. Wichtige Messgrößen in dieser Hinsicht sind:

- *Reklamationen*: Reklamationen oder allgemein Beschwerden sind grundsätzlich ein positives Zeichen dafür, dass ein Programm von Kunden ernst genommen wird. Wichtig ist es aber, auch diese Beschwerden ernst zu nehmen. Dazu gehört im Bereich der Kennzahlen die absolute und relative Häufigkeit nach Inhaltskategorien auszuwerten, um gezielt Probleme zu erkennen und Verbesserungsmaßnahmen einzuleiten. Die wichtigsten Inhalte im Beschwerdebereich eines Bonusprogramms sind Probleme der Incentivierung, etwa die Gutschrift von zu wenig Bonuspunkten, und an zweiter Stelle Beschwerden zum Thema Prämien, seien dies zu lange Lieferzeiten, durch den Transport beschädigte Prämien oder Prämien mit Funktionsmängeln. Kennzahlen hierzu sind unbedingt zu erheben.
- *Systemausfallzeiten*: Reklamationen können darauf beruhen, dass wichtige Systeme für den Betrieb des Bonusprogramms ausfallen, etwa das Punkteverwaltungssystem. Auch hier ist ein mit Toleranzbereichen versehenes Reporting durchzuführen, bei dem Obergrenzen für Ausfallzeiten definiert werden, die auch mit eventuell für den Betrieb der Systeme betrauten externen Dienstleistern vertraglich zu vereinbaren sind.

Bereits von Beginn an sollten die Kosten eines Programms im Auge behalten werden, um die Übereinstimmung von Ist und Plan zu kontrollieren und Budgetüberschreitungen wirksam zu bekämpfen. Zur Ermittlung der Effizienz des Programmbetriebs dienen vor allem folgende Größen:

- *Programmkosten*: Diese Kosten werden als Ausgaben in der Regel über den Business-Case (s. Kap. 11) prognostiziert, so dass nach den einzelnen Kostenkategorien ermittelt werden kann, ob die geplanten Budgets vermutlich eingehalten werden oder nicht. Da ein guter Teil der Kosten von der Anzahl der Programmteilnehmer abhängt, sollte nicht nur die absolute, sondern auch die relative Größe der Kosten im Auge behalten werden. So sind die variablen Kosten je Kunde gesondert auszuweisen, um drohende Kostenüberschreitungen, die wegen zu geringer Teilnehmerzahlen womöglich verborgen bleiben, sichtbar werden zu lassen.
- *Sekundäre Programmeinnahmen*: Mit Hilfe eines Bonusprogramms werden aber jenseits der Nutzen für die Betreiberfirmen aus Kundenbindung oder Umsatzsteigerung unter Umständen auch direkte Einnahmen erzielt, so z. B. über Teilnahmegebühren von Partnern. Diese Einnahmen werden in der Regel eingeplant, so dass ihr Ausfall zu Überschreitungen des notwendigen Kostenrahmens führen würde. Aus diesem Grund sind auch sie regelmäßig an den geplanten Zahlen zu messen.

13.2 Ansätze zur Effizienzsteigerung

Zum Abschluss sollen hier noch einige praktische Vorschläge erfolgen, wie man auf Verletzungen der im Rahmen des Business-Cases geplanten Budgets mit Gegenmaßnahmen reagieren kann. Die Aufzählung erhebt dabei keinerlei Ansprüche auf Vollständigkeit, sicherlich werden sich in der Praxis je nach Gestalt des Programms auch noch andere Möglichkeiten finden lassen.

- *Kunden zur Online-Kommunikation bewegen*: Was im Bereich „Senkung von Kundenbetreuungskosten" als Nutzen eines Bonusprogramms für ein gesamtes Unternehmen funktioniert, kann auch für den Betrieb des Programms selbst genutzt werden. Dazu sollte Kunden gegen einmalige Incentivierung, also der Gutschrift von Bonuspunkten, angeboten werden, sich Kontoauszüge, Kundenmagazine oder Prämienkataloge künftig nur noch online zustellen zu lassen. Die Einsparpotenziale durch eine solche Maßnahme sind nicht zu unterschätzen. Ploss geht etwa davon aus, dass ein 24-seitiges Kundenmagazin, mit einer Auflage von 100.000 Stück, Kosten von mehr als 4 € pro Kunde erzeugt.[12] Für eine schnelle Amortisation einer selbst erheblichen Bonuspunktegutschrift ist also gesorgt.

[12] Vgl. Ploss (2001, S. 30).

- *Verfallsquote steigern*: Steigt die Verfallsquote im Rahmen eines Bonusprogramms, so ist das effektiv geleistete Incentivierungsvolumen geringer und damit auch die Gesamtkosten. Eine Steigerung der Verfallsquote lässt sich durch eine Verkürzung der Gültigkeitsdauer von Punkten oder die Erhöhung von Einlöseschwellen erreichen. In beiden Fällen sei jedoch dazu ermahnt, mit diesem Mittel dosiert umzugehen, um nicht die Attraktivität des Programms im Auge des Teilnehmers zu gefährden oder rechtliche Bedenken heraufzubeschwören (s. Kap. 4.1). Existieren so z. B. ausschließlich Prämien, deren Erreichen unrealistisch erscheint, wird das Interesse der Kunden an einem Programm auf Dauer bis zur Bedeutungslosigkeit herabsinken.
- *Kundenwertorientierte Kommunikation*: Dass die Kundenkommunikation der variable Kostenträger Nr. 1 ist, wurde bereits oben angesprochen. Neben einer Verlegung der Kommunikation auf den Online-Kanal kann auch eine kundenwertorientierte Staffelung erfolgen (s. a. Kap. 10.1.2). Dabei macht man sich Modelle zunutze, wie sie aus dem Versandhandel bekannt sind.[13] Das bedeutet, dass sich Wertigkeit und Frequenz der an die Kunden versendeten Kommunikation nach deren Wert für das Unternehmen richten. Der Wert für das Unternehmen kann z. B. leicht über das Incentivierungsvolumen des Kunden und die Entwicklung dieses Volumens, also beispielsweise seine Wachstums- oder Degenerationsrate, gemessen werden. Wertvolle Kunden bekommen so evtl. viermal pro Jahr einen Kontoauszug zugesendet, Kunden mit wenig Bedeutung müssen sich mit einer jährlichen Zustellung begnügen. Auch die Frequenz der Zusendung eines Prämienkatalogs oder Kundenmagazins kann nach diesen Kriterien ausgerichtet werden.
- *Übertragung der Prämienlogistikkosten auf Kunden*: Die Kosten zum Versand einer Sachprämie können leicht ihren eigentlichen Wert erreichen oder gar übersteigen. Deshalb kann bei einer Übertragung dieser Kosten auf den Kunden ein erheblicher Einsparungseffekt erzielt werden. Natürlich wäre der Imageverlust für ein Bonusprogramm zu hoch, müsste der Kunde diese Kosten mit Bargeld begleichen. Vielmehr bietet sich auch dafür eine Verrechnung mit Bonuspunkten an. Dennoch ist mit diesem Instrument eher vorsichtig umzugehen, da die Zahlung dieser Kosten für den Kunden eine unliebsame Überraschung sein kann, die sein Verhältnis zum Programm negativ zu belasten vermag. Kunden sind die Zahlung der Versandkosten in der Regel zwar vom Versandhandel her gewöhnt, jedoch wird auch ihnen die möglicherweise überraschend unausgewogene Relation von Bonuspunkten für die Prämie und solchen für

[13] Vgl. Link und Hildebrand (1993, S. 48 ff.).

den Versand ins Auge springen und den Wert der Prämie und somit des gesamten Programms psychologisch mindern.

- *Outsourcing zentraler Infrastrukturen wie Call Center oder Prämien-Logistik*: Hat die interne Erbringung solcher Leistungen zumeist den Vorteil, dass die ausführenden Personen wegen eines höheren emotionalen Involvements oftmals motivierter sind und Leistungen besser kontrolliert werden können, so spricht die häufig kostengünstigere Abwicklung für den Einsatz externer Dienstleister.[14] Zudem ist die Realisierung mit Hilfe Externer in aller Regel schneller zu bewerkstelligen, da hier nur auf bestehende Infrastrukturen zurückgegriffen werden braucht, diese aber nicht neu zu erstellen sind. Wer ein Programm aufbaut, sollte deshalb die externe Option in den Infrastrukturbereichen auf alle Fälle prüfen. Da empirisch nur ca. die Hälfte der Unternehmen mit ihren Outsourcing-Dienstleistern zufrieden sind,[15] bietet es sich an, Verträge so zu gestalten, dass keine allzu großen Abhängigkeiten von einem einzigen Dienstleister entstehen. So sollten Kündigungen durch den Auftraggeber leichter möglich sein als umgekehrt und auf jeden Fall immer eine ausreichend lange Übergangsfrist definiert werden, die den Aufbau eigener Strukturen oder die Gewinnung anderer Dienstleister ermöglicht.
- *Erschließung von spezifischen Einnahmequellen*: Nicht nur die Kostenseite kann die Wirtschaftlichkeit eines Programms positiv beeinflussen, auch mit zusätzlichen Einnahmen kann die Effizienz gesteigert werden. Hierbei gibt es typischerweise folgende Optionen:
  - *Der Verkauf von Werbeflächen im Rahmen der Programmkommunikation*: Kontoauszüge, Kundenmagazine oder Prämienkataloge sind Kommunikationsmedien, die beim Kunden eine höhere Aufmerksamkeit genießen als Werbemailings. Von daher sind Werbeflächen hier genauso wertvoll wie in Publikumszeitschriften und sollten mit entsprechenden Preisen absetzbar sein. Interessierten Werbetreibenden kann zudem offeriert werden, Werbung nach bestimmten Mikrosegmentierungen, die aus den gesammelten Kundendaten mittels Data-Mining-Techniken abgeleitet werden, zu versenden. So kann ein Werbetreibender z. B. nur Personen unter 35 Jahren ansprechen wollen oder nur weibliche Teilnehmer. Diese Möglichkeit wertet das Potenzial der Werbeflächen nochmals auf.
  - *Realisierung von Handelsspannen bei Prämien*: Werden die angebotenen Prämien zu einem Preis eingekauft, der unterhalb des Wertes der dafür eingesetzten Bonuspunkte liegt, so kann der Betreiber

[14] Vgl. hierzu auch Wiencke und Koke (1994, S. 91) sowie Butscher (1998, S. 309 f.).

[15] Vgl. Schlosser und Schott (2009).

eines Bonusprogramms auch daraus Gewinne erzielen. Dafür gibt es praktisch verschiedene Möglichkeiten. Ist der Betrieb des Programms in ein Profit-Center oder ein eigenständiges Unternehmen verlegt, so kann dieser Geschäftsbereich unmittelbar Gewinne verbuchen, indem er den Partnerunternehmen des Programms die kompletten Gegenwerte der Bonuspunkte in Rechnung stellt, selbst aber billigere Prämien einkauft. Unternehmen, die an den Betriebsgesellschaften beteiligt sind, profitieren durch erzielte Gewinne der Gesellschaften. Wird das gesamte Prämiengeschäft outgesourced, so kann mit dem Prämien bereitstellenden Dienstleister eine Art Vertriebsprovision vereinbart werden. Für jede Prämie, die durch Einlösung von Bonuspunkten durch einen Dienstleister verkauft wird, erhält der Betreiber des Programms dann einen Geldbetrag als Vergütung für die Vermittlung dieses Geschäfts zwischen Kunde und Prämien-Dienstleister.
- *Verkauf von Fanartikeln*: Diese Option besteht vor allem dann, wenn Programme einen Club- oder Exklusivitätscharakter aufweisen. Hierunter fallen der Verkauf von Clubwaren und von speziell für Clubs erstellten Produkten, wie z. B. Sondereditionen.[16] Für die meisten Bonusprogramme sind Gewinnpotenziale aus dieser Geschäftsart eher als gering einzustufen.

• *Eingrenzung der Zielgruppe*: Ein Programm kann auch deshalb teuer sein, weil zu viele Kunden geworben wurden, vor allem solche, bei denen man sich keine oder nur geringe Nutzeneffekte verspricht. Es sind etwa Kunden, die gewährte Prämien einfach „mitnehmen", ohne ihr Verhalten zu ändern oder die keine Potenziale für Cross- und Up-Selling besitzen. Zur Eingrenzung gibt es zwei wirksame Instrumente:
  - *Die Erhebung von Teilnahmegebühren*: Werden diese verlangt, so spricht man von „geschlossenen Clubs". Ziel der geschlossenen Clubs ist es vor allem, reine „Rabattjäger" fernzuhalten.[17] Rechtlich ist bei der Erhebung von Teilnahmegebühren zu beachten, dass diese nicht als „Eintrittsgeld" für die Gewährung von Bonuspunkten herhalten dürfen, vielmehr sind weitere unentgeltliche Clubleistungen durch den Programmbetreiber zu erbringen, die mindestens die erhobene Teilnahmegebühr kompensieren. Im Rahmen groß angelegter Bonusprogramme sind sie deshalb eher unüblich. Dass sie aber unter bestimmten Konstellationen die Attraktivität und Wirkung eines Programms steigern können, zeigt das Fallbeispiel ***S-Etukortti*** in Kap. 14.

[16] Vgl. Butscher (1998, S. 32).

[17] Vgl. Butscher (1998, S. 26).

– *Direktwerbung bei guten Kunden*: Sind Kunden in irgendeiner Form namentlich bekannt, zum Beispiel bei vertraglich bedingten Produkten wie Versicherungsleistungen, so kann eine Selektion dadurch realisiert werden, dass nur Kunden direkt, z. B. per Mailing, geworben werden, die aus Sicht des Unternehmens genügend hohes Nutzenpotenzial besitzen. Anderen Kunden muss die Teilnahme am Programm auf Nachfrage hin auch gestattet werden, jedoch werden viele von ihnen über dessen Existenz nichts erfahren. Sind Kunden nicht per se namentlich bekannt, kann eine Selektion auch direkt am PoS erfolgen, etwa indem Kunden, die wiederholt kommen oder besonders große Einkäufe tätigen, eine Mitgliedschaft durch Aushändigung der Anmeldeformulare angeboten wird.

13.3 Checkliste: Erfolgsmessung und -steigerung

Zum Aufbau einer effizienten Erfolgsmessung sind vor allem folgende Fragen zu beantworten:

- ☐ Ist während der Konzeption des Programms ausreichend über den Aufbau einer Erfolgsmessung nachgedacht worden?
- ☐ Wurde eine Liste mit Kennzahlen entwickelt, die wichtige Aspekte der Zielerreichung berücksichtigt?
- ☐ Wurden die Systeme und Prozesse so konzipiert, dass die für eine Erfolgsmessung notwendigen Daten bequem und strukturiert gewonnen werden können?
- ☐ Sind die Programmaktionen, z. B. die Teilnehmerwerbung, so ausgestaltet, dass notwendige Informationen, z. B. über den Kanal der Anmeldung, erhoben werden?

Zur Senkung der Kosten kann folgender Fragenkatalog abgearbeitet werden:

- ☐ Wurden nach erstmaliger Konzeption bzw. ein weiteres Mal nach erfolgtem Programmstart Möglichkeiten zur Kostensenkung diskutiert?
- ☐ Wurde geprüft, zentrale Infrastrukturaufgaben wie Call-Center oder Prämienlogistik an externe Dienstleister zu vergeben?
- ☐ Wurde die Möglichkeit einbezogen, durch das Programm selbst Einnahmen zu generieren, etwa durch Verkauf von Werbeflächen oder über Handelsspannen beim „Vertrieb“ der Prämien?

Kapitel 14
Fallstudien

Die im Folgenden vorgestellten Fallstudien erheben nicht den Anspruch der Repräsentativität, sollen aber einen Querschnitt bilden, der unterschiedlichste Facetten widerspiegelt und Anregungen zur Ausgestaltung gibt. So finden sich unter den dargestellten Beispielen sowohl Multipartnerprogramme wie **PAYBACK** oder die **DeutschlandCard** als auch eine Reihe an Stand-Alone-Programmen, genannt seien hier die **OTTOcard** oder der **Shell CLUBSMART**. Als Benchmarks aus dem internationalen Bereich wurden der **UBS Key Club** aus der Schweiz, die **S-Etukortti** aus Finnland sowie der **Dunas Club** aus Spanien hinzugezogen.

Mit dieser Auswahl finden sich nicht nur Beispiele aus den wichtigsten Branchen wieder, in denen Bonusprogramme heute weite Verbreitung finden, sondern es sind zugleich auch Programme großer Konzerne (Shell, Otto) als auch eher noch mittelständisch geprägter Unternehmen (Dunas Club) vertreten und brandneue Karten (OTTOcard) genauso wie solche der ersten Stunde seit Fall des Rabattgesetzes (PAYBACK).

Im Set bewusst ausgespart wurden Vielflieger-Programme und Programme der Krankenversicherungen. Zwar sind die meisten in diesem Buch dargestellten Sachverhalte auch auf diese Branchen übertragbar, jedoch gibt es hier gewichtige Besonderheiten rechtlicher Natur als auch in Bezug auf die Kundenbeziehung. So werden bei Vielflieger-Programmen die Kosten für Flugtickets in der Regel durch den Arbeitgeber getragen, Nutznießer der gesammelten Flugmeilen ist aber zumeist der Fluggast. Dies verändert die Anreizsituation, da der Fluggast weniger eine persönliche Kosten-Nutzen-Relation dergestalt erstellt, ob sich Loyalität angesichts der Ticketpreise lohnt oder nicht. Die Programme der Krankenkassen wiederum sind an sich ein gutes Beispiel dafür, dass es nicht ausschließlich um Umsatzsteigerung oder Kundenbindung geht, sondern um Verhaltenssteuerung im Allgemeinen. Die rechtlichen Regelungen in diesem Sektor und der spezielle Gegenstand würden aber eine spezifischere Analyse erfordern.

T. Lauer, *Bonusprogramme,*
DOI 10.1007/978-3-642-19118-3_14, © Springer-Verlag Berlin Heidelberg 2011

Ebenfalls nicht mehr aufgeführt sind Programme, die auf papiergestützte Sammelmedien zurückgreifen. Für lokale Einzelhandelsgeschäfte spielen diese nach wie vor eine wichtige Rolle, bei größeren Programmen, wie sie hier vorgestellt werden, erfolgt aber mittlerweile fast ausschließlich der Einsatz von Kundenkarten.

14.1 PAYBACK

Mit über 83 % gestützter Markenbekanntheit ist PAYBACK nicht nur das führende Multipartner-Bonusprogramm in Deutschland, sondern auch in Europa. Der incentivierte Jahresumsatz bei den angeschlossenen Partnern beträgt 14,6 Mrd. €, im Geschäftsjahr 2009 wurden dabei Punkte im Wert von 164 Mio. € gesammelt. Die mittlerweile 20 Mio. aktiven Mitglieder in Deutschland nutzen ihre Karte im Durchschnitt 4 Mal pro Monat, was einem täglichen Einsatz in Höhe von ca. 1,5 Mio. an den Kassen der Partner entspricht. PAYBACK ist mit rund 1 Mrd. ausgegebener Coupons für die Kunden (Stand 2011) inzwischen auch die größte Couponingplattform in Deutschland und Europas größter Couponing Anbieter.

Gegründet wurde PAYBACK im Jahr 2000, also noch vor Fall des Rabattgesetzes in Deutschland (2001). Durch ein großes Spektrum an bekannten Offline-Partnern konnte bereits 2002 die Marke von 16 Mio. Mitgliedern erreicht werden. Bekannte Gründungspartner waren u. a. *real*, *dm-drogeriemarkt*, *Galeria Kaufhof*, *Europcar* und *Apollo*. Von den vielen seitdem als Partner hinzugekommenen Unternehmen besitzt die Tankstellenkette *Aral* (seit 2006) sicherlich die größte Bedeutung. Mit *Obi* musste PAYBACK aber auch einen schmerzlichen Verlust unter den Partnerunternehmen hinnehmen. Zunehmend von strategischer Bedeutung sind neben den stationären auch die Online-Partner, von denen *amazon.de*, *apple.de* und *ebay.de* als prominente Beispiele stellvertretend genannt seien.

PAYBACK offeriert den Partnerunternehmen nicht nur Möglichkeiten zur Kundenbindung, sondern vor allem auch Unterstützung bei der Neukundengewinnung, da sich durch die hohe Teilnehmer- und Partnerzahl mannigfache Cross-Buying-Chancen ergeben. Die gute Verankerung von PAYBACK im Relevant Set der Mitglieder, die sich aus dem First-Mover-Advantage ergibt, erhöht die Aufmerksamkeit für kommunikative Botschaften durch das Programm. Durch Nutzung des breiten Kundenwissens kann somit zielgerichtet und mit verringerten Streuverlusten für Angebote der Programmpartner geworben werden können. Das Kundenwissen wird aber nicht nur für Zwecke des Direktmarketings genutzt. Durch hohe Teilnahmequoten erhalten einige Partner auch ein repräsentatives Bild des Einkaufsverhaltens ihrer Kunden, welches für das Category Management genutzt wird, so etwa bei real oder dm.

Die Höhe und Art der **Incentivierung** bleibt den Partnerunternehmen überlassen. Bei den Offline-Partnern im Handel erhält der Kunde in der Regel als Basisincentivierung einen bestimmten Prozentsatz auf die getätigten Umsätze, der zwischen 0,5 % und 5 % liegt. Durch Zahlung mit der PABACK-Visa oder PAYBACK–Maestro Karte, Einsatz von Coupons und Nutzung unterschiedlicher Punktepromotions kann sich dieser Prozentsatz um ein Vielfaches erhöhen. Bei Unternehmen, die vor allem an der Vertragsbeziehung interessiert sind, etwa der Energieversorger Vattenfall, gibt es Punkte für den Vertragsabschluss.

Als innovativ müssen die Punktevervielfachungs-Aktionen von PAYBACK bezeichnet werden. So wurden während der Olympischen Spiele 2008 in Peking und 2010 in Vancouver alle in diesem Zeitraum erhaltenen Punkte mit der erreichten Zahl an Goldmedaillen für das deutsche Team multipliziert. Dies ist ein gutes Beispiel dafür, wie das Punktesammeln selbst zum emotionalen Erlebnis ausgebaut werden kann. Vergleichbare Aktionen der Punktevervielfachung gibt es auch bei Partnerunternehmen, nicht selten in Verbindung mit Coupons oder als 5- oder 10fach-Punktewochen. Die Punkte besitzen eine begrenzte Gültigkeit von drei Jahren ab Erwerb, die Mitglieder werden über einen bevorstehenden Verfall informiert. Bei den Zahlkarten fällt der Punkteverfall jedoch weg. Coupons können mittlerweile auch über Mobile-Services (iPhone, Android) genutzt werden. Die PAYBACK App ist zugleich als Filialfinder oder Medium zum Abruf des Punktestands verwendbar, auch regionales Punktesammeln (etwa für Reservierungen in Restaurants) ist mit ihr möglich.

Als Programm für die breite Masse muss PAYBACK ein breites Spektrum an **Prämien** bieten, die bei 200 Punkten (entspricht 2 €) beginnen. Sachprämien unterschiedlichster Kategorien stehen hier an vorderster Stelle, aber auch die Erstattung als Bargeld oder Punktespenden sind möglich. Eine Besonderheit stellen Einkaufsgutscheine dar, die an PAYBACK-Terminals bei wichtigen Partnerunternehmen, etwa *Galeria Kaufhof*, *real* oder *dm*, gezogen und beim Kauf direkt eingelöst werden können. Laut *dm* erhöht sich der durchschnittliche Kassenbon um das Dreifache, wenn Kunden von dieser Möglichkeit Gebrauch machen, auch bei *real* hat man Ähnliches beobachtet. Vielfalt und vor allem Aufmerksamkeit beim PAYBACK Mitglied erzeugen auch die sogenannten Mitnahmeprämien beim PoS-starken Partner Aral. Diese rekrutieren sich aus speziell promoteten Sachprämien, aber auch gängige Tankstellenprodukte wie ein Snack (Kaffee und belegtes Brötchen) oder die Autowäsche sind darunter zu finden.

Das immer aktuellere Thema der Währungskonvertibilität bei Bonuspunkten ist auch bei PAYBACK in Form einer Kooperation mit dem Lufthansa-Vielfliegerprogramm *Miles & More* gegeben. PAYBACK Punkte können in Flugmeilen umgetauscht werden. Für diese Transaktion gilt eine Untergrenze von 1.000 Punkten. Ab diesem Betrag lassen sich PAYBACK Punkte 1:1 in Meilen der Deutschen Lufthansa umwandeln, auf Wunsch auch automatisch im Abonnement.

Der **Erfolg** von PAYBACK zeigt sich nicht nur durch die hohe Zahl aktiver Mitglieder, auch die angeschlossenen Unternehmen profitieren. Bei *dm* liegt der Durchschittsbon von PAYBACK Mitgliedern 45 % über dem der Nicht-Mitglieder, *real* gibt hier einen Wert von 30 % an. Freilich spielt hierbei auch der Selektionseffekt eine Rolle, dies zeigt auch die Tatsache, dass die PAYBACK Mitgliederquote dort besonders hoch ist, wo eine Ballung an Filialen der unterschiedlichen Partnerunternehmen vorliegt. Auf der anderen Seite unterstreicht dies den Vorteil von PAYBACK für Kunden, einen Großteil des Share of Wallet abzudecken und so die Anzahl der eingesetzten Kundenkarten im Portemonnaie zu verringern. Auch die angestrebte Position im Relevant Set der Kunden konnte erreicht werden. Laut einer Umfrage des Marktforschungsinstituts emnid vom Mai 2010 nehmen 75 % der PAYBACK Mitglieder Mailings des Unternehmens interessiert wahr und nur 24 % halten diese für nutzlose Werbung. Wegen des Erfolgs des Programms in Deutschland wurde PAYBACK 2009 auch auf Polen ausgedehnt. Im Wachstumsmarkt Indien ist das Unternehmen mittlerweile über eine Mehrheit am marktführenden Multipartner-Programm „i-mint" vertreten.

Besonderheiten

- Eine hohe Anzahl an Sammelpartnern und ein großes Prämienspektrum, um für die breite Masse relevant zu sein.
- Hohe Investitionen in die Bekanntheit der Programmmarke, um diese als Basis für Informationshoheit beim Kunden zu nutzen und somit Cross-Buying zwischen Partnern gezielt zu fördern.
- Innovative Incentivierungsaktionen, etwa die Punktevervielfachung während der Olympischen Spiele.
- Währungskonvertibilität mit *Miles & More* als Mittel zur Attraktivitätssteigerung des Programms bei Segmenten mit hohem Kundenwert.
- Die Nutzung von Mobile-Services, vor allem auch zur Zustellung von Vorteilscoupons.

Quellen: Unternehmensangaben; Lebensmittelzeitung vom 19.02.2010, S. 40 und vom 23.07.2010, S. 24.

14.2 DeutschlandCard

Am 3. März 2008 startete mit der DeutschlandCard das bundesweit dritte große Multipartner-Programm, welches spätestens seit dem Rückzug von *Happy Digits* Nummer zwei auf dem deutschen Markt ist. Die das Programm betreibende DeutschlandCard GmbH ist ein Tochterunternehmen des internationalen Medien- und Kommunikationsdienstleisters arvato-Bertelsmann.

Die DeutschlandCard konnte sich nicht zuletzt dank ihrer prominenten Partnerunternehmen schnell am Markt etablieren. Laut Marktforschungsinstitut TNS emnid kennt mittlerweile jeder zweite Deutsche das Programm. Nachdem bereits Ende 2008 4,3 Mio. Mitglieder registriert wurden, ist deren Zahl mittlerweile auf mehr als 7,5 Mio. angewachsen (Stand Nov. 2010). Zu den Gründungspartnern, die für das schnelle Wachstum verantwortlich zeichnen, gehören unter anderem EDEKA, Marktkauf, die Deutsche Bank, die gesund leben-Apotheken, der Last-Minute-Spezialist L'TUR sowie einige Online-Partner. Zu diesem breiten Spektrum an teilnehmenden Unternehmen haben sich im Zeitverlauf weitere wie Abele Optik, die Hertz Autovermietung, porta-Einrichtungshäuser oder aber auch das Bauunternehmen Bauunion 1905 gesellt. Außerdem gibt es zahlreiche Regionalpartner im Mittelstand. Seit November 2010 ist zudem der Energieversorger RWE der DeutschlandCard angeschlossen. Damit wird ein großer Teil des Share of Wallet bei Kunden abgedeckt, der nicht nur das klassische Alltagsgeschäft umfasst, sondern auch Banking oder sogar Haus- und Wohnungsbau.

Den Partnern möchte die DeutschlandCard eine Plattform zum effektiven und effizienten Kundenbeziehungsmanagement bieten, um die Kundenbindung auszubauen und durch Einsatz von Kundenwissen den Kundendialog erfolgreich zu gestalten. Als Multipartner-Programm steht zudem ein Reservoir für Neukundengewinnung aus der Klientel der jeweils anderen Partner bereit.

Die DeutschlandCard lässt ihren angeschlossenen Partnerunternehmen eine große Freiheit bezüglich der **Incentivierung**. Je nach Geschäftsmodell der Partner werden somit sowohl konstant als auch aktionistisch Punkte verteilt. Bei der konstanten Incentivierung erhalten Kunden bei den meisten Partnern entweder 1 Punkt pro 1 oder 2 € Umsatz. Diese Abstufung geschieht größtenteils deckungsbeitragsbezogen. So findet sich im traditionell margenschwachen deutschen Lebensmitteleinzelhandel der Quotient 1 Punkt für 2 € (hier z. B. EDEKA), während die Optiker-Kette Abele oder die gesund-leben-Apotheken die Relation 1:1 offerieren. Der Autovermieter Hertz incentiviert hingegen kaufaktbezogen, so gibt es pro Anmietung unabhängig von der Fahrzeugklasse 500 Punkte. Kundengewinnung steht wiederum bei den teilnehmenden Banken im Vordergrund. So vergeben Deutsche Bank und Berliner Bank unisono 3.000 Punkte an Neukunden und das gleiche Bonusvolumen für eine Kundengewinnung durch persönliche Weiterempfehlung. Daneben werden von den Instituten auch Investmentgeschäfte honoriert, hier können Kunden bis zu 30.000 Punkte für Geldanlagen erhalten.

Neu in der Bonusprogrammwelt ist die Mitgliedschaft eines Bauunternehmens. Bauunion 1905 vergibt als Programmpartner 100.000 Punkte für den Bau eines Hauses und immerhin noch stattliche 50.000 Punkte für erfolgreiche Kundenweiterempfehlung.

Ein beschleunigtes Ansparen von Punkten ermöglichen Partnerkarten und die DeutschlandCard-Kreditkarte. Mit Zusendung der Teilnehmerunterlagen erhält jedes Programmmitglied zugleich eine Zweitkarte, die beliebig im Verwandten- und Bekanntenkreis weitergegeben werden kann. Erst- und Zweitkarte sammeln dabei Punkte auf einem gemeinsamen Konto und können so schneller Prämienschwellen erreichen. Eine Beschleunigung dieses Vorgangs erreicht auch, wer die DeutschlandCard mit Kreditkartenfunktion nutzt. Hier werden bei jedem Einsatz der Kreditkarte an MasterCard-Akzeptanzstellen Punkte gutgeschrieben, erfolgt der Einsatz bei DeutschlandCard-Partnern, kommen die regulären Punkte kumulativ dazu.

Mit dem DeutschlandCard Reiseshop bietet das Programm seit Herbst 2010 ein eigenes Internetbuchungsportal für Kurzreisen in Deutschland zu teilweise Vorzugspreisen an. Buchungen werden dabei nicht nur abgewickelt, sondern zugleich auch wiederum incentiviert. Damit baut das Multi-Partner-Programm ein eigenes, thematisch zur Corporate Identity passendes Produktangebot auf.

Ähnlich vielfältig wie die Incentivierung stellt sich das **Prämienspektrum** dar, müssen in einem bundesweiten Multipartnerprogramm doch Anreize für die unterschiedlichsten Kundensegmente geschaffen werden. So finden sich neben einem breiten Spektrum an Sachprämien auch Erlebnisprämien, die so am Markt nicht käuflich erworben werden können oder limitiert vorhanden sind, etwa VIP-Konzerttickets. Aber auch die Verrechnung der Punkteguthaben am Point of Sale ist möglich (etwa bei EDEKA oder porta-Einrichtungshäusern) als auch das Spenden an einige ausgewählte Hilfsorganisationen, wie etwa SOS Kinderdörfern oder der Deutschen Schlaganfallhilfe. Mit Gewinnspielen soll zudem der Einsatz der Karte forciert werden. So nahmen alle Karteninhaber, die vom 8.11.2010 bis zum 20.11.2010 ihre Karte bei einem Partnerunternehmen einsetzten, an der Verlosung mehrerer Audi A1 teil. Die Aktion wurde, um die gewünschte Sogwirkung zu erzeugen, medial breit beworben.

Währungskonvertibilität als neuer Trend im Bereich Bonusprogramme offeriert auch die DeutschlandCard, Punkte können hier in Prämienmeilen von Air Berlin umgewandelt werden, ein weiterer Fall der Austauschbarkeit von Bonuspunkten und Flugmeilen.

Die DeutschlandCard kennt bislang, wie bei Multipartner-Programmen eher üblich, keine Statusstufen, auch Art und Umfang der Kommunikation richtet sich nicht nach einer Kundenwertsegmentierung.

Die Einführung des Programms muss als **Erfolg** gewertet werden, dafür spricht nicht nur die schnell gewachsene Mitgliederzahl, sondern auch deren aktiver Karteneinsatz. Obwohl 2008 gestartet, wurden 2009 schon mehr als 50 % der angesparten Guthaben eingelöst, und das ohne Existenz einer Punkteverfallsregelung. Auf anderem Gebiet, dem Datenschutz, wurde der DeutschlandCard zudem von der Stiftung Warentest in der Zeitschrift „Finanztest“ ein vorbildliches Einhalten der Datenschutzgesetze bescheinigt.

Besonderheiten

- Sehr breites Spektrum an Programmpartnern, angereichert mit Regionalpartnern und einem Partner aus der Branche Haus- und Wohnungsbau.
- Unterschiedlichste Formen der Incentivierung durch die Programmpartner, wobei das aus den jeweiligen Geschäftsmodellen der Branchen resultierende Interesse mit gezielten Anreizen abgebildet wird.
- Aktive Arbeit am Thema Datenschutz.

Quelle: Unternehmensangaben

14.3 OTTOcard

Die OTTOcard ist ein seit dem 1. Januar 2010 existierendes Bonusprogramm von Europas führendem Versandhaus, der OTTO GmbH & Co KG, dessen größtes Standbein mittlerweile der Verkauf über das Internet ist. Die Ziele der OTTOcard liegen primär in der Kundenbindung und dem Ausbau bestehender Kundenbeziehungen. Dazu möchte man mit der Karte OTTO stärker im Relevant Set der Kunden verankern, indem alle Kommunikationsaktivitäten und Vorteilsangebote unter einem einheitlichen Dach gebündelt werden. Dies erleichtert die Kommunikation zum Kunden erheblich. Zum Start des Programms wurden 4 Mio. Kunden geworben, die Zahl ist in der Zwischenzeit auf 5 Mio. angewachsen.

Die **Incentivierung** des Programms weist einige Spezifika auf. So sammelt der OTTO-Kunde mit der Karte keine Punkte, sondern direkt Spar-Guthaben in Euro. Die Höhe der Spar-Guthaben hängt dabei nicht von der

Höhe des Umsatzes ab, sondern ist kaufakt- und zugleich verhaltensbezogen. So gibt es für jede Bestellung einen definierten Betrag in Euro, dessen Höhe von der Art des gewählten Bestellkanals abhängig ist. Die kostengünstige Bestellung über Internet wird dabei mit 3 € belohnt, die per Telefon mit 2 €. Weitere Möglichkeiten zum Ansparen von Guthaben bietet die Teilnahme an Online-Spielen oder Online-Befragungen sowie Promotionaktivitäten. Zu nennen sind hier etwa zusätzliche 5 € zum Saisonstart oder Sonderaktionen mit 5 % Extra-Rabatt für Karteninhaber oder Neukunden. Diese kartenbasierten Aktionen tragen dazu bei, OTTO immer wieder neu in das Bewusstsein der Kunden zu transportieren.

Neben dem Ansparen von finanziellen Vorteilen bietet die OTTOcard eine Reihe von Sofortrabatten bei Partnerunternehmen durch Gutscheine oder auch durch Vorzeigen der Karte. Bei einigen, vornehmlich Online-Programmpartnern kann man zudem auch durch Kauf das Guthaben auf der OTTOcard selbst aufladen (z. B. Brille24.de oder Beautynet.de).

Eine Statuskarte existiert insofern, als dass Kunden mit hohem Wert für OTTO eine Karte mit dauerhaftem Sparvorteil (z. B. 5 % Rabatt) erhalten, die sich durch Kenntlichmachung dieses Vorteils auch optisch von der normalen Karte unterscheidet. Der Kundenwert kann dabei auch deshalb hoch sein, wenn der Karteninhaber auch Bestellungen von Freunden und Bekannten entgegennimmt und abwickelt. Mit dieser Form der prämierten Freundschaftswerbung wird eine seit langem bestehende Tradition im Versandhandel nachhaltig gefördert.

Die **Einlösung der Guthaben** erfolgt ausschließlich als Verrechnung beim Kauf, andere Prämienformen sind nicht existent. Neben der Schaffung von neuen Kaufanreizen soll dies auch der Einfachheit des Programms aus Kundensicht dienen.

Trotz seines jungen Entstehungsdatums kann das Programm neben der beachtlichen Mitgliederentwicklung auch schon weitere **Erfolge** feiern. So kaufen ansonsten vergleichbare Kunden mit OTTOcard mehr als solche ohne und auch neue Kunden konnten durch die Karte für OTTO gewonnen werden. Dass die Karte tatsächlich im Bewusstsein der Kunden angekommen ist, zeigt sich unter anderem daran, dass trotz zunehmender Internetkäufe die meisten Kunden die haptische Karte behalten und die Karte auch reges Gesprächsthema in den von OTTO moderierten Internetforen auf Facebook oder Twitter sowie auf Gutscheinportalen ist.

Besonderheiten

- Umsatzunabhängige Incentivierung der Kaufakte in Abhängigkeit von der Art des Bestellkanals, dadurch Verhaltenslenkung zur Kostensenkung.
- Einlösung nur durch Verrechnung bei weiteren Käufen, dadurch Schaffung neuer Kaufanreize.

- Statuskarte in Form höherer Extra-Rabatte.
- Vorteile, z. B. Gutscheine, bei Partnerunternehmen.

Quelle: Unternehmensangaben

14.4 Shell CLUBSMART

Der Shell CLUBSMART ist mit 7,2 Mio. Mitgliedern das größte Stand-Alone-Programm im deutschsprachigen Raum. Seit 2003 bietet der Mineralölkonzern Shell seinen Kunden die Möglichkeit, beim Tanken Bonuspunkte zu sammeln und in Prämien umzutauschen und möchte so dazu motivieren, häufiger bei Shell zu tanken oder gar Neukunde zu werden.

Punkte sammeln die Kunden dabei in erster Linie für das Tanken von Kraftstoffen, zum Teil aber auch für ausgesuchte Artikel aus den Tankstellenshops. Bezüglich der Basisincentivierung bei Kraftstoffen gilt eine einfache Grundformel von einem Punkt pro Liter. Eine besondere Art der Sammelpartnerschaft besteht mit dem Automobilclub *ADAC*. Für dessen Mitglieder verdoppelt sich der Punktebetrag von 1 auf 2 Punkte, alternativ können sich diese, wenn sie nicht Mitglied im Shell CLUBSMART sind, die Rechnung um 1 Cent pro Liter kürzen lassen. Damit kann der *ADAC* seinen mehr als 17 Mio. Vereinsmitgliedern einen flächendeckenden Vorteil bieten und Shell gleichzeitig aus der großen Schar der *ADAC*-Mitglieder neue Kunden gewinnen bzw. diese stärker an die Marke binden. Neben dem Sammeln von Punkten bei Shell selbst kann durch Anmietung von Fahrzeugen beim Autovermieter *Sixt* das Punkteguthaben aufgebessert werden. Zum Anreiz des Cross-Buying werden hier für die erste Anmietung 1.000 Punkte, für jede weitere 500 gutgeschrieben. Beide Sammelpartner entstammen somit dem unmittelbaren Automobilumfeld.

Wer dauerhaft die höherwertigen Kraftstoffe des sogenannten Shell V-Power-Sortiments tankt, kann eine höhere Statusstufe erlangen und wird Shell V-Power-Club-Mitglied. Dafür müssen monatlich durchschnittlich mehr als 30 l. V-Power-Kraftstoffe nachgefragt werden. Als Shell V-Power-Club-Mitglied profitiert man von einer Reihe weiterer Vorteile, die aber, anders als bei Statusprogrammen in der Tourismusbranche, weniger auf Extra-Services als vielmehr Vorteilen beim Sammeln und bei Prämien ausgelegt sind. So erhält man als Willkommensgeschenk ein Jahresabonnement der Zeitschrift *Focus* im Wert von 150 €. Beim Tanken von Shell V-Power-Kraftstoffen werden zudem 5 statt nur 1 Punkt pro Liter gutgeschrieben. Für *ADAC*-Mitglieder gilt darüber hinaus auch hier wieder der Multiplikator 2, so dass diese gar 10 Punkte pro Liter erhalten. Somit wird es für Shell V-Power-Mitglieder deutlich einfacher, attraktive Prämien in einem überschaubaren Zeitraum zu erwerben. Durch den Wegfall der ansonsten bestehenden Punkteverfallsregelung von 36 Monaten, wird dieser Effekt nochmals unterstützt.

Für Shell V-Club-Mitglieder gibt es zudem exklusive **Prämien**, die das an sich schon sehr weit gefächerte Sortiment ergänzen. Hier finden sich die üblichen Arten an Sachprämien, aber auch Spendenmöglichkeiten sowie die Möglichkeit Shell CLUBSMART Punkte in Guthaben beim Programm *AClub* der Hotelkette *Accor* sowie dem Programm *topbonus* der *AirBerlin* einzulösen. Bemerkenswert ist, dass es schon für relativ wenige Punkte Prämien aus dem Sortiment der Tankstellenshops gibt. So kann bereits für 39 Punkte ein Kinderschokoriegel erworben werden, für 79 Punkte ein gewöhnlicher Schokoriegel. Hier genügt, vor allem im Falle von *ADAC*-Mitgliedern, also schon eine Tankfüllung, um eine Prämie zu erwerben. Dieser Umstand kann gerade für Neumitglieder attraktiv sein, um direkt die Vorteile des Programms zu spüren. Zudem wird die Einlösung von Punkten und damit die erlebte Belohnung als Vorbedingung gesteigerter Loyalität gefördert. Auf der anderen Seite gibt es auch ausgesprochen hochwertige Prämien, etwa ein MacBook, für welches 99.999 Punkte angespart werden müssen. Dies entspräche selbst für Shell V-Power-Club-Mitglieder ca. 200 Tankfüllungen je 50 l.

Eine ganz besondere Form der Prämienvergabe stellen die Auktionen dar, die temporär angeboten werden. Hier können die Punkte für ausgesuchte Leistungen oder Events geboten werden, der Höchstbietende bekommt, wie bei eBay, den Zuschlag nach Ablauf der Aktionszeit. Ein Beispiel aus der jüngsten Vergangenheit ist die Versteigerung von Ferrari VIP-Tickets für Formel 1-Rennen. Diese Tickets sind streng limitiert und auf dem freien Markt nicht käuflich zu erwerben. Auch unterschriebene Ferrari-T-Shirts der Formel 1 Ferrari-Fahrer wurden über eine Punkteauktion angeboten. Mit diesen Auktionen werden nicht nur begehrte Prämien angeboten, sondern auch der Erlebnischarakter des Programms unterstrichen.

Das Programm hat nach Auskunft des Unternehmens **Erfolg** und seine Ziele erfüllt. Kartennutzer sind loyaler und weisen ein höheres Tankvolumen auf. Zudem zeigen sie sich als Kunden mit höherer Zufriedenheit. Ein weiterer Ausbau des Programms mithilfe strategischer Partnerschaften und Kooperationen ist geplant.

Besonderheiten

- Großes Stand-Alone-Programm mit thematisch passenden Sammelpartnern (ADAC, Sixt).
- Besondere Form der Partnerschaft mit dem ADAC, bei dem die Mitgliedschaft zu einem generellen Punktemultiplikator bei Treibstoffen führt.

- Mitnahmeprämien aus dem Tankstellenshop mit geringer Einlöseschwelle.
- Auktionen unter Einsatz der Punkte als besondere Form der Erlebnisprämie.
- Statuskarte, bei der das Erreichen des Status vom Up-Selling-Verhalten des Kunden abhängt und als wesentlicher Statusvorteil mehr Punkte gesammelt werden.

Quelle: Unternehmensangaben

14.5 UBS KeyClub

Der KeyClub der schweizerischen Großbank UBS ist im europäischen Raum ein seit langen Jahren bestehender Benchmark für Bonusprogramme im Finanzsektor. Bereits 1994 gegründet, blickt er auf eine verhältnismäßig langjährige Geschichte zurück und konnte bis zum heutigen Tag die Zahl seiner Mitglieder auf 1,4 Mio. kontinuierlich ausbauen (das entspricht etwa jedem sechsten Schweizer). Der KeyClub wurde in den vergangenen Jahren modifiziert. Wesentliche Neuerungen waren dabei die Einführung des Young KeyClub für Schüler, Auszubildende und Studierende sowie eine Konzentration von rund 100 auf ca. 30 Programmpartner. Im Zentrum des Programms stehen die Belohnung der aktiven Nutzung der Basis-Bank-Dienstleistungen sowie die Bepunktung des Kreditkartenumsatzes. Gerade in diesem Bereich muss das Angebot eines Bonusprogramms als „Muss" bezeichnet werden, will man nicht Nachteile gegenüber der Konkurrenz in Kauf nehmen.

Die **Incentivierungsregeln** orientieren sich an den ausgegebenen Programmzielen. So wird der regelmäßige Habeneingang auf dem Privatkonto innerhalb des Basisangebots Zahlen und Sparen ab einem Betrag von 4.000 CHF monatlich (für den Young KeyClub gelten hier geringere Grenzen) ebenso belohnt wie die Einzahlung auf ein Vorsorgekonto und natürlich der Kreditkartenumsatz. Bei letzterem existiert eine Staffelung je nach Art der Karte, so erhalten Platinum-Karteninhaber 9 Punkte pro 1.000 CHF Umsatz, während für Goldkarten 6 bzw. 3 Punkte für die Standardkarte gewährt werden. Statusstufen im Programm selbst existieren ansonsten aber nicht. Die Mitglieder im Young KeyClub werden zudem auch für den Einsatz der normalen Maestro-Bankkarte als bargeldloses Zahlungsmittel belohnt. Hier gibt es 5 Punkte für einen mindestens dreimaligen Einsatz pro Quartal, ein gutes Beispiel von umsatzunabhängiger Verhaltensincentivierung. Neben den dauerhaften Möglichkeiten zum Sammeln von Punkten werden regelmäßig zeitlich begrenzte Aktionen im Rahmen der aktuellen Marktbearbeitungsmaßnahmen der UBS durchgeführt, so etwa die Belohnung von Freundschaftswerbung im Young KeyClub.

Da die Incentivierung ausnahmslos Leistungen der Bank einschließt und die Kunden ohnehin Bank- oder Kreditkarten besitzen, verzichtet das Programm auf die Ausgabe einer separaten Programmkarte und entlastet damit den begrenzten Platz im Geldbeutel der Teilnehmer.

Die **Einlösung** und der Wert der Prämien besitzt im KeyClub hohe Transparenz, denn es gilt die Regel 1 Punkt = 1 CHF. Punkteguthaben können wie Bargeld bei den Programmpartnern eingelöst werden, die wegen ihrer Fülle und Breite nach wie vor Aushängeschild des KeyClub sind. Zwar wurde die Partneranzahl gegenüber dem ursprünglichen Konzept gestrafft, u. a. fielen Regionalpartner weg, dafür bietet das jetzige Partnerset eine fokussierte Auswahl an Top-Unternehmen der jeweiligen Branchen. Im Sortiment finden sich bekannte Handelsketten wie H&M, Intersport, Thalia oder das weltweit renommierte Opernhaus Zürich, die Autovermietung Europcar, Kuoni Reisen oder das Freizeitbad Alpamare. Durch dieses große Spektrum wird einem breiten Fächer an Kundensegmenten ein attraktives Prämienangebot offeriert. Beliebt und gern genutzt wird auch der Zugang zu exklusiven und limitierten Events aus dem Sport- und Kulturbereich, die von der UBS gesponsert werden. Punkte können auch bei der UBS selbst eingelöst werden, so etwa als Gutschrift auf dem Konto oder zum Bezahlen der Kreditkartengebühren. Auch dieses Angebot an Eigenprämien wird von den Kunden gut angenommen.

Die Einlösung erfolgt prozesstechnisch über sogenannte „Punktechecks", die für Jugendliche oder Familien bereits ab 5 Punkten, für sonstige Mitglieder ab 25 Punkten zugeteilt werden und somit auch die Einlöseschwelle darstellen. Sobald ein Kunde genügend Punkte für eine Einlösung angespart hat, erhält er quartalweise per Printkommunikation zusammen mit dem Versand des Kundenmagazins die entsprechenden Punktechecks. Da das Programm keine separate Karte nutzt, besitzt dieses Verfahren sicherlich den Vorteil, regelmäßig im Bewusstsein der Kunden zu sein und die erzielten Sammelerfolge zu dokumentieren. Damit wird eine sichtbare Belohnung geschaffen, die zu weiterem Punktesammeln animiert.

Neben der Möglichkeit, die Punktechecks bei Partnern bargeldgleich einzusetzen, bieten die Programmpartner auch zum Teil spezielle Rabatte oder Services für Programmmitglieder. Für Kunden des Young KeyClub gibt es zudem eine Reihe spezieller zielgruppengerechter Angebote.

Der **Erfolg** des in der Schweiz ausgesprochen bekannten Programms zeigt sich vor allem in der Akzeptanz bei den Kunden, die über 75 % ihrer angesparten Guthaben einlösen. Die Bank profitiert langfristig durch eine signifikant höhere Produktdurchdringung bei den KeyClub-Teilnehmern sowie geringere Kündigungsquoten.

Besonderheiten

- Keine Sammelpartner, aber ein großes Spektrum namhafter Einlösepartner, um die Attraktivität des Programms für eine breite Masse zu gewährleisten.
- Einfache Regel der Punkteeinlösung: 1 Punkt = 1 CHF. Dies ist leicht zu lernen und verschafft Transparenz über den Wert der vergebenen Boni.
- Spezielles Programm für junge Leute, um diese an Unternehmen, Marke und Bankgeschäfte im Allgemeinen zu binden.
- Keine separate Karte notwendig.

Quelle: Unternehmensangaben

14.6 S-Etukortti

Das Bonussystem S-Etukortti der genossenschaftlich betriebenen S-Kette in Finnland ist im Verhältnis zu den Karten im deutschsprachigen Raum schon recht alt und kann auf eine über 20jährige Geschichte zurückblicken. Die *S-Kette* betreibt über 1600 Point of Sales in ganz Finnland, darunter Lebensmittelgeschäfte, Verbrauchermärkte, Tank- und Raststätten, Autohändler oder auch Hotels. Diese Filialen sind als Konsum-Genossenschaften in 22 regionalen Kooperativen organisiert. Ähnlich der deutschen Genossenschaftsbanken, wie etwa den Volks- und Raiffeisenbanken, sind die Kunden selbst Mitglieder und damit Anteilseigner der Geschäfte.

Als man 1988 mit dem Bonusprogramm startete, wollte man eine weitere Möglichkeit schaffen, diejenigen Kunden, welche Genossenschaftsmitglieder sind, stärker an den Gewinnen partizipieren zu lassen und zugleich aktiver in die Gestaltung der Angebote einzubinden. Entsprechend dieser Grundausrichtung müssen Karteninhaber zugleich Genossenschaftsmitglieder eine der Kooperativen werden. Dazu ist ein Genossenschaftsanteil im Wert von 100 € zu erwerben. Die Mitgliedschaft wird dabei ähnlich einfach wie in allen gängigen Bonusprogrammen durch Ausfüllen eines and den Point of Sales ausgelegten oder im Internet zugänglichen Formulars erworben. Mit ihr erhält man nicht nur eine Bonuskarte, sondern es wird zugleich auch ein Konto bei der Bank der *S-Kette* eröffnet, auf das die erworbenen Guthaben ausgezahlt werden.

Als Anteilseigner profitiert man nun zunächst von der jährlichen Verzinsung und Gewinnausschüttung des Anteils, der je nach Kooperative zwischen 20 und 100 € liegt. Die eigentliche **Incentivierung** erfolgt darüber hinaus und ist umsatzabhängig gestaffelt. Referenzgröße der Staffelung ist der monatliche Umsatz. Die Bonusvergabe beginnt mit 1 % ab 50 € Umsatz und gelangt über Stufen bis zu 5 %, die ab 900 € Umatz gewährt werden. Da mit Lebensmittelgeschäften, Verbrauchermärkten und Tankstellen ein hoher Share of Wallet abgedeckt wird, sind die definierten Umsatzgrenzen dabei durchaus erreichbar, vor allem eingedenk des Umstands, dass zu jeder Karte beliebig viele weitere kostenlose Karten an Mitglieder desselben Haushalts ausgegeben werden können, die alle auf einem gemeinsamen Guthabenkonto sammeln. Transparenz und zugleich zusätzliche Sammelanreize werden dadurch geschaffen, dass die Programmmitglieder den bisherigen Sammelstand jederzeit online oder an Terminals in den Partnerbetrieben einsehen können. Wer knapp unter Erreichen der nächsten Bonusprogressionsstufe steht, kann dies erkennen und durch Mehrkäufe entsprechend nutzen. Über die normale Incentivierung hinaus kann man durch Einsatz der Bonuskarte mit Kreditkartenfunktion profitieren. Hier gibt es zusätzlich 0,5 % Guthaben pro verausgabtem Euro, sofern der Einsatz in einem Geschäft erfolgt, welches der *S-Kette* angehört. Das Sammeln von Guthaben ist aber auch bei einigen Partnerunternehmen möglich, die nicht zum genossenschaftlichen Verbund gehören. Partner sind dabei sowohl landesweite Unternehmen im Mobilfunk oder der Versicherungsbranche als auch kleinere regionale Anbieter. Damit wird der Gesamtanteil der incentivierten Ausgaben am Haushaltsbudget gezielt aufgestockt und die Karte nochmals attraktiver.

Der **Einlösemechanismus** besteht beim Programm einheitlich in der Überweisung des monatlich erworbenen Guthabens auf das Konto bei der hauseigenen Bank. Für Neumitglieder besteht dabei die Möglichkeit, zunächst nur 20 € zum Erwerb des Genossenschaftsanteils bar zu zahlen und die fehlenden 80 € mithilfe der erworbenen Bonusguthaben zu begleichen.

Dass das Programm ein großer **Erfolg** ist, belegt bereits die Anzahl der Teilnehmer augenfällig. allein zwischen dem Jahr 2000 und 2010 wuchs diese von 837.000 auf 1.854.000 an. Dies entspricht heutigentags ca. 35 % der gesamten finnischen Staatsbürger und ist somit bezüglich der Durchdringung höher, als bei jedem anderen hier vorgestellten Programm. Das unabhängige finnische Verbraucherinstitut Suomen Rahatieto hat 2010 in einer Studie die Karte mit den beiden größten Konkurrenzprogrammen, Plussa-Kortti und Ykkösbonus, verglichen. Dabei ergab sich, dass selbst unter Einbeziehung der Teilnahmegebühr von 100 € und ohne Berücksichtigung der Anteilsverzinsung bzw. Gewinnanteile die S-Etukortti ab einem Betrag von 400 € monatlich überlegen ist. Tabelle 14.1 zeigt die jeweils netto, also unter Berücksichtigung der Teilnahmekosten, erworbenen Bonusguthaben auf jährlicher Basis.

Der Erfolg des Programms ist sicherlich nicht zuletzt auf die besondere Art der Einbindung der Teilnehmer als Genossenschaftsmitglieder zurückzuführen. Diese erwerben dadurch nicht nur einen verzinsten Geschäftsan-

Tab. 14.1 Vergleich der erzielbaren Boni als Teilnehmer der größten finnischen Bonusprogramme. (Quelle: Suomen Rahatieto, 2010)

Jährliche Bonusguthaben finnischer Bonuskarten im Vergleich					
Monatliche Ausgaben 400 €		Monatliche Ausgaben 600 €		Monatliche Ausgaben 1.000 €	
Karte	Guthaben	Karte	Guthaben	Karte	Guthaben
S-Etukortti	120 €	S-Etukortti	252 €	S-Etukortti	600 €
Plussakortti	84 €	Plussakortti	156 €	Plussakortti	330 €
Ykkösbonus	64 €	Ykkösbonus	213 €	Ykkösbonus	420 €

teil, sondern auch einen höheren Grad der Identifikation. Diese Identifikation wird dabei nicht nur durch die Ausübung des gesetzlich verankerten Wahlrechts bei der Bestimmung der Geschäftsführung gestärkt, sondern auch durch das regelmäßige und aktive Einholen von Feedbacks über Fragebögen. Die Ergebnisse daraus werden zur Verbesserung des Angebots der beteiligten Betriebe genutzt.

Besonderheiten

- Einbindung der Programmteilnehmer als Genossenschaftsmitglieder. Dadurch wird einerseits die recht hohe Eintrittsgebühr von 100 € akzeptabel und andererseits eine hohe Bindung durch Partizipation erreicht.
- Staffelung der Bonushöhe nach monatlichen Umsätzen.
- Auszahlung der Bonusguthaben ausschließlich als Geld auf ein Konto der hauseigenen Bank.

Quellen: Unternehmensangaben, www.rahatieto.fi

14.7 Dunas Club

Der im Jahr 2005 gegründete Dunas Club ist das Bonusprogramm einer auf die kanarischen Inseln beschränkten mittelständischen Hotelkette. Zu der betreibenden Dunas-Gruppe gehören je zwei Hotels und zwei Bungalowanlagen des 3- und 4-Sterne-Segments. Die architektonisch ansprechenden Häuser wollen vor allem Ruhe suchende Gäste ansprechen, Unterhaltungsprogramme für die ganze Familie werden aber auch geboten.

Primäres Ziel des Programms ist es, die Kundenbindung der Gäste zu erhöhen und somit Folgebuchungen aus der bestehenden Klientel zu rekrutieren. Dazu wurden zunächst sehr aktiv Karten ausgegeben, so dass die Mitgliederzahl bis Mitte des Jahres 2010 auf über 4.000 wuchs. Nachdem man in der zweiten Jahreshälfte eine Bereinigung um inaktive Karteninhaber, solche, die seit drei Jahren nicht mehr gebucht haben, vorgenommen hat, werden nun noch knapp 3.000 Mitglieder gezählt.

Im Gegensatz zu vielen anderen Bonusprogrammen ist die Anmeldung zum Dunas Club nicht kostenlos, sondern macht die Entrichtung einer einmaligen Aufnahmegebühr von 10 € erforderlich. Ab Erwerb der Mitgliedschaft beginnt der Kunde mit dem **Punktesammeln**. Dabei wird, wie aus den Vielfliegerprogrammen bekannt, in Bonus- und Statuspunkte unterschieden. Die Bonuspunkte dienen dem Eintausch in Prämien, die Statuspunkte ermöglichen es zwei höhere Statuslevels mit entsprechenden Vorteilen zu erlangen. Die Punkte besitzen dabei jeweils eine auf fünf Jahre beschränkte Gültigkeit ab Erwerb.

Die Incentivierung selbst ist umsatzbezogen. Pro 5 € Netto-Ausgaben, d. h. unter Abzug der örtlichen Steuern in Höhe von 5 %, werden sowohl ein Bonus- als auch ein Statuspunkt gutgeschrieben. Dabei ist es unerheblich, ob diese Ausgaben für Übernachtungsleistungen oder im Restaurant getätigt werden. Der Gegenwert des Punktes beträgt umgerechnet 5 Cent, womit ein Rabatt in Höhe von ca. 1 % gewährt wird.

Das **Prämienspektrum** setzt sich aus Fremd- und Eigenprämien zusammen und beginnt bei einer Punktzahl von 90, was Kundenausgaben in Höhe von etwa 450 € entspricht. Für diesen Betrag ist etwa eine Kamelsafari für Kinder als Form der Fremdprämie erhältlich. Auch die anderen Fremdprämien besitzen vornehmlich Event- und Dienstleistungscharakter, so dass sich neben verschiedenen Eintrittskarten auch Sport-, Wellness- und Beauty-Angebote finden lassen. Die Eigenprämien konzentrieren sich hingegen stärker auf Angebote mit direktem geldwerten Vorteil in Bezug auf die Übernachtung. Hier finden sich Preisermäßigungen genauso, etwa 10 € für 200 Punkte, wie komplette Übernachtungsangebote in den 3- oder 4-Sterne-Anlagen. Daneben werden auch Merchandising-Artikel der Hotelkette, wie T-Shirts, Kappen und Badetücher, als Eigenprämien angeboten.

Da Hotels ein auf persönlichem Service beruhendes Geschäft betreiben, bietet sich hier die Einrichtung eines Statusprogramms an. Der Dunas Club unterscheidet dabei drei Level, beginnend mit dem Normalkunden (türkise Karte), fortgeführt mit dem Silber-Status (Silber-Karte) und abgeschlossen durch den Gold-Status (Gold-Karte). Der Silber-Status setzt den Erwerb von 1.000 Statuspunkten voraus, was einem Umsatz von mindestens 5.000 € innerhalb von 5 Jahren entspricht, für den Gold-Status sind entsprechend 3.000 Statuspunkte Voraussetzung. Abbildung 14.1 zeigt die Verteilung der Kunden hinsichtlich der Stauslevels. Demnach gehört die große Mehrheit der Karteninhaber dem türkisen Standardlevel an, nur 4 % sind Silber-Kunden und 2 % besitzen Gold-Status.

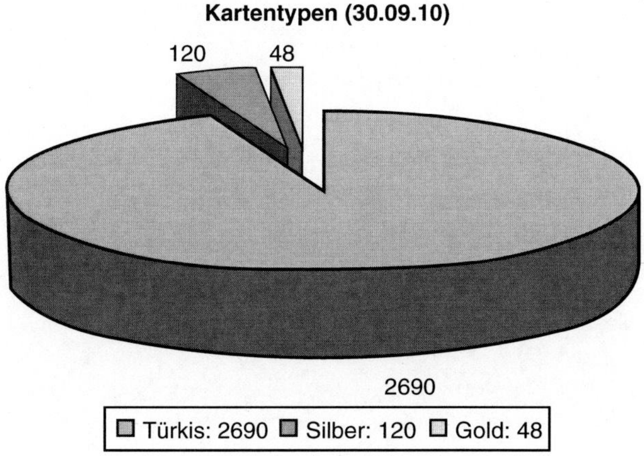

Abb. 14.1 Verteilung der Dunas-Club-Teilnehmer auf die drei Status-Levels. (Quelle: Unternehmensangaben)

Schon mit der einfachen Mitgliedschaft (türkise Karte) werden bestimmte Vorteile gewährt, etwa die Bereitstellung eines Obstkorbs oder einer Flasche Mineralwasser auf dem Zimmer bei Anreise. Bei Buchung eines Zimmers der höheren Kategorie werden zudem 20 %-Nachlass auf den regulären Preis gewährt sowie ein 10 %tiger Rabatt bei Online-Buchung. Mit dem Silber-Level kommen z. B. ein Willkommensgeschenk, ein kostenloses Zimmerupgrade (bei Verfügbarkeit) sowie die Möglichkeit eines Late-Check-Out hinzu. Goldkunden erhalten bei mindestens 7 Tagen Aufenthalt eine kostenlose Massage und haben zudem freie Zimmerwahl unter den verfügbaren Räumen.

Die Erfolge des Programms zeigen sich nicht zuletzt auch in der hohen Identifikation des Personals mit dem Programm. So werben auch Mitarbeiter, die nicht direkt mit dem Club in Verbindung stehen, sehr aktiv Mitglieder unter den Gästen. Ein systematisches Monitoring der Kundenbindungswirkung fand bisher aber noch nicht statt, so dass alle Angaben hierzu spekulativ wären.

Besonderheiten

- Einmalgebühr bei Anmeldung zur Erzielung eines Lock-In-Effektes.
- Kartengestütztes Programm eines mittelständischen Unternehmens.
- Serviceorientiertes Statusprogramm außerhalb der Airline-Branche.
- Extra-Leistungen bereits für einfache Statusmitglieder.
- Thematisch zum Thema Urlaub passender Mix aus Fremd- und Eigenprämien.

Quelle: Unternehmensangaben

Literaturverzeichnis

Allensbach (2010) Allensbacher Markt- und Werbeträgeranalyse 2010

Ansoff I (1976) Managing surprise and discontinuity. Strategic response to weak signals. Die Bewältigung von Überraschungen. Strategische Reaktionen auf schwache Signale. Z Betriebswirtschaft Forsch 28:129–152

Backhaus K, Bonus H (Hrsg) (1994) Die Beschleunigungsfalle oder der Triumph der Schildkröte. Schäffer-Poeschel, Stuttgart

Bamberg G, Coenenberg AG (2000) Betriebswirtschaftliche Entscheidungslehre, 10. Aufl. Verlag Vahlen, München

Bender H (2008) Kundenbindung – Kein gesichtloses Bonusprogramm. In: Der Handel, Nr. 5 vom 07.05.2008, S 68

Bruhn M, Georgi D (2010) Wirtschaftlichkeit des Kundenbindungsmanagements. In: Bruhn M, Homburg C (Hrsg) Handbuch Kundenbindungsmanagement, 7. Aufl. Gabler, Wiesbaden, S 635–666

Bruhn M, Hadwich K, Georgi D (2010) Kundenwert als Steuerungsgröße des Kundenbindungsmanagements. In: Bruhn M, Homburg C (Hrsg) Handbuch Kundenbindungsmanagement, 7. Aufl. Gabler, Wiesbaden, S 703–722

Bürgel HD, Haller C, Binder M (1996) F&E-Management. Verlag Vahlen, München

Butscher S (1998) Handbuch Kundenbindungsprogramme und Kundenclubs. IM Fachverlag, Ettlingen

Butscher S, Keller PL (2000) Kundenbindungskonzepte im Zeitalter des Internet. In: Trend 2000

Chan KW, Mauborgne R (2001) Damit Innovation kein Flop wird. Harv Bus Manag 2001(2):86–97

De Zwaan (2003) Wenn Schnäppchenjagd zur Sucht wird. Pressemitteilung der Universitätsklinik Erlangen vom 04.08.2003. Abzurufen unter: http://www.presse.uni-erlangen.de/infocenter/presse/pressemitteilungen/nachrichten_2003/08/3264kaufsucht.shtml

Diethelm G (2001) Projektmanagement, Bd 2: Sonderfragen. Verlag Neue Wirtschafts-Briefe, Berlin

Diller H (1996) Fallbeispiel Kundenclub. Ziele und Zielerreichung von Kundenclubs am Beispiel des Fachhandels. IM Marketing-Forum, Ettlingen

Dobat AS, Heubrock D, Boehme K (2007) Die Jagdmotivation. Institut für Rechtspsychologie der Univ. Bremen. Abzurufen unter: http://www.psychologiederjagd.uni-bremen.de/content/fes.htm

DOI 10.1007/978-3-642-19118-3,

Dowling GR, Uncles M (1997) Do customer loyalty programs really work? Sloan Manag Rev Summer 69:71–82

Eggert A, Helm S (2002) Determinanten der Weiterempfehlung. Kundenzufriedenheit oder Kundenbindung? Markt 39(153):63–72

Ehmann E (2008) Endlich Klarheit zu Payback und Opt-out-Einwilligungen. Abrufbar unter: www.datenschutz-praxis.de

Fassnacht M, Winkelmann R (2006) Bonusprogramme als Instrument der Preisdifferenzierung. In: Wirtz BW, Burmann C (Hrsg) Ganzheitliches Direktmarketing. Gabler, Wiesbaden, S 453–476

Foscht T (2002) Kundenloyalität. Integrative Konzeption und Analyse der Verhaltens- und Protfitabilitätswirkungen. Gabler Edition Wissenschaft, Wiesbaden

Funk T (2005) Die Wirkungen von Bonusprogrammnetzwerken auf das Cross-Buying-Verhalten. DUV, Wiesbaden

Giering A (2000) Der Zusammenhang zwischen Kundenzufriedenheit und Kundenloyalität. Eine Untersuchung moderierender Effekte. Deutscher Universitäts-Verlag, Wiesbaden

Gierl H, Kurbel TM (1997) Möglichkeiten zur Ermittlung des Kundenwertes. In: Link J, Brändli D, Schleuning C, Kehl RE (Hrsg) Handbuch Database Marketing, 2. Aufl. IM Fachverlag Marketing Forum, Ettlingen, S 174–189

Glusac N (2005) Der Einfluss von Bonusprogrammen auf das Kaufverhalten und die Kundenbindung von Konsumenten. Eine theoretische und empirische Analyse. DUV, Wiesbaden

Glusac N (2009) Bonusprogramme – ein wirkungsvolles Kundenbindungsinstrument? In: Hinterhuber H, Matzler K (Hrsg) Kundenorientierte Unternehmensführung. Gabler, Wiesbaden, S 557–568

Götz O, Hoffmann A, Naß S, Göhlich F (2007a) Erfolgspotenziale von Kundenkartenprogrammen. In Krafft M, Klingsporn B (Hrsg) Kundenkarten. Kundenkartenprogramme erfolgreich gestalten. S 109–148

Götz O, Hoffmann A, Scheer B, Naß S, Göhlich F (2007b) Kundenkartenprogramme als Instrument des wertorientierten Kundenmanagements. In: Krafft M, Klingsporn B (Hrsg) Kundenkarten. Kundenkartenprogramme erfolgreich gestalten. Verlagsgruppe Handelsblatt GmbH, Deutschland, S 2–36

Gröppel-Klein A, Königstorfer J, Terlutter R (2010) Verhaltenswissenschaftliche Aspekte der Kundenbindung. In: Bruhn M, Homburg C (Hrsg) Handbuch Kundenbindungsmanagement, 7. Aufl. Gabler, Wiesbaden, S 43–79

Grosser S (2006) Reward management. The blind spot of bonus program theory. VDM, Saarbrücken

Gruner + Jahr AG & Co. (1998) Branchenbild: Kredit-, Geld- und Kundenkarten. Gruner + Jahr, Hamburg

Haag NC (2010) Direktmarketing mit Kundenkarten aus Bonusprogrammen. Datenschutzrechtliche Einwilligung als Nutzungslizenz? Gabler, Wiesbaden

Hamm J (1997) Data Warehouse: Fundierte Datenbasis für effizientes Marketing. In: Link J, Brändli D, Schleuning C, Kehl RE (Hrsg) Handbuch Database Marketing, 2. Aufl. IM Fachverlag Marketing Forum, Ettlingen, S 102–114

Haubl R (2000) Bedingte Emotionen. Über identitätsstiftende Objekt-Beziehungen. In: Haubl R, Hartmann HA (Hrsg) Von Dingen und Menschen. Funktionen und Bedeutung materieller Kultur. Westdeutscher Verlag, Opladen, S 13–36

Hentze J, Brose P, Kammel A (1993) Unternehmensplanung, 2. Aufl. Haupt, Bern Stuttgart

Hentze J, Heinecke A, Kammel A (2001) Allgemeine Betriebswirtschaftslehre aus Sicht des Managements. Haupt, Bern

Herrmann A, Huber F, Braunstein C (2000) Kundenzufriedenheit garantiert nicht immer mehr Gewinn. Harv Bus Manag 2000(1):45–55

Herzberg F, Mausner B, Snyderman B (1959) The motivation to work. Wiley, New York

Holz S (1997) Database Marketing und Kundenclubs. In: Link J, Brändli D, Schleuning C, Kehl RE (Hrsg) Handbuch Database Marketing, 2. Aufl. IM Fachverlag Marketing Forum, Ettlingen, S 282–294

Holz S, Tomczak T (1996) Kundenclubs – Marktuntersuchung der deutschen Clubs – Erste Gestaltungshinweise und Erfolgsfaktoren bei der Club-Initiierung. IM-Fachverlag, Ettlingen

Homburg C, Sieben FG (2000) Customer Relationship Management (CRM). Strategische Ausrichtung statt IT-getriebenem Aktivismus. In: Bruhn M, Homburg C (Hrsg) Handbuch Kundenbindungsmanagement. Gabler, Wiesbaden, S 473–501

Homburg C, Becker A, Hentschel F (2010) Der Zusammenhang zwischen Kundenzufriedenheit und Kundenbindung. In: Bruhn M, Homburg C (Hrsg) Handbuch Kundenbindungsmanagement. 7. Aufl. Gabler, Wiesbaden, S 111–144

Hönig T (1998) Desktop OLAP in Theorie und Praxis. In: Martin W (Hrsg) Data Warehousing – Data Mining – OLAP, 2. Aufl. Thomson, Bonn, S 169–189

Horns K (2004) Mehr Wissen über Käuferwanderungen und Bacardi & Cola. In: Lebensmittelzeitung vom 03.09.2004, S 63

Hummeltenberg W (1998) Data Warehousing: Management des Produktionsfaktors Information – eine Idee und ihr Weg zum Kunden. In: Martin W (Hrsg) Data warehousing – Data mining – OLAP, 2. Aufl. Thomson, Bonn, S 41–71

Jung H (2001) Personalwirtschaftslehre, 4. Aufl. Oldenbourg, München

Kano N, Seraku N, Takahashi F, Tsuji S (1994) Attractice quality and must-be quality. Hinshitsu 14(2):39–48

Kaplan RS, Norton DP (1996) The balanced scorecard. Translating strategy into action. Harvard Business School Press, Boston

Kastin KS (1995) Marktforschung mit einfachen Mitteln. Daten beschaffen, auswerten und interpretieren. Beck-Wirtschaftsberater im dtv, München

Klein N (1998) Bonussysteme für Kunden, Teil II: Das Miles & More-Programm der Lufthansa. In: Albers S, Haßmann V, Tomczak T (Hrsg) Verkauf, Kundenmanagement, Vertriebssteuerung, E-Commerce. Gabler, Wiesbaden (Abschnitt 01.09.)

Krystek U, Müller-Stewens G (1993) Frühaufklärung für Unternehmen. Identifikation und Handhabung zukünftiger Chancen und Bedrohungen. Schäffer-Poeschel, Stuttgart

Kumar V, Reinartz WJ (2006) Customer relationship management. A databased approach. Wiley, Hoboken

Kurz A (1998) Neue Wege der Datenanalyse mittels neuartigen Knowledge Discovery- und Data Mining Methoden. In: Martin W (Hrsg) Data Warehousing – Data mining – OLAP, 2. Aufl. Thomson, Bonn, S 249–281

Küsters U (2001) Data Mining Methoden: Einordnung und Überblick. In: Hippner H, Küsters U, Meyer M, Wilde K (Hrsg) Handbuch Data Mining im Marketing. Vieweg und Gabler, Wiesbaden, S 95–130

Lauer T (2000) Kunden binden, Kosten senken – die Potenziale von Bonusprogrammen nutzen. Absatzwirtschaft 2000(10):68–72

Lauer T (2002) Bonusprogramme richtig gestalten. Harv Bus Manag 2002(3):98–106

Lauer T (2008) Von Jägern und Sammlern. Absatzwirtschaft 2008(4):38–40

Lauer T (2010) Change management. Grundlagen und Erfolgsfaktoren. Springer, Berlin
Link J, Hildebrand VG (1993) Database-Marketing und Computer Aided Selling. Strategische Wettbewerbsvorteile durch neue informationstechnologische Systemkonzeptionen. Verlag Franz Vahlen, München
Link J, Hildebrand VG (1997a) Grundlagen des Database Marketing. In: Link J, Brändli D, Schleuning C, Kehl RE (Hrsg) Handbuch Database Marketing, 2. Aufl. IM Fachverlag Marketing Forum, Ettlingen, S 14–36
Link J, Hildebrand VG (1997b) Ausgewählte Konzepte der Kundenbewertung im Rahmen des Database Marketing. In: Link J, Brändli D, Schleuning C, Kehl RE (Hrsg) Handbuch Database Marketing, 2. Aufl. IM Fachverlag Marketing Forum, Ettlingen, S 158–173
Matzler K, Sauerwein E, Stark C (2000) Methoden zur Identifikation von Basis-, Leistungs- und Begeisterungsfaktoren. In: Hinterhunber HH, Matzler K (Hrsg) Kundenorientierte Unternehmensführung, 2. Aufl. Gabler, Wiesbaden, S 251–274
Meischke S (2009) Intermediäre Akzeptanzbarrieren bei Einführung eines Bonusprogramms zur Kundenbindung. Dr. Kovac, Hamburg
Mertens B (2002) Neugeschäft Couponing – Schnipseljagd auf Kunden. Impulse 2002(11):108
Metzner I (2008) Kundenkarten als Instrument der Kundenbindung im LEH: Ein Beitrag aus theoretischer und empirischer Sicht. VDM, Saarbrücken
Meyer A, Blümelhuber C (2000) Kundenbindung durch Services. In: Bruhn M, Homburg C (Hrsg) Handbuch Kundenbindungsmanagement. Gabler, Wiesbaden, S 269–292
Müller S (2002) Rabatt-Coupons – Erfahrungen aus den USA. In: absatzwirtschaft online, eingestellt am 25.06.2002
Müller S (2006) Bonusprogramme als Instrument des Beziehungsmarketing. Eine theoretische und empirische Analyse. GIM-Verlag, Nürnberg
Musiol G, Kühling C (2009) Kundenbindung durch Bonusprogramme. Erfolgreiche Konzeption und Umsetzung. Springer, Berlin
Nielsen AC (2001) Erfolgsfaktor Kundenkarten. Studie
O'Brien L, Jones C (1995) Loyalitätsprogramme richtig konzipieren. Harv Bus Manag 1995(4):98–105
Opaschowski HW (1998) Leben zwischen Muss und Muße. Die ältere Generation: Gestern. Heute. Morgen, 1. Aufl. Germa Press, Hamburg
o.V. (2005a) Zuviel Plastik auf dem Markt. Textilwirtschaft 18:34
o.V. (2005b) Bonusprogramm für Kinder. WRP – Wettbewerb in Recht und Praxis 2005(10):1305–1308
o.V. (2005c) TUI steuert Buchung per Boni. In: Computerwoche vom 07.02.2005
o.V. (2008) Rabatt bei jedem Einkauf. Focus Magazin 2008(21)
o.V. (2010a) Den Kunden an die Wäsche. Finanztest 2010(8):16–17
o.V. (2010b) Für Jäger und Sammler. Finanztest 2010(8):12–15
Papenhoff H (2008) Cross Buying Extended in Multi Partner Bonusprogrammen. Gabler, Wiesbaden
Pepels W (1995) Käuferverhalten und Marktforschung. Eine praxisorientierte Einführung. Schäffer-Poeschel, Stuttgart
Perridon L, Steiner M (1986) Finanzwirtschaft der Unternehmung, 4. Aufl. Verlag Vahlen, München

Ploss D (2001) Rabatt- und Bonusprogramme – Durch Belohnung zu mehr Ertrag und Kundenbindung. Loyalty, Hamburg

Ploss D (2002) Kundenkarten sind im Kommen. In: acquisa 2002(6)

Pohl A (2006) Kundenbindungsprogramme in Frankreich: Bedeutung und Fallstudien. In: Hinterhuber HH, Matzler K (Hrsg) Kundenorientierte Unternehmensführung, 5. Aufl. Gabler, Wiesbaden, S 622–631

Raab G, Lorbacher N (2002) Customer relationship management. Aufbau dauerhafter und profitabler Kundenbeziehungen. Sauer, Heidelberg

Rahn HJ (2008) Unternehmensführung, 7. Aufl. Kiehl, Ludwigshafen

Reinartz W, Kumar V (2003) Kundenpflege – aber richtig. Harv Bus Manag 2003(1): 68–78

Ridder HG (1999) Personalwirtschaftslehre. Kohlhammer, Stuttgart

Rogers EM (1983) Diffusion of innovations, 3. Aufl. The Free Press, New York

Rudolph T, Schweizer M (2003) Kunden wieder zu Käufern machen. Harv Bus Manag 25(2):22–33

Scheer B, Schneider S (2007) Aufbau und Nutzung von Kundenwissen durch Kundenkartenprogramme. In Krafft M, Klingsporn B (Hrsg) Kundenkarten. Kundenkartenprogramme erfolgreich gestalten. Verlagsgruppe Handelsblatt GmbH, Deutschland, S 65–86

Scheer B, Witza D (2007) Controlling von Kundenkartenprogrammen. In: Krafft M, Klingsporn B (Hrsg) Kundenkarten. Kundenkartenprogramme erfolgreich gestalten. Verlagsgruppe Handelsblatt GmbH, Deutschland, S 87–108

Schlosser A, Schott E (2009) IT-Bosse sind mit Outsourcing-Partnern glücklich – Anwender weniger. In: Computerwoche 2009(36/37)

Schönig W (2009) Bonusprogramme. Stand-Alone und Multi-Partner-Programme aus lauterkeits- und kartellrechtlicher Sicht. Nomos, Düsseldorf

Schwarz T (2001) Permission Marketing macht Kunden süchtig. Max Schimmel Verlag, Würzburg

Sebastian KH, Maessen A (2002) Preis- und Preisnachlasskonzepte. DBW Die Betriebswirtschaft 62(5):547–553

Segeth UW (1993) Das hat mir noch gefehlt. Lust und Frust des Sammelns. Herder, Freiburg

Simon H, Tacke G, Woscidlo B, Laker M (2000) Kundenbindung durch Preispolitik. In: Bruhn M, Homburg C (Hrsg) Handbuch Kundenbindungsmanagement. Gabler, Wiesbaden, S 319–335

Stahl HK (2000) Kundenloyalität kritisch betrachtet. In: Hinterhuber HH, Matzler K (Hrsg) Kundenorientierte Unternehmensführung, 2. Aufl. Gabler, Wiesbaden, S 83–101

Stahl HK, Hinterhuber HH, Friedrich SA, Matzler K (2000) Kundenzufriedenheit und Kundenwert. In: Hinterhuber HH, Matzler K (Hrsg) Kundenorientierte Unternehmensführung, 2. Aufl. Gabler, Wiesbaden, S 177–196

Steinbuch PA (Hrsg) (1998) Projektorganisation und Projektmanagement. Friedrich Kiehl Verlag, Ludwigshafen

Steinmann H, Schreyögg G (2000) Management. Grundlagen der Unternehmensführung. Konzepte – Funktionen – Fallstudien, 5. Aufl. Gabler, Wiesbaden

TNS emnid (2010) Bonus schemes in Germany. A survey by TNS Emnid Medien und Sozialforschung GmbH

Tomczak T, Dittrich S (2000a) Kundenbindung – Bestehende Kundenpotentiale langfristig nutzen. In: Hinterhuber HH, Matzler K (Hrsg) Kundenorientierte Unternehmensführung, 2. Aufl. Gabler, Wiesbaden, S 103–126

Tomczak T, Dittrich S (2000b) Kundenbindung durch Kundenclubs. In: Bruhn M, Homburg C (Hrsg) Handbuch Kundenbindungsmanagement, 3. Aufl. Gabler, Wiesbaden, S 251–268

Tomczak T, Reinecke S, Dittrich S (2010) Kundenbindung durch Kundenkarten und –clubs. In: Bruhn M, Homburg C (Hrsg) Handbuch Kundenbindungsmanagement, 7. Aufl. Gabler, Wiesbaden, S 387-410

Ulrich P (1987) Transformation der ökonomischen Vernunft: Fortschrittsperspektiven der modernen Industriegesellschaft, 2. Aufl. Haupt, Bern

Vockel J (2001) Der Business Plan. Kern des Controllings. PapyRossa, Köln

Vroom VH (1964) Work and motivation. Wiley, New York

Wagner E (2009) Datenschutz bei Kundenkarten. Referat anlässlich der Tagung „Datenschutz ist Verbraucherschutz" am 8. Juli 2009 in Mainz

Wermter M (1992) Strategisches Projektmanagement. Der Weg zum Markterfolg. Orell Füssli Verlag, Zürich

Wiencke W, Koke D (1994) Cards & Clubs: Der Kundenclub als Dialogmarketing-Instrument. Econ, Düsseldorf

Wietzorek H, Henkel G (1997) Data Mining und Database Marketing: Grundlagen und Einsatzfelder. In: Link J, Brändli D, Schleuning C, Kehl RE (Hrsg) Handbuch Database Marketing, 2. Aufl. IM Fachverlag Marketing Forum, Ettlingen, S 234–250

Williamson OE (1990) Die ökonomischen Institutionen des Kapitalismus: Unternehmen, Märkte, Kooperationen. Mohr, Tübingen

Wittbrodt EJ (1995) Kunden binden mit Kundenkarten. Kundenbindungssysteme entwickeln, einführen, steuern. Luchterhand, Neuwied

Zerres M (1997) Marketing. Eine entscheidungsorientierte Einführung unter besonderer Berücksichtigung der Planungsaspekte. Hampp, München

Zielaske G (1995) Projektmanagement. Erfolgreich durch Aktivierung aller Unternehmensebenen. Springer, Berlin

Sachverzeichnis

DOI 10.1007/978-3-642-19118-3,

MIX
Papier aus verantwortungsvollen Quellen
Paper from responsible sources
FSC® C105338

Printed by Books on Demand, Germany